JN087632

感覚と応答の生物学

感覚と応答の生物学（'23）

装丁デザイン：牧野剛士
本文デザイン：畑中　猛

s-74

まえがき

どのようなときに生物が生きていると感じるでしょうか。植物であれば，葉や芽が瑞々しく，その緑色が映える状態でしょう。そのためには水分をしっかり根から吸収するだけでなく，葉からの蒸散を水分量に合わせて調節する必要があります。言い換えると恒常性の維持とその環境に合わせた調節が必要です。これは動物でも同じです。呼吸や心拍などの恒常性を維持する仕組みを整え，外部環境や体内の状態に応じて適切に調節することが生きていく上で大切です。さらには人では，声をかける，肩を叩くなどに対する身体の応答があるかどうかは，生きていることの確認として利用されています。

このような点から，本書では動物を中心とした生物に見られる体内や外界からの様々な刺激に対する感覚とそれに対する応答をテーマとして，生きていることの理解を目指します。どのような器官や構造がこれらの一連の現象に関わっているのか。そして，それらがどのような仕組みで，光や音やにおいなどの刺激を感知し，中枢神経系を介して応答に結びつけるのかということを，個体，器官，細胞，分子のレベルで紹介しています。植物の環境応答，哺乳類の免疫，遺伝子発現の変化などの少し異なる視点からもこの感覚と応答という現象を扱っています。

生き物が示す，視覚，聴覚，嗅覚といった感覚，神経を介した伝達，脳による情報処理，反射のような機械的なものから，行動，生理的変化などの様々な応答といったことに興味があるなら，本書から何か新しい発見が得られるでしょう。また，このような内外の環境の変化を感じ取って，それに適切な応答を行うのは，生物が生きていく上で基本的なことです。生きているとはどういうことか，生命の本質を考える手がかりともなるでしょう。また，神経，脳，行動といったこととも，感覚や応答は深く関わっているので，それらに興味があれば本書の中にも楽しめる内容が含まれているでしょう。

本書は，放送大学授業科目「感覚と応答の生物学」の印刷教材として執筆されています。本書の中身をすべて理解するには，高等学校で学ぶ「生物基礎」や「生物」に加えて，遺伝子，タンパク質，細胞などを対象とする生物学の基礎的な知識も必要です。ただし，本書にある生命現象に驚いたり，感動したり，好奇心を抱いたりするのは，それらの知識がなくとも可能です。わからない専門用語は，生物学の辞典やWikipediaなどのWeb上の百科事典に定義や説明が記されています。また，開講期間中には，上記の授業科目の講義をBS放送で視聴できます。図や映像を用いて執筆者自ら講義を行っており，より理解も深まるでしょう。このような学びから，何か新しい発見や，好奇心を刺激するものが見つかることを期待しています。

2022年7月

二河 成男

目次

1　感覚と応答

二河　成男

《目標＆ポイント》　生物では，様々な外部の環境の変化や状態，あるいは体内の状態を何らかの方法で受容することによって感覚が生じる。そして，その感覚で得た情報を利用して適切な応答を行うことで生きている。このような感覚受容から応答に至る一連の生命活動に関わる，共通する仕組みや構造について学ぶ。

《キーワード》　感覚受容，伝達，情報処理，応答，ニューロン，神経，感覚

1.1　感覚受容と応答

生物は外部環境の状態や変化に応じて，自身の内部の状態や自身と外部環境との関係を変更したり，あるいは外部環境それ自身を改変したりすることができる。これは環境応答とも呼ばれ，生物が共通にもつ特徴の一つでもある。また，生物が生きていく上で，状況や環境の変化に対応して，行動や体内の状態を変えていく必要がある。

そのためにはまず，外部環境の状態や変化と，自身の置かれている状態を把握する必要がある。そして生物個体に外部や体内の状況を知る手がかりを提供する役割を担う器官が感覚である。動物であれば，視覚や聴覚によって得られた光や音の情報から自身の外部の状況を把握する。また，自身の体や四肢の状態に対する感覚も備えている。植物であっても，光や水分の状態，自身の体の一部が摂食されていることなどを感知している。このような能力を利用して，生物は状況や環境の変化を読み

取って，適切な応答を行っている。

このような周囲の状況を把握し，それに応答する一連の仕組みは，動物を例にすると，おおよそ以下のような要素が集まった一つの系と見ることができる（**図 1-1**）。まず始めに，外部の状態やその変化を刺激として受け取る，あるいは外部環境を把握する必要がある。これは**感覚受容**という。次に，そのような刺激を受容したことを体の必要な部位に**伝達**（あるいは伝導）する。その次に，感覚受容で得た情報を集約して，外部と内部の状態を把握して，どのようなことを行うか，つまり行動を決定する**情報処理**を行う。そして，情報処理の結果を応答に関わる効果器に伝達する。最後に，その結果を伝達された器官（効果器）がはたらいて，体を動かしたり，内部の信号を変化させたり，外部の環境を改変したりする**応答**（あるいは反応）が起こる。

このようにそれぞれの要素を，感覚受容（あるいは受容），伝達，情報処理，伝達，応答と簡潔に表現することができ，この順序で外部情報や制御信号が速やかに伝達されることによって，環境に対して柔軟な対応が可能となる。ただし，上に示した表現には違う言葉を当てはめることも多い。応答は，植物の分野でよく使われる。動物の分野では応答と同じ意味で反応や反射と表現することも多い。

感覚受容から応答までの一連の系は，生物の環境応答を理解するための一つの考え方あるいはモデルである。よって，様々な現象をこの枠組みに当てはめていくとわかりやすい。しかし，すべての現象がこれで説明できるものではない。ものを掴むという応答を行うだけでも，眼，腕，手，指のそれぞれの運動や姿勢の維持といった，多くの部位を制御しなければならない。そのためには，動かしているそれらの器官の状態を常に把握する感覚も必要になるが，これらすべてを同時に理解することは難しい。一つひとつの感覚受容や応答に分け，簡単なモデルを作って，

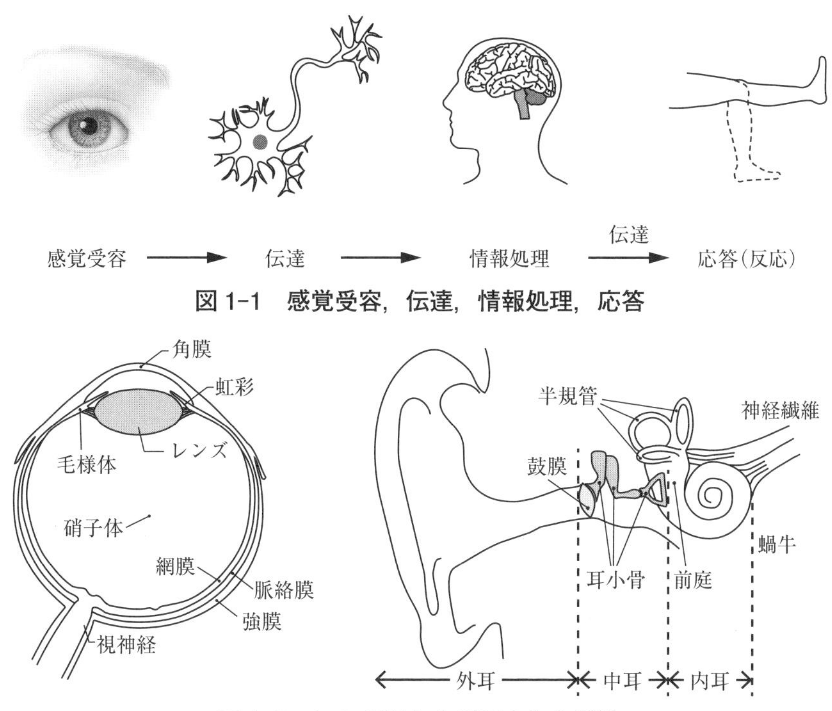

図 1-1　感覚受容，伝達，情報処理，応答

図 1-2　ヒトの眼および耳の主な構造

一つの段階ごとに理解していくことが有効である。

1.2　感覚受容

動物では眼や耳といった感覚受容に関わる器官が非常に発達している。それぞれ小さな器官であるが，様々な構造からなり，感覚を受容するための役割を備えている（**図 1-2**）。そのため，器官の構成要素であるいずれかの構造の機能が損なわれると，感覚受容が困難になることがある。

一方で，感覚受容のための明確な器官（感覚器官）や構造（受容器）

が見られない感覚もある。例えば，手で氷に触るとその触れた部分がとても冷たいと感じる。これは，皮膚の表面付近に温度を感じる受容器があり，その情報が伝達されていることによる。この温度を感じる細胞の末端は，皮膚表面付近にある。しかし，その末端に明確な構造はない。ただし，実際に温度を感覚受容する受容器となる部位は存在する。そこにセンサーとして温度という物理的な状態を細胞内の状態の変化に置き換える役割を担う，感覚受容体という物質が存在する（この例ではイオンチャネルが感覚受容体となる）（**図 1-3**）。

このような点から考えると，感覚受容を知る上で大切なことの一つは，実際に刺激を受容する細胞での感覚受容の仕組みである。受容するといったときにただ受け取るだけなら，感覚受容を行う細胞としての機能は不十分である。その受容した情報を何らかの細胞内の信号に変換する必要がある。この信号となるのは，電気的な変化，特定の化学物質の量的な変化や細胞外への放出である（**図 1-4**）。このように刺激を信号に変換できる細胞を，**感覚細胞**あるいは感覚受容細胞という。したがって，刺激を受けたときに信号を出す感覚細胞を見つけ，その性質を知ることが感覚受容を理解する上で役に立つ。

さらに現代の生物学では，細胞の仕組みを分子や遺伝子をもとに説明できるようになってきた。感覚受容でも同様であり，感覚細胞が感覚受容を行う仕組みも分子や遺伝子のレベルで理解できるようになってきた。細胞で外部からの刺激を受容し，それを細胞内で利用可能な信号に変換する役割を担うのは受容体というタンパク質である（**図 1-5**）。その中でも感覚に関わる，外部からの刺激を受容する受容体を**感覚受容体**という。現在では多くの感覚で，感覚受容体やその遺伝子が明らかになっている。必ずしもその機能までわかっているとは言えないが，今後その理解が進むであろう。

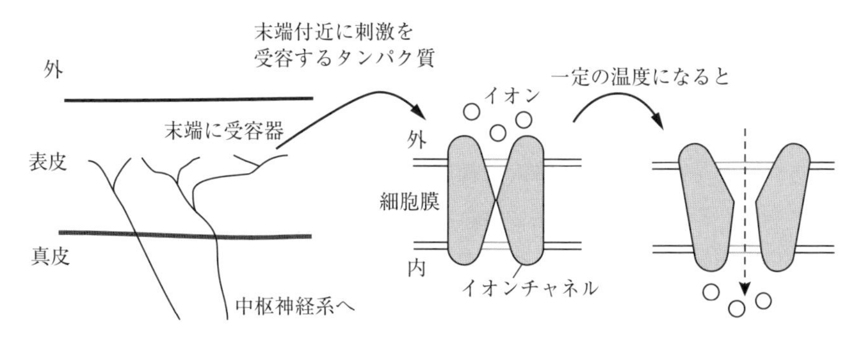

図 1-3　温度感覚のニューロン（左）とその温度受容器にあるイオンチャネル（右）

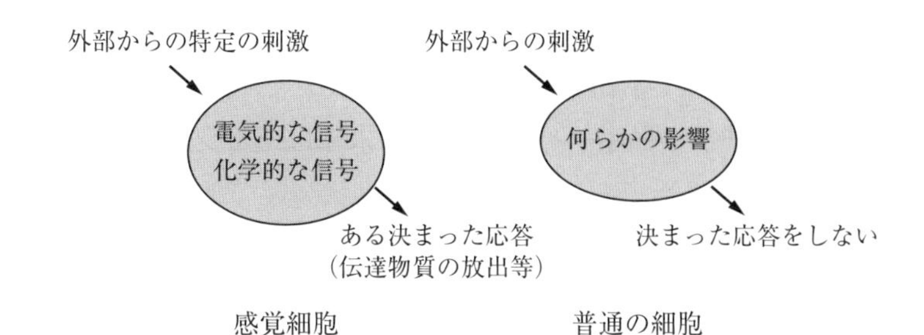

図 1-4　感覚細胞

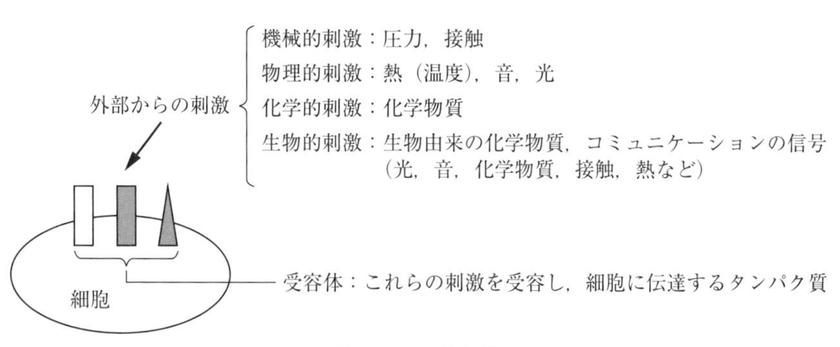

図 1-5　受容体

1.3 信号の伝達

動物において信号の伝達に関わる器官は，**神経**である。神経は信号の伝達の役割を担う**ニューロン**（神経細胞）とその補助的な役割を担う**グリア**（神経膠細胞）からなる。神経は動物の体の中を張り巡らされている。ただし，血管のように何かつながった管が体にあるのではない。一つひとつのニューロンは細くて長い構造をもち，その内部は通常の細胞と同じように細胞質ゾルで満たされている。グリアで周りを覆われているニューロンもある。このようなニューロンが脳や脊髄から体の末端へと張り巡らされている。そして，脳や脊髄もニューロンとグリアからなる。

ニューロンは構造的に異なる 4 つの部位からなる。核があり細胞の基本的な代謝が行われる**細胞体**，そこから伸びる短い枝状の**樹状突起**と，長く管のように伸びる**軸索**，そして軸索の末端にある**シナプス前終末**という少し肥大した構造である（**図 1-6**）。樹状突起で他のニューロンなどからの信号を受け，その信号を軸索を通してシナプス前終末まで伝達し，そこでシナプスという構造を介して次のニューロンに信号を伝える（5〜6 章参照）。

ニューロンの軸索では，その細胞体側から末端へと信号が伝達されることによって情報の伝達が行われる。この信号は電気的な信号だが，神経の中を電気が流れているわけではない。ニューロンの細胞膜に沿って，細胞膜の内外に生じた電位差（電圧）の変化（活動電位という）が移動している（**図 1-7**）。そしてシナプス前終末に信号が到達すると神経伝達物質を放出する。受容体で神経伝達物質を受容することにより次の細胞がその信号を受け取る。

また，動物では血液の循環を利用した信号の伝達もある。これは**ホルモン**という小さな分子を用いたものである。細胞がホルモンを血液中に

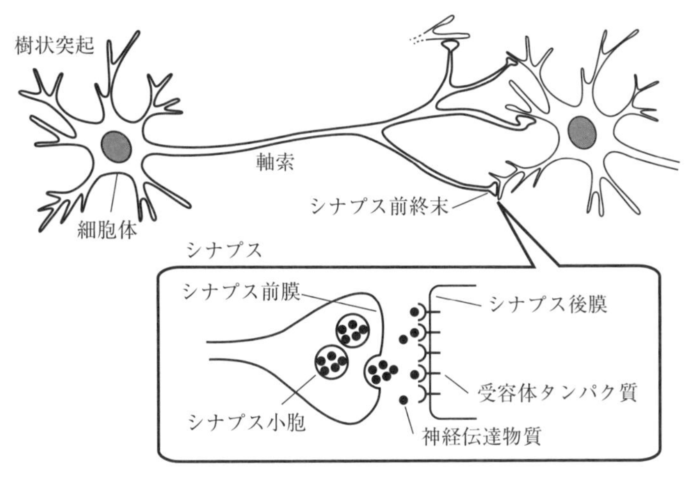

図 1-6　神経細胞（ニューロン）とシナプス

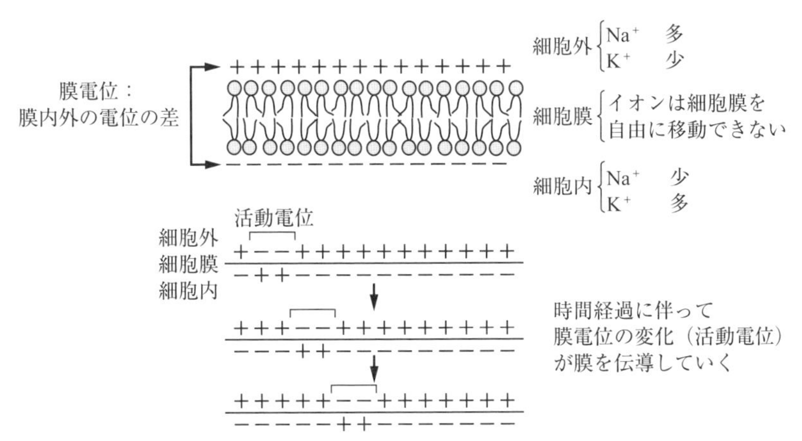

図 1-7　細胞膜の膜電位（上），活動電位の伝播（下）

分泌する。ホルモンは血流にのって体を巡り，そのホルモンの受容体をもつ別の細胞へと信号が伝達される（**図 1-8**）。ホルモンは体内の生理的な調節に関わっている。中には食物摂取が十分であることや水分の不

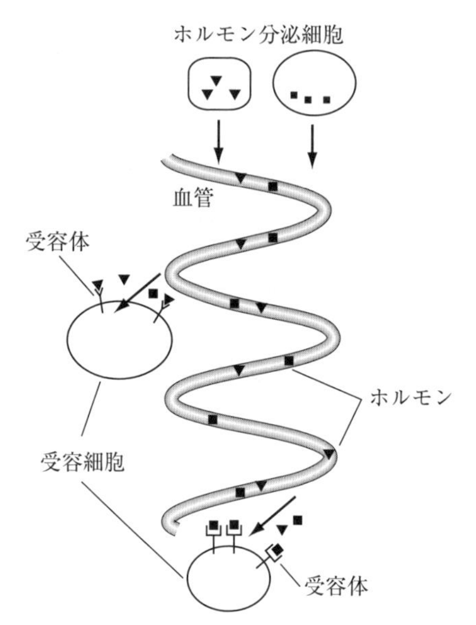

図 1-8　ホルモンによる情報伝達

足を，ニューロンを介して中枢神経系に伝達するホルモンもあり，その機能により飲食行動が適切に制御される。

植物も植物ホルモンという分子を用いて，情報伝達を行っている。植物に血管はないが，根から吸収した水や養分，自身で合成した栄養を流す，道管や師管という管がある。植物ホルモンはこれらの管や細胞間の隙間を流れることによって，植物ホルモンを分泌した細胞からそれを受け取る細胞へと情報が伝達される。また，隣接する細胞同士の内部が細い管でつながっているため，そういう管を通しても植物ホルモンが運ばれると考えられている。

1.4　中枢神経系，脳

中枢神経系の構造は動物だけに見られる。主に感覚情報を集約して，それを処理して適切な応答を出す役割を担っている。ヒトであれば，そこに感情，思考，学習，記憶，言語など複雑な仕組みも加わるであろう。これらがどのような仕組みで生じているのかは，分子や遺伝子の仕組みとしては未だにわからないことが多い。このような問題にどうアプローチすればよいだろうか。生物学では，これらを2次元に落として考える方法がよく使われる。例えば，細胞内の代謝，つまりは化学反応によって必要な物質がどのように合成され，細胞が維持されているかということを知るには，代謝マップという2次元の**ネットワーク**を描いて考える。細胞内の情報伝達でも同様に，どの要素がどの要素を活性化するか，あるいは不活性化するかを2次元の図として記述して理解する。

脳や神経系も多数のニューロンが網の目のようなネットワークを生成しているので，どことどこがつながっているか，情報の伝達の方向性はどうか，活性化するのか，抑制するのかを記述できるであろう。本書でもそのような模式図が出てくるので，情報が流れる方向や，どのような情報を伝達するのかに注目するとよい。

具体例として，膝蓋腱（しつがいけん）反射の伸張反射回路を図に示す（**図1-9**）。この行動では，椅子に座った状態で膝のお皿（膝蓋骨）のすぐ下にある腱（膝蓋腱）が検査用ハンマーで叩かれると，反射的に足の膝から下が前に蹴り出される。このような単純な行動でも，複数の種類のニューロンにより複数の筋肉が制御されている。

ハンマーで腱が叩かれると，その腱が結合している筋肉は伸張する。この場合は，太ももの筋肉である大腿（だいたい）四頭筋が伸張する。そうすると，この筋の伸長の情報が感覚ニューロンを介して脊髄に伝達される。脊髄では2つの信号が末梢に向けて出される。一方は大腿四頭筋に収縮の指示を出し，もう一方はハムストリングに弛緩の指示を出す。こうして，脊髄からの信号により足の膝下だけが前に蹴り出される。

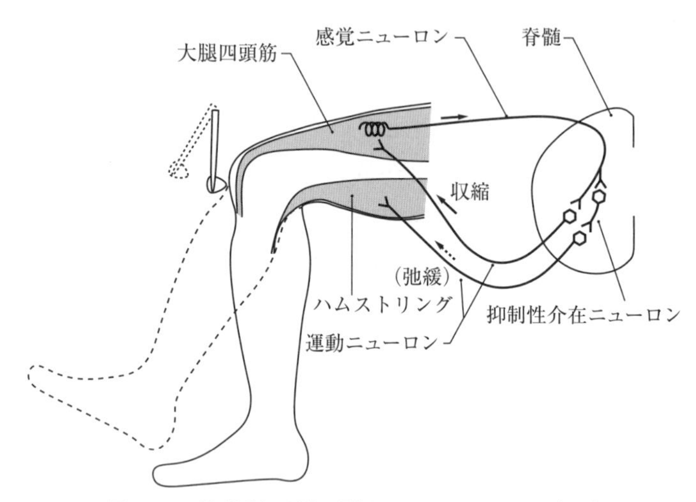

図 1-9　膝蓋腱反射に関わるニューロンの経路

この一連の行動に関わる大腿四頭筋に伸びている感覚ニューロンは脊髄で分岐し，一方は大腿四頭筋に収縮の指示を出す運動ニューロンに，もう一方は抑制性介在ニューロンという短いニューロンにつながっている。この抑制性介在ニューロンはその出力先のニューロン，ここでは太ももの裏のハムストリングを動かす運動ニューロンに，その活動を抑制する信号を送る。つまり，筋肉の弛緩を指示する情報を伝えることになる。太ももの裏側の筋肉が収縮していると大腿四頭筋の動きを妨げるため，このような対となる筋では逆の制御を行うようにできており，その結果歩行など様々な局面で体をスムーズに動かすことができる。

少し専門的な内容になってしまったが，このようなネットワークを描くことによって，どのような要素が関わっているのか，信号がどのように伝達されるのかは，明確になったであろう。ただし，この図は模式図に過ぎず，実際にはより多くのニューロンがこの単純な行動を制御しており，このような単純に見える応答でも複雑な制御がなされている。

1.5　応答

動物の応答は，生理的に見れば大きく2種類に分かれ，骨格筋など筋肉の動きを伴うものと，ホルモンの分泌や臓器の動きの制御など体内環境の調節に関わるものである。他方，その生存における役割で分けると極めて多様である。また，その時間的な違いも大きく，上に示した膝蓋腱反射やものを掴むといった短い時間のものから，発生の道筋の変化（表現型可塑性や表現型多型）や世代を超えて伝わる変化（エピジェネティクス）といった影響が長期にわたるものや，変化がかなりあとになってから生じるものもある（14章参照）。

1.6　感覚受容，神経，応答，行動を知るための研究手法

ここまで説明してきた感覚受容や応答という仕組み，それに関わる感覚器官や神経系の構造や機能を明らかにするために様々な研究分野が発展してきた。そのいくつかを紹介する。

1.6.1　神経生理学

この分野は，18世紀末にガルヴァーニが筋肉の収縮に電気が関わっていることを示したことに端を発する。そして，20世紀中頃までに，神経あるいはニューロンで伝達されるのは，電気的な信号である活動電位であること，その実体はニューロンの細胞膜の内外で生じる電位差（膜電位という）の変化であること，活動電位（膜電位の変化）を生み出すのは細胞膜に存在するイオンチャネルであることが，明らかにされた。

ニューロンは微細な構造なので，それを測定する電極の先端の径も，1000分の1 mm以下の小さなものを必要として，顕微鏡下での作業となる。このような技術を用いて，現在の神経生理学ではイオンチャネル

1 つのはたらきも調べることができる。

1.6.2 神経組織学

現在知られているニューロン（神経細胞）の姿，すなわち細胞の中心から細い枝状の構造が伸びたものであることが明らかになったのは，19 世紀後半に 1 つのニューロン全体を染め出す方法が開発されたことによる。ニューロンがどこにつながっているかを知る上で，個々のニューロンを染め分けることは必要不可欠である。手法は異なっているが，現在でもよく利用されている方法である。ただし，そのような“配線図”を構築することは，現在でも容易なことではない。

電子顕微鏡を利用することにより，ニューロンやグリアといった神経系の細胞の構造や，ニューロンとニューロンの間の情報伝達機構であるシナプスの構造も明らかになった。また，脳の細胞のうち，ニューロンは 10 % 程度であり，残りのほとんどがグリアというニューロンを補助する細胞であることも興味深い。

1.6.3 神経薬理学

脳からの信号が筋肉を動かす。このとき，ニューロンの末端は筋肉と接しているが，そこで電気的な信号がどのように筋肉を動かすのかが問題であった。レーウィは 1920 年代にカエルを用いた実験で，何らかの化学物質がニューロンの末端で分泌されている証拠を得た。現在では，それはアセチルコリンという神経伝達物質であることがわかっている。また，ニューロンが関わる細胞間の情報伝達には，神経伝達物質といわれる種々の小さな分子が関わっていること，さらには神経伝達物質以外にもニューロンによる信号の伝達に影響を与える物質があることも明らかになってきている。これらの研究は脳や神経の理解だけでなく，様々な神経に関わる疾病の治療にも利用されている。

1.6.4　行動神経科学（生理心理学）

この分野は脳や神経系が動物やヒトの行動をどう制御しているかを説明することにある。したがって，行動を制御するニューロンや神経伝達物質の機能や役割を明らかにすることが課題となる。ただし，行動は多岐にわたる。睡眠・覚醒，摂食，学習，運動，生殖など様々な行動があり，それぞれ生存や繁殖に欠かせないものである。

1.6.5　神経発生学

神経系の発生は，中枢神経系などの構造ができること，感覚器官や効果器へ正しく配線されることといった構造が生じてくる仕組みだけでなく，成長に応じた行動の発現，損傷の修復，さらには神経系の老化も関わってくる。中枢神経系の傷害後の再生，および加齢性の認知機能の低下に対する治療法は有効な方法に乏しく，大きな課題である。

1.6.6　生化学や遺伝子からのアプローチ

生物のからだのはたらきを知るためには，ニューロンや関連する細胞を構成している分子，特に実際の“機能分子”としてはたらくタンパク質と，その合成の情報をコードしている遺伝子のことを調べる必要がある。モデル生物や培養細胞を使った遺伝子操作によって，生理学とは違ったアプローチが可能となる。

1.7　感覚と知覚

感覚と知覚について確認しておこう。**感覚**は，刺激を受容し，その信号を神経を通して脳に伝達し，脳がその信号を受け取ることをいう。したがって，刺激を受容できない状態だけでなく，刺激を受容できても，神経を通して脳に伝達されない，あるいは脳が信号を受け取ることができない場合も，感覚がないということになる。

知覚は，ヒトであれば，見える，におう，聞こえるといったように感覚を意識することをいう。さらに，見えたものが何か，聞こえた音の意味が何かといったことをわかる，あるいは意識できることを，認知や認識という。

感覚については，感覚器官からの電気的な信号が脳に到達し，その信号の到達に伴って脳が何らかの活動をしているなら，感覚があったと判断できる。一方，知覚できたかや認知できたかを客観的に判断することは難しいが，ある程度可能である。反射のような不随意運動のように，感覚とそれに対する応答が直接結びついているものであれば，明確にわかる。あるいは，人であれば，感じたかどうかや，見えたものは何と思うかといった質問と応答から，知覚や認知がどうだったかも知ることができる。

参考文献

［1］NEIL R. CARLSON『カールソン　神経科学テキスト』泰羅雅登，中村克樹・監訳，丸善，2013
［2］マーク・F. ベアー，バリー・W. コノーズ，マイケル・A. パラディーソ『神経科学：脳の探求』藤井聡・監訳，西村書店，2021
［3］Eric R. Kandel，James H. Schwartz，Thomas M. Jessell，Steven A. Siegelbaum，A. J. Hudspeth『カンデル神経科学』金澤一郎，宮下保司・監修，メディカル・サイエンス・インターナショナル，2014

2　動物の感覚受容

二河　成男

《目標＆ポイント》 動物は様々な外部の刺激を受容することができる。光や音など異なる刺激の受容には，異なる感覚器官や受容体が必要となる。このような動物に見られる感覚やそこに関わる構造や仕組みについて，ヒトを中心に概観する。
《キーワード》 視覚，聴覚，嗅覚，味覚，体性感覚，光，音，化学物質，受容器，感覚細胞，感覚受容体

2.1　動物の感覚

動物には様々な感覚がある。その感覚を使って，個体ごとに周囲の状況を把握し，その中で自身の体がどのような状態であるかを把握している。ヒトを含む哺乳類を例にすると，感覚は大きく3つに分けられる（図2-1）。一つは外部からの刺激を受容する器官が頭部にある感覚である。**視覚**，**嗅覚**，**味覚**，**聴覚**，**平衡感覚**などの感覚が含まれる。もう一つは，**体性感覚**という。その感覚の受容器は，全身に分布しているのが特徴である。主なものとして，皮膚の表面近くにある，**触覚**，**温度覚**，**痛覚**など外からの直接の作用に対する感覚（皮膚感覚），**固有感覚**という体の骨格筋や関節に関する感覚がある。そして内臓器官やその周辺の状態や異常に対する感覚である**内臓感覚**が挙げられる。

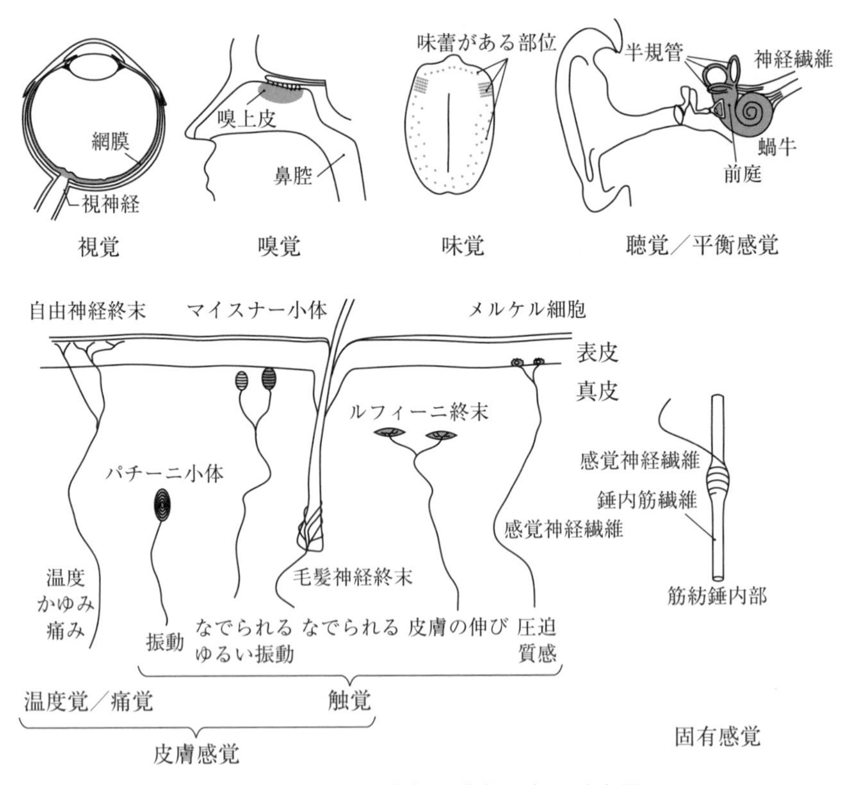

図 2-1　様々な感覚の感覚器官や受容器

2.2　外部からの刺激と感覚

動物が外部から受容できる刺激は，物理的なものや化学的なものである。例えば，目の前に自動車が動いていたとするとき，自動車そのものがそこにあることを受容する感覚はない。視覚の情報を総合的に判断して，自動車が動いていることを認識できるであろうし，エンジンなどの音からわかるかもしれない。ガソリン車であれば，においからも類推で

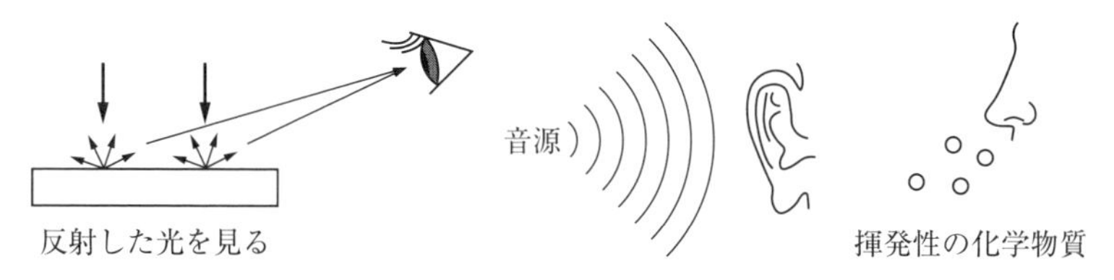

図 2-2　光，音，化学物質

きる部分があるだろう。このように個々の物理的あるいは化学的刺激を受容することによって，ヒトを含む動物は周りの状況を把握している。それらの刺激の特徴を確認しておこう。

2.2.1　光と音

広範囲の状況を把握する方法の一つは，“波”である**光**，あるいは**音**を感知することである。“波”は空気中や水中を直進する特徴があるので，位置や方向の特定に適している。光を発するものはわずかであるが，あらゆるものは受けた光をその物質の性質に応じて反射する。鏡でもなければ，当たった光は様々な方向に反射される（**図 2-2**）。そして，遮るものがなければ，遠くまで届く。

音は物質や生物の移動によって生じる。例えば，水流や風によって，ものとものが当たると音が生じる。動物が歩いたり，走ったりしても音が生じる。音も生じたところから様々な方向に広がっていく（**図 2-2**）。

2.2.2　化学物質

周囲の状況を把握するもう一つの方法は，空気中や水中を拡散している**化学物質**である（**図 2-2**）。つまり，においである。においの本体は何らかの化学物質であり，多くの場合複数の化学物質が混ざっている。化学物質なので，空気や水の流れによって散布される方向が限定されるが，そのことを知っていれば，風上の方向ににおいの元があることがわかる。

このような性質を利用したのがフェロモンである。フェロモンは生物自身が分泌する物質で，同種の他の個体に作用して，何らかの行動や生理的変化を引き起こす。例えば，カイコでは繁殖時に雌が雄を誘引するために利用する。

化学物質は空気中や水中を漂うだけでなく，何かに付着していたり，塊を作って地面にあったりもする。物質そのものも化学物質である。音や光では，どこかに閉じ込めるなど，あるところにとどめておくことはできないが，化学物質であれば可能である。

2.2.3　皮膚への刺激

皮膚で受容する刺激として，熱と圧がある。熱については，生物が実際に受容している刺激は周囲の空気や水，あるいは特定のものの温度である。哺乳類では温度に応じて活性が変わる感覚受容体（イオンチャネル）が存在し，その応答で温度刺激を受容している。

圧については，空気圧や水圧などを含め接触することによる，皮膚などに対する機械的な刺激を受容している。皮膚への圧，伸張，振動の伝達，接触といったものがある。

2.3　感覚器官と階層構造

動物は様々な刺激を感覚器官で受容し，それを電気的な信号に変換して，神経を通じて脳に伝達している。感覚器官は，外部刺激を受容する最初の器官である。動物の頭部にある感覚器官として，眼，鼻，耳，舌がある。これら頭部にある感覚器官は，**階層構造**をもっている（**図2-3**）。その階層は高次のものから並べると，器官，構造，細胞，分子

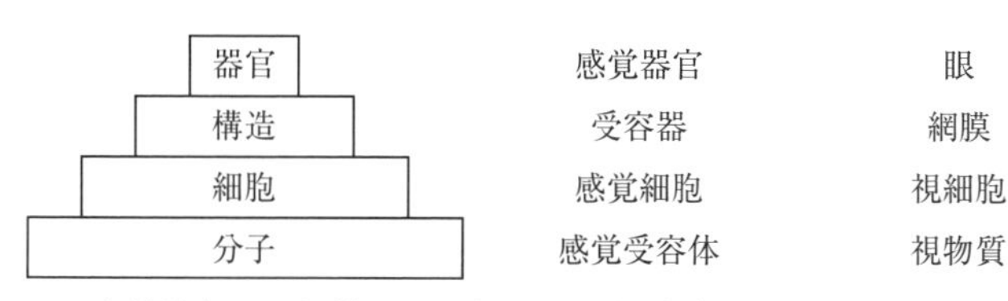

図 2-3　感覚器官の階層構造

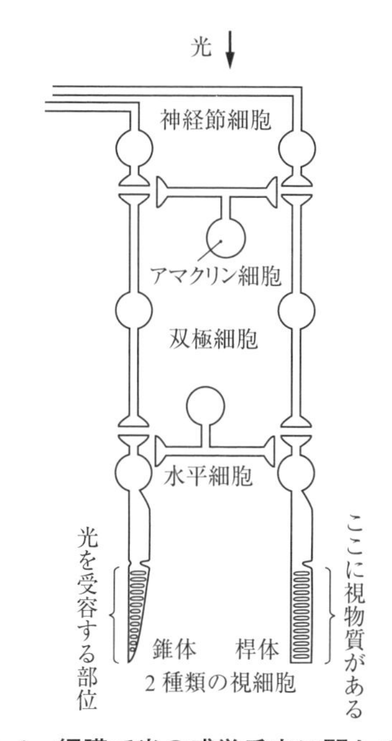

図 2-4　網膜で光の感覚受容に関わる細胞

となり，少なくとも4つの階層からなるだろう。例えば，器官である眼は，角膜，レンズ，硝子体，網膜，強膜といった構造からなる（**図 1-2** 参照）。この中で，外部刺激となる光を受容する**受容器**は，**網膜**になる。網膜は，神経節細胞，アマクリン細胞，双極細胞，水平細胞，**視細胞**（錐体（すいたい）細胞，桿体（かんたい）細胞）といった細胞からなる膜である（**図 2-4**）。この中で光を受容する**感覚細胞**は視細胞である。視細胞を構成する分子の中で，感覚受容体として光を受容する分子は**光受容体**であり，**視物質**や光受容タンパク質ともいう。

ここまでを整理すると，どの階層にもその構成要素の中に光を受容するものがある。これは階層構造の特性をよく示しており，各階層の要素は，それぞれ一段下の階層を構成する要素の集まりである。よって，視物質は視細胞に含まれ，視細胞は網膜に含まれ，網膜は眼に含まれる。このように入れ子状態になっているため，視物質を含むものはすべて，光を受容するものになる。感覚器官を理解する上で，このような階層構造やその構成要素を総合的に理解していくことも一つの方法であろう。

2.4　頭部の感覚器官とその感覚

ここでは各感覚器官の詳細を示すが，これらをすべて理解する必要はなく，必要に応じて参照してもらえばよい。各章の中でも再度その詳細を説明している場合もある。

2.4.1　眼―網膜―視細胞―視物質

眼は左右に一対あり，光の刺激を受容する。すでに説明したように，眼の中で刺激を受ける受容器は，眼球の後面の一番内側にある，**網膜**という薄い膜状の構造である（**図 2-1** 参照）。網膜の中で光を受ける感覚受容細胞を**視細胞**という。この視細胞の中にあり，実際に光が衝突し，そのエネルギーによって活性化される分子（感覚受容体）は**視物質**というタンパク質である。

このように，眼から視物質への階層構造の変化は，その大きさの変化とも言える。つまり，センチメートル単位の大きさであったもの（眼）が，ミリメートル単位（網膜），マイクロメートル単位（視細胞），ナノメートル単位（視物質）と小さくなっていく。

このような階層構造をとる理由は，大きさに応じた役割があることも関係している。眼（感覚器官）は取り込む光（刺激）の量や範囲を限定し，その光を網膜（受容器）に送り込む。網膜は，光を受ける視細胞（感覚細胞）や，栄養供給や信号伝達などの支援を行う細胞を正しく配置し，

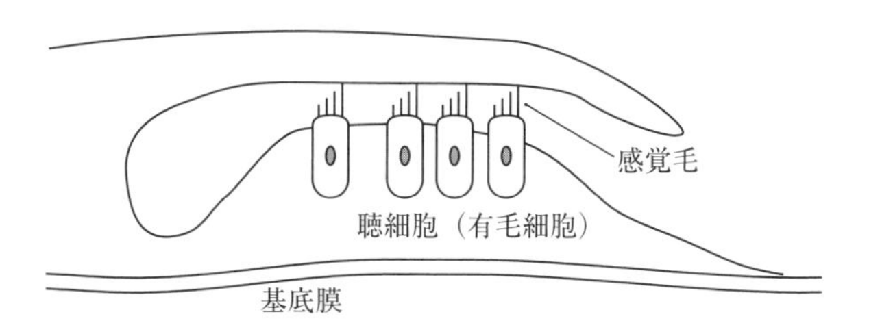

図 2-5　音の感覚受容に関わるコルチ器の構造と細胞
音の振動によって基底膜が振動する。その結果，感覚毛が屈曲し，感覚毛の受容体（イオンチャネル）が活性化する。

光を受容しその情報を神経に伝達する。そして，視細胞が実際には光を受容し，それを他の細胞が扱える信号に変換する装置であり，視物質（感覚受容体）はまさに光エネルギーを受容して，視細胞（感覚細胞）を活性化させるセンサーである。視細胞で受けた光の情報は電気的信号に変換され，視神経を通して脳に伝達される。

2.4.2　耳—蝸牛—コルチ器—聴細胞—機械刺激感受性受容体（図 2-1 参照）

耳もまた左右に一対ある。耳の中で音の刺激を受ける感覚器官は，耳の奥にある**内耳**の**蝸牛**（**うずまき管**）である。耳自体も器官ではあるが，複数の感覚を処理するので，ここでは蝸牛を感覚器官としておこう。そして，蝸牛の管の内部を上下に分ける基底膜上に，受容器となる**コルチ器**が並んでいる。蝸牛に伝導された音の波動は基底膜の振動に変換され，コルチ器にある感覚細胞である**聴細胞**（**有毛細胞**）がそれを感知する。聴細胞は基底膜が振動することによって，その上部の**感覚毛**が振動により傾き，この動きと連動する感覚受容体である**機械刺激感受性イオンチャネル**が活性化される（図 2-5）。

蝸牛は耳で受け取った音の波動を膜の振動に変換する。コルチ器は聴細胞や周囲の細胞を正しく配置する構造である。聴細胞は振動を受容し，それを信号に変える役割を担っている。実際に振動が伝達されるのは聴細胞の感覚毛であり，その振動に応じて聴細胞の機械刺激感受性イオンチャネルが細胞内にイオンを取り込む。このように音の波動をイオン濃度という電気化学的な信号に変換し，最終的に聴神経に信号が伝わる。

2.4.3 鼻腔—嗅上皮—嗅細胞—嗅覚受容体（図 2-6）

鼻の**鼻腔**(びくう)も左右に一対ある。においを感知する受容器は**嗅上皮**(きゅうじょうひ)といい，鼻腔上部の粘膜にある。嗅上皮においてにおいを検知する感覚受容細胞は**嗅細胞**である。嗅細胞の末端の**嗅繊毛**(きゅうせんもう)が嗅上皮の外に飛び出ている。この部分に**嗅覚受容体**があり，においを受容することによって，嗅細胞が活性化され，信号を発する。

多くの哺乳類は嗅覚受容体の遺伝子を複数もっており，受容できる化学物質は異なっている。そのため，基本的に 1 つの嗅細胞には 1 種類の嗅細胞受容体しか発現しない。また，同じ受容体を発現している細胞同士は嗅上皮でも小さな集まりを作り，パッチ状に存在する。一方，線虫では 1 つの嗅細胞で複数の嗅覚受容体を発現する。この場合でも特定の行動と特定のにおいが結びついているため，嗅細胞ごとに発現する受容体が制御されていると考えられる。

陸上の動物では，嗅覚は空気に含まれている揮発性の物質を受容している。魚類は水中で生活しているため水溶性の物質も受容し，アミノ酸やヌクレオチドといった陸上の動物が味覚で知覚するものを，嗅覚でも知覚している。

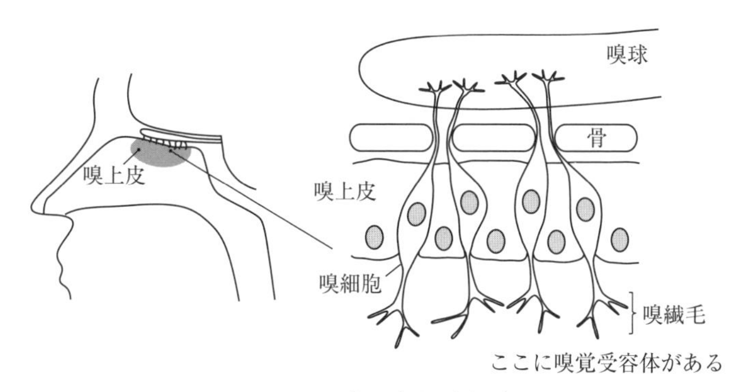

図 2-6　嗅上皮と嗅細胞

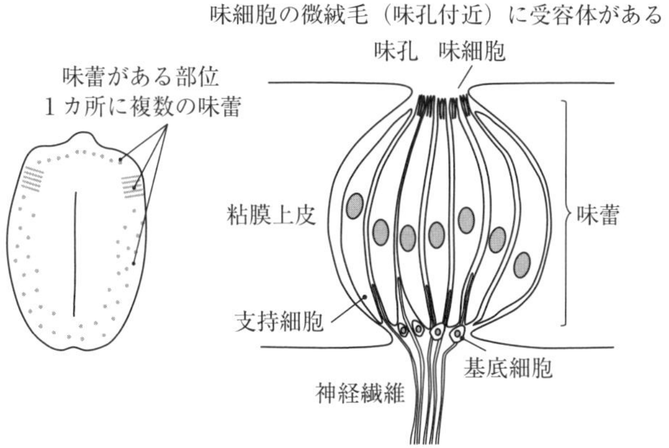

図 2-7　舌，味蕾，味細胞

2.4.4　舌—味蕾—味細胞—味覚受容体（図 2-7）

味を感知する受容器を**味蕾**という。味蕾は主に舌にあるが，喉にもある。この味蕾に，味の感覚細胞である**味細胞**がある。味細胞の先端の微絨毛に**味覚受容体**がある。この受容体で味の化学物質を受容することによって，味細胞は活性化され，信号を発する。

味覚では塩味，酸味，甘味，苦味，うま味を区別でき，それぞれ異なる味覚受容体がその役割を担っている。例えば，苦味の受容体は毒性のある物質の摂取を防ぐ役割をもつ。ヒトでは 25 種類の苦味の味覚受容体遺伝子があり，カフェイン，アルカロイドなど，様々な物質を感知することができる。うま味の受容体はアミノ酸を受容できるが，ヒトでは特にグルタミン酸によって活性化される。

2.4.5 平衡感覚：半規管，前庭（図 1-2 参照）

平衡感覚の感覚器官は，内耳の**半規管**と**前庭**である。半規管は頭部の回転を検知する。膨大部という半規管の中で膨らんだ部分に感覚毛をもった**有毛細胞**（感覚細胞）がある。頭部が回転すると，半規管内部のリンパ液は慣性により流れが生じる。感覚毛がそれによって曲がる。このことによって，有毛細胞が活性化する。半規管は 3 つが互いに直交しているので，いずれの方向の回転も感知できる。

前庭にも感覚毛をもった有毛細胞がある。耳石膜という炭酸カルシウムの粒子（耳石）に覆われたゼラチン状の物質が有毛細胞の上にある。頭が傾くと耳石も動いて感覚毛を曲げ，それによって感覚細胞である有毛細胞が活性化し，頭部の傾きを感知できる。

2.4.6 フェロモンの受容

フェロモンは同種の個体に特定の応答を引き起こす，揮発性の化学物質である。ヒトやヒトと近縁な霊長類の一部にはフェロモンの受容器はない。したがって，フェロモンと呼べるものはない。一方で，哺乳類の多くにはフェロモンのための受容器があり，鋤鼻器（じょびき）という。その開口部は鼻腔や口蓋につながっており，その内部に感覚受容の細胞があり，そこでフェロモン受容体が発現している。生物によっては，嗅覚でフェロモンを受容しているものもいる。

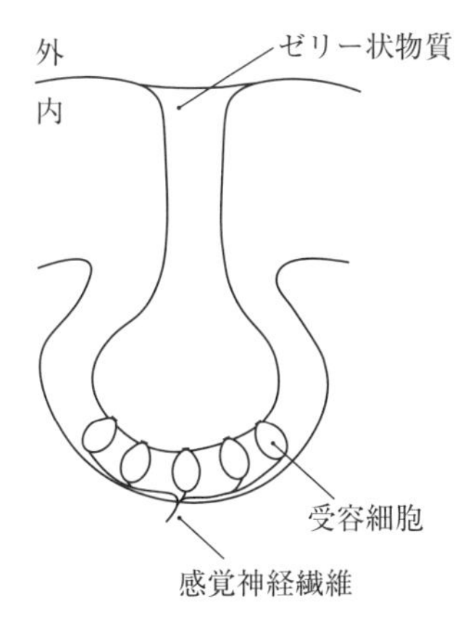

図 2-8　魚類の電気受容器

2.4.7　電気感覚（図 2-8）

サメ，エイ，ナマズの仲間などの魚類の一部は電気を感じることができる。サメではこの感覚器官をロレンチーニ器官ともいい，エサとなる動物の探索に利用されている。また，デンキウナギの仲間やモルミルス目の魚は少し違った構造の電気受容器も併せもつ。これらの魚類は発電能力ももち，自ら電場を作り出して，それを受容器で受け取って周囲の状況を把握している。これらの魚は，夜間に，それも濁った水域で活動しているため，このような性質が役に立つ。

また，デンキウナギの仲間やモルミルス目では，発電と電気受容器を用いて個体間で電気のコミュニケーションをとっているとも考えられており，個体識別，威嚇，求愛など様々なコミュニケーションに利用されている。

2.4.8　赤外線

ヘビは頭部に赤外線を感知するピット器官（孔器）という赤外線受容

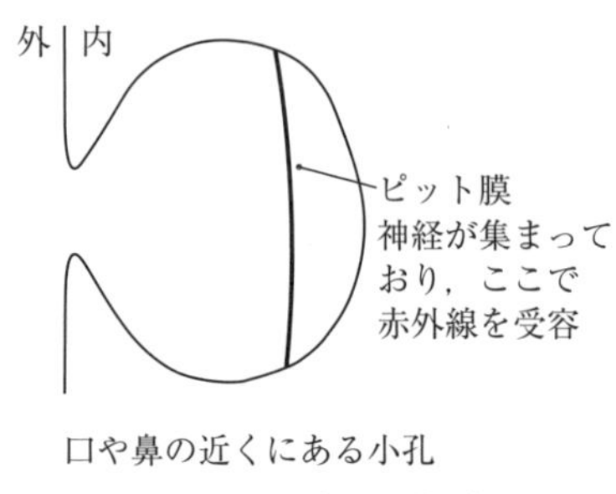

図 2-9　ピット器官

器をもつ（**図 2-9**）。これによって，温血動物の獲物を識別していると考えられている。750～1000 nm 付近の可視光の波長に近い近赤外線を検出できる。感度も高く，1 m 離れていても識別できるとされている。受容器の構造は，くぼみが膜によって内外に分かれた構造をしている。この内外の温度変化によって赤外線を感知していると考えられている。神経は温度覚の神経と同じであり，温度受容器が発達したものと見ることもできる。受容体も温度受容体が使われている。

チスイコウモリも同じようなピット器官を鼻の先端部にもっており，つながっている神経もヘビのものと同じ（三叉（さんさ）神経）である。受容体タンパク質も温度覚に使われているものである。

2.5　体性感覚と受容器

2.5.1　触覚

手の指など毛髪のない皮膚には 4 種類の触覚に関わる受容器がある。それぞれ図に示したように受容器の構造に特徴があり，感覚の種類が異なっている（**図 2-1** 中央，毛髪神経終末を除く）。それぞれにつながっている神経は，中枢神経系へと伸びている。また，毛包にも感覚神経の末端がつながっている。

2.5.2　温度覚（図 2-1 左端）

この感覚神経は皮膚の表面近くまで来ているが，そこには明確な構造は見られない。ただし，機能的には，冷受容器（摂氏 25 ℃以下），温受容器（35 ℃以上），高温受容器（45 ℃以上），低温受容器（5 ℃以下）と感じる温度に違いがある。高温や低温の受容器では痛みを感じる。

2.5.3　痛覚（図 2-1 左端）

機械侵害受容器とポリモーダル侵害受容器が知られている。前者は皮膚への圧力に対する感覚で鋭い痛みを感じる。後者は，周囲の侵害的な刺激により生じ，うずくような痛みを感じる。

2.5.4　固有感覚（図 2-1 右）

筋肉の伸張などを受容する。膝蓋腱（しつがいけん）反射の場合，筋の伸張を最初に検出しているのがこの感覚の受容器の一つであり，筋紡錘（きんぼうすい）という。その他にも腱や関節に受容器があり，その動きを感知している。

2.6　受容体タンパク質

それぞれの感覚の受容体をまとめた（**表 2-1**）。感覚受容体は大きく 2 種類に分けられる。G タンパク質共役型受容体とイオンチャネルである。**G タンパク質共役型受容体**は細胞膜を 7 回貫通する構造をもち，G タンパク質という別のタンパク質を利用して刺激を受容したことを細胞内に伝達する特徴を備えている。G タンパク質にも複数の種類があり，さらには G タンパク質の種類によって異なるタンパク質を活性化するため，G タンパク質共役型受容体であっても種類が違えば，刺激を受けたあとの細胞レベルでの応答も違う可能性がある（4 章参照）。また，感覚受容体としてだけではなく，神経伝達物質の受容体としても知られ

表 2-1　各感覚の感覚器官，受容器，感覚受容細胞，感覚受容体

感覚	感覚器官	受容器	感覚受容細胞	感覚受容体	受容体のタイプ
視覚	眼	網膜	視細胞	視物質（ロドプシン，オプシン）	G タンパク質共役型受容体
聴覚	内耳の蝸牛	コルチ器	聴細胞（有毛細胞）	機械刺激受容チャネル	イオンチャネル
嗅覚	鼻	嗅上皮	嗅細胞	嗅覚受容体	G タンパク質共役型受容体
味覚	舌	味蕾	味細胞	味覚受容体	G タンパク質共役型受容体 イオンチャネル
フェロモン	鋤鼻器	感覚上皮	鋤鼻受容細胞	フェロモン受容体	G タンパク質共役型受容体
赤外線	ピット器官	ピット膜	ニューロン末端	TRP チャネル	イオンチャネル
温度覚	皮膚	（自由神経終末）	ニューロン末端	TRP チャネル	イオンチャネル
圧覚	皮膚	メルケル細胞	メルケル細胞	機械刺激受容チャネル	イオンチャネル

ている。

視覚における感覚受容体として，ヒトの場合，ロドプシンという暗視野に用いるものと，3 種類のオプシンの計 4 種類がよく知られている。それぞれ異なる波長の光，つまりは異なる色の光を受容する G タンパク質共役型受容体である。嗅覚では，多数の嗅覚受容体がある。ヒトでは 400 近くあることがゲノム解析から明らかになっている。この結果，ヒトは様々なにおいを感じることができる。一方で，イヌやネズミはさらに多くの嗅覚受容体をもっており，この数はおおむねその生活におけるにおいの重要性と一致している。ただし，敏感さとは必ずしも一致しない。それは遺伝子よりも鼻の嗅覚受容器の構造や感度に依存している。ヒトはもっていないが，フェロモン受容体も G タンパク質共役型受容

体である。ハツカネズミでは大きく分けて2種類の受容体があり，それぞれ多数の遺伝子がある。味覚では苦味，甘味，うま味の感覚受容体がGタンパク質共役型受容体である（他の味はイオンチャネル）。

もう一つの受容体は，**イオンチャネル**である。ただし，聴細胞に見られる機械受容器のように，物理的な感覚毛の動きが刺激を細胞で利用可能な信号に変換したとも言えるが，ここでは最初に細胞が利用できる化学的な信号に変換を行うものを感覚受容体として示している。内耳に見られる感覚細胞は，聴覚，平衡感覚（半規管，前庭）いずれも感覚毛をもつ有毛細胞なので，イオンチャネルが感覚受容体として利用されている。赤外線は，TRPA1（ヘビ），TRPV1（チスイコウモリ）という温度変化を検出するイオンチャネルを借用したものである。ピット器官が熱の変化を測定しているので，そのまま利用できたのかもしれない。

触覚を受容する機械受容器は，機械的な動きを受容するため，聴覚と同じようにイオンチャネルと考えられている。温度受容器では，6種類のTRPイオンチャネルがよく知られている。この6種類が，低温から高温（およそ摂氏5～50℃）まで，それぞれ固有の温度によって活性化する。固有感覚は，その感覚神経に伸張感受性イオンチャネルがある。

このように現時点でわかっている，動物が利用している感覚受容体の数は非常に多い。一方で，似たような種類のものに偏っている。これはその感覚が急速に進化したのか，あるいは種類を増やす上で，受容体自体そのものや，その後の情報伝達に一定の機能的制約があり，新たなタイプの受容体を用いるのは難しいのかもしれない。

2.7　まとめ

ヒトと脊椎動物を中心に，感覚とその受容について概要を説明した。それぞれの動物は個性的な感覚をもつので，興味があれば，参考文献などを学習することをお勧めする。また，その感覚受容ではたらく感覚受容体についてもまとめた。神経伝達でも似たようなタンパク質が出てくるので，機能に関してはそこで確認しよう。

参考文献

[1] 岩堀修明『図解　感覚器の進化：原始動物からヒトへ　水中から陸上へ』講談社，2011

[2] Eric R. Kandel，James H. Schwartz，Thomas M. Jessell，Steven A. Siegelbaum，A. J. Hudspeth『カンデル神経科学』金澤一郎，宮下保司・監修，メディカル・サイエンス・インターナショナル，2014

[3] Anthony L. Mescher『ジュンケイラ組織学　第5版（原書14版）』坂井建雄，川上速人・監訳，丸善出版，2018

[4] 牛木辰男『入門組織学　改訂第2版』南江堂，2013

3　動物の光感覚 1
——光受容体——

小柳　光正

《目標＆ポイント》 動物は光を環境情報として用いている。そのための仕組みが，視覚に代表される光感覚である。本章では，動物の光感覚について，階層性を意識しながら，光受容タンパク質を中心に受容体の性質や多様性および進化を理解する。

《キーワード》 眼，網膜，視細胞，光受容タンパク質，ロドプシン，レチナール，オプシン，色覚

3.1　はじめに

光は生物にとって普遍的な外的刺激で，多くの生物は光を有効に利用している。例えば，植物は光合成によって光をエネルギーとして用いることが知られているが，動物の場合は光を主に情報として用いる。動物は様々な環境に生息し，生息環境のいろいろな情報を光情報として得ている。その代表的な方法がものを見る視覚である。多くの動物が眼という視覚に特化した器官をもち，その大きさ・形・構造は動物種によって非常に多様である。さらに，眼以外の組織や器官で光を感じる動物も多数知られており，動物と光との関わり合いの重要性がうかがえる。

それでは，動物はどのようにして光を受容するのか？　この問いに対して，「動物は眼を使って光を受容する」という答えは正しい。しかし，より正確に答えるなら，「眼の内部に存在する網膜で光を受容する」で

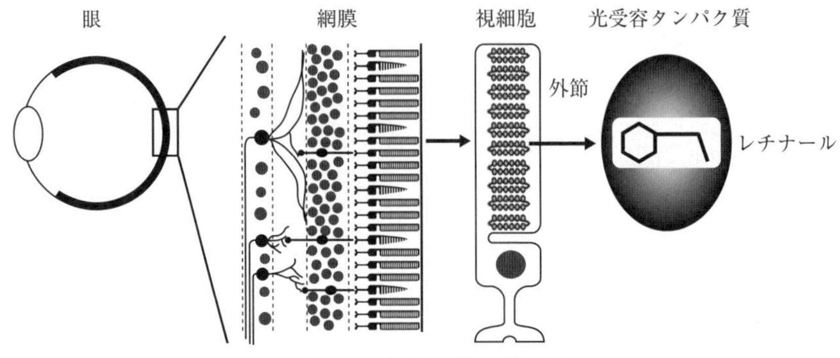

図 3-1　光受容体の階層性

あろう。さらに詳しくは，「網膜に存在する光受容に特化した細胞である視細胞」，「その光受容部位である外節」，「その外節に豊富に存在する光受容タンパク質」，そして究極的には「その光受容タンパク質に結合しているレチナールが光を受容する」というのが厳密な答えである（**図 3-1**）。

このような光受容のいくつかの階層の中で，光受容タンパク質が果たす役割は大きい。まず，光のもつ重要な情報である波長（＝色）について，どのような波長の光を受容するかの大部分が光受容タンパク質の性質によって決定される。次に，受容した光情報をどのようなシグナルに変換するかについても光受容タンパク質の性質によって決まる。さらに，光受容タンパク質の分子進化を追うことで，光感覚の進化を理解することができる。

3.2　動物の光受容器官

3.2.1　動物の眼

眼は動物の器官の中でも最も精巧で，多様性に富む器官の一つと言え

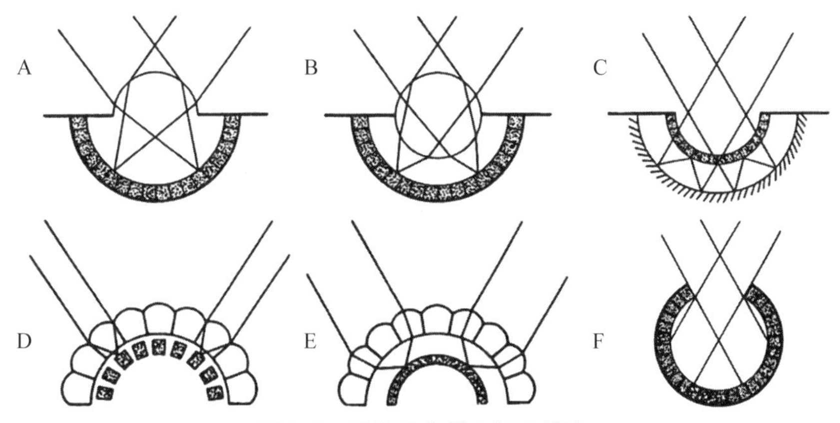

図 3-2　動物の多様な眼の構造

A：陸上脊椎動物やクモ類に見られる角膜付きのレンズ眼
B：魚類や頭足類に見られる水棲動物のレンズ眼
C：ホタテガイなどに見られる反射鏡をもつ眼
D：昼光性の昆虫や甲殻類に見られる複眼（連立像眼）
E：夜光性昆虫に見られる複眼（屈折型重複像眼）
F：プラナリアや環形動物に見られる眼点
線は光を表している。光受容細胞層（網膜）に影をつけて示している。
出典：Land, M. F. and Nilsson, D.-E., *Animal Eyes*, Oxford University Press, 2002, Fig. 1.9

る（**図 3-2**）。そのため，ダーウィンも著書『種の起源』の中で，動物の多種多様な眼が自然淘汰によって進化したと考えることに困難を覚えている。

脊椎動物は，光を集める**レンズ**と光を受容する**網膜**を備えたカメラ型の眼（**図 3-2A/B**）を左右に一対もつのが一般的で，形態視や，多くの場合色覚を担っている。トカゲ類ではさらに頭頂部に第三の眼として知られる頭頂眼をもつが，形態視ではなく環境光の検出に使われていると考えられている。同じく第三の眼と呼ばれる松果体は，円口類，魚類，両生類，爬虫類，鳥類では脳の上部に位置し，光受容器官として機能しているが，ヒトを含む哺乳類では光受容能はなく，内分泌器官として機能していると考えられている。

無脊椎動物で発達した眼をもつのは，昆虫，甲殻類およびクモ類が属する節足動物と，イカやタコなど頭足類が属する軟体動物である。よく知られているように，昆虫や甲殻類の眼はたくさんの個眼が集まった複眼という構造をとり，脊椎動物の眼とは外見も光学系も大きく異なっている（図 3-2D/E）。一方，クモ類は複眼ではなくカメラ眼を四対もち，節足動物としては特殊である（図 3-2A）。頭足類の眼も，一見すると脊椎動物の眼とよく似た立派なレンズ眼（図 3-2B）で，ダイオウイカでは直径 30 cm を超すものもあり，最大級の眼である。頭足類の眼と脊椎動物の眼は外見も光学系も非常によく似ているが，それぞれの網膜の発生は，脊椎動物では神経管由来，頭足類は上皮由来とまったく異なっており，また，光の入射方向に対する視細胞の向きも逆転している。にもかかわらず，できあがった眼の構造がこれだけ似ているのは，まさに収斂進化の顕著な例と言える。また，同じ軟体動物でもホタテガイは，外套膜（がいとうまく）の上に 100 個以上の眼をもち，網膜の裏側にある色素層で反射した光が網膜に結像するという面白い仕組みをもつ（図 3-2C）。レンズをもたない単純な眼としては，扁形動物のプラナリアや中枢神経系をもたない二胚葉動物であるクラゲの眼点が挙げられる（図 3-2F）。これらは光受容細胞と，ある方向からの光を遮断するための色素細胞による単純なつくりで，これらが動物の眼の原型と考えるのが自然である。一方で，クラゲの中でもアンドンクラゲの眼は，光を一点に集めることができる高精度なレンズを備えているなど，動物によって眼の構造や性能は様々である。このように，動物は「光を受容する」という共通の機能のために，大きさ・数・形態・光学系など実に多様な光感覚器官を用いて

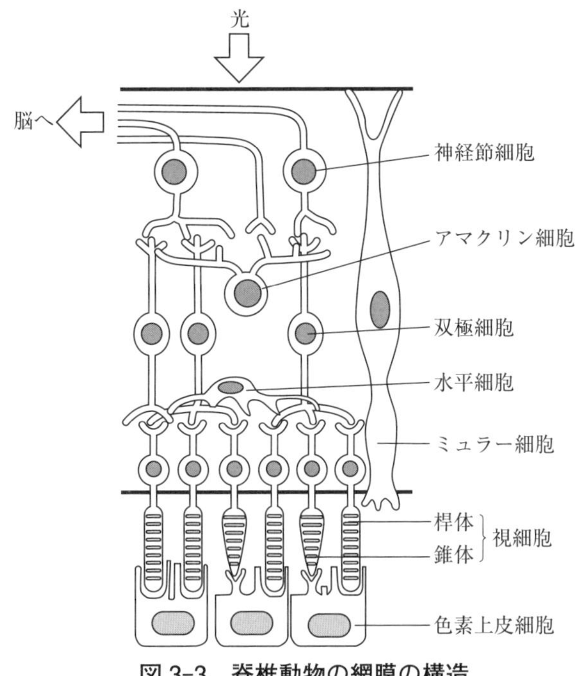

図 3-3　脊椎動物の網膜の構造

いるが，眼の中で光を受容するタンパク質は共通の起源をもつ光受容タンパク質が使われている。

3.2.2　網膜の構造

レンズを通って眼に入った光は，網膜と呼ばれる厚さ約 200 μm の薄い膜状の組織で受容される。脊椎動物の網膜は，複数種の細胞による層構造を形成しており，レンズに近い方から，**神経節細胞**，アマクリン細胞，双極細胞，水平細胞，**視細胞**が配置され，一番奥に色素上皮細胞がある（**図 3-3**）。色素上皮細胞はその名の通り色素をもつ細胞で，網膜の外側を色素で覆い，レンズから入る光以外を遮断することで，光の方向性を担保する他，網膜に入ってきた光の散乱を抑える役割も果たす。脊椎動物の眼に限らず，ほとんどの動物の眼には色素が付随しており，このことは，視覚の役割において，光の方向を知ることがいかに重要であるかを示している。また，色素上皮細胞は視細胞へのレチナールの供給という光受容能の維持に重要な役割も果たす。

色素上皮細胞以外の神経細胞からなる層は神経網膜と呼ばれ，その中で一番奥に位置するのが光を受容する細胞，**視細胞**である。視細胞の形態は，一般的な神経細胞とは大きく異なり，細胞体とは別に**外節**という膜を密に蓄えた部位をもつ（**図3-1**）。この外節が光受容部位である。多くの脊椎動物は，外節の形態から区別される2種類の視細胞，**桿体**と**錐体**をもつ。両者は役割が異なっており，桿体は薄暗がりではたらき，錐体は明るい環境ではたらくことで，それぞれ**薄明視**，**昼間視**を担う。また，錐体には受容する光の波長が異なるいくつかのタイプがあり，それらが色覚のための光受容を担っている。

視細胞で受容された光の情報は，光の入射方向とは逆の向きに伝えられる。光情報伝達の最短経路は，視細胞から双極細胞を経て神経節細胞に至るルートであるが，水平細胞は視細胞と双極細胞の間に，アマクリン細胞は双極細胞と神経節細胞の間に位置し，光情報の流れを修飾している（**図3-3**）。これらの神経細胞の修飾によって，視細胞で受容された光情報から明暗視，色覚，形態視，運動視などの情報が作り出される。神経節細胞に伝達された光情報は，神経の発火頻度というデジタル信号に変換され，神経節細胞の軸索である視神経によって脳に伝えられる。なお，神経節細胞は，網膜の眼球の中でも一番内側に位置しているため（**図3-1**），光情報を脳に届けるためには，網膜の一部を貫いて眼球の外に視神経を出す必要がある。したがって，その領域は視細胞が存在しないために光を受容することはできない。これが盲点である。

それに対して無脊椎動物の網膜を構成する細胞種は少なく，多くの場合，神経細胞は視細胞のみである。眼の形態が脊椎動物と類似している頭足類（イカ，タコ）を例にとると，視細胞は微絨毛により形成された感桿という光受容部位をもち，そこで光を受容する。視細胞は長い軸索を脳に伸ばし，受容した光情報を直接脳に伝える。この点は複数の神経細胞を介する脊椎動物の場合と大きく異なる。また，頭足類の視細胞は感桿が網膜の内側，つまりレンズ側に，軸索が網膜の外側に配置しており，これは脊椎動物の視細胞の配向とは反対である。この配向だと軸索はそのまま眼球の外へ伸びることができるため，頭足類の網膜には盲点が生じないことになる。

3.2.3　視細胞の多様性

脊椎動物の視細胞と無脊椎動物の視細胞は，発達した膜構造による光受容部位をもつという点は共通しているが，光受容部位の由来が異なる。脊椎動物の視細胞は，光受容部位が繊毛に由来するため**繊毛型光受容細胞**と呼ばれ，一方，昆虫や軟体動物の視細胞は，細胞から直接生じた微絨毛が感桿という光受容部位を形成することから**感桿型光受容細胞**と呼ばれる（**図 3-4**）。また，この形態による分類は，光受容細胞の生理応答とも対応しており，繊毛型光受容細胞は一般に光により過分極性の応答を示すのに対し，感桿型光受容細胞は脱分極性の応答を示す。

動物界を見渡すと，繊毛型光受容細胞は主に脊椎動物や尾索動物などを含む新口動物の視細胞に見られ，感桿型光受容細胞は節足動物や軟体動物など旧口動物の視細胞に見られることから，当初は，動物の系統進化に対応して二系統の光受容細胞が進化したと考えられていた（**図 3-4**）。この光受容細胞の二系統進化説は，シンプルで理解しやすいのだが，旧口動物のホタテガイなどが感桿型に加え繊毛型光受容細胞をも

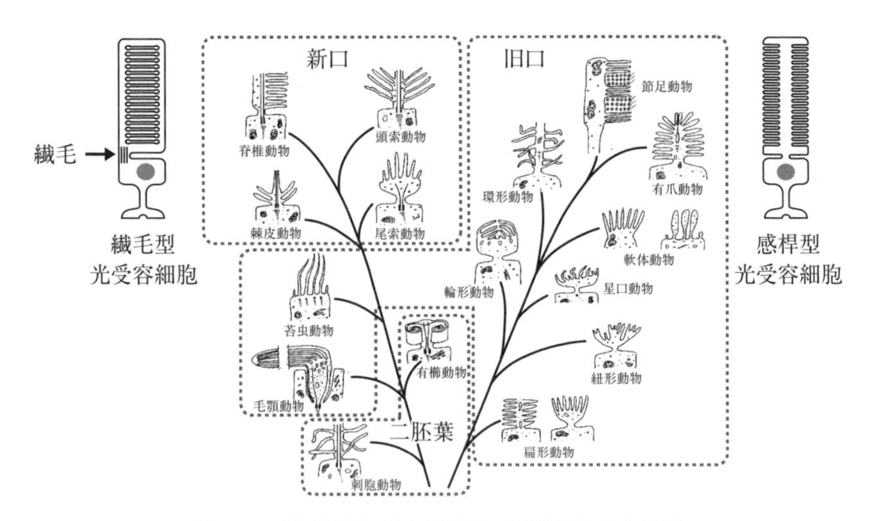

図 3-4　繊毛型光受容細胞と感桿型光受容細胞
新口動物の視細胞は繊毛型光受容細胞（左），旧口動物の視細胞は感桿型光受容細胞（右）と考えられてきたが，そう単純ではない。
出典：Pat Willmer, *Invertebrate Relationships: Patterns in Animal Evolution*, Cambridge University Press, 1990, Fig. 6.11 より改変

つなど，新口動物，旧口動物それぞれの系統で両方のタイプの光受容細胞の存在が明らかになり，現在では，新口動物と旧口動物の共通祖先において，繊毛型，感桿型の両方のタイプの光受容細胞が存在していたと考えられている。

3.3　動物の光受容タンパク質

3.3.1　光受容タンパク質の構造

視覚に代表される動物の光受容を支える光受容タンパク質は，およそ 300 個のアミノ酸からなる 7 回の膜貫通領域をもつ受容体タンパク質で，タンパク質あるいはそれをコードする遺伝子の総称として**オプシン**と呼

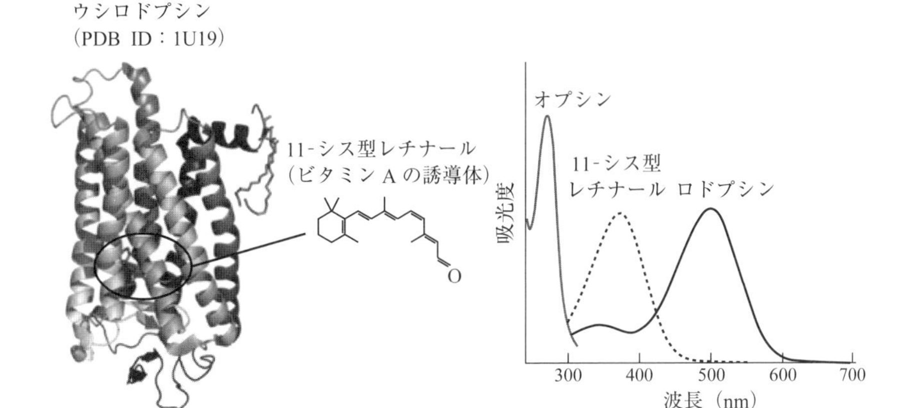

図 3-5　光受容タンパク質の吸収帯（吸収スペクトル）
光受容タンパク質のタンパク質部分（オプシン）とレチナールは可視領域に吸収をもたないが，両者が結合すると可視領域の光を吸収できるようになる。

ばれる。特に，視覚で機能するものを**視物質**と呼ぶ。最も研究が進んでいる光受容タンパク質は脊椎動物の視物質の一種**ロドプシン**で，中でも，歴史的にウシのロドプシンが動物の光受容タンパク質のモデルとなっている。最初に３次元構造が明らかにされた動物の光受容タンパク質もウシロドプシンである（**図 3-5**）。

光受容タンパク質が化学物質の受容タンパク質と決定的に異なるのは，光受容タンパク質は，タンパク質部分であるオプシンに発色団である**レチナール**を結合してはたらく点である。レチナールはビタミンＡのアルデヒド誘導体であるため，ビタミンＡが不足すると，機能的な光受容タンパク質量が低下し，光感覚の感度低下を招くことがある。

光を受容するということは，レチナールを結合した光受容タンパク質が光を吸収するということである。オプシンを含め一般にタンパク質は波長が 280 nm の光を吸収するが，それでは可視光（ヒトの場合，波長が

400〜700 nm）を受容することはできない。また，レチナールの吸収帯も360〜380 nm なので，レチナールだけでも可視光を受容することはできない。ところが，オプシンにレチナールが結合すると，可視領域の光を吸収できるようになる（**図 3–5**）。例えば，ロドプシンは，レチナールを結合することで，吸収極大波長が 500 nm の主に緑色の光を吸収する光受容タンパク質となる。なお，緑色の光を吸収するので，光受容タンパク質自身は赤色に見える。そのため，ロドプシンは視紅とも呼ばれる。

多くの光受容タンパク質は，発色団として折れ曲がった形のレチナール異性体（11-シス型レチナール）を結合する（**図 3–5**）。光受容タンパク質内の 11-シス型レチナールは，光を吸収すると，まっすぐの形のレチナール（全トランス型レチナール）へと異性化する。このレチナールの異性化が光受容タンパク質の構造変化を引き起こし，G タンパク質（4章参照）を活性化することで，光情報は下流へと伝達される。

3.3.2 光受容タンパク質の吸収スペクトル

物質が光を吸収する効率を光の波長ごとの分布として表したものを，その物質の**吸収スペクトル**といい，単純には，どういう色の光をよく吸収するかを表す。光受容タンパク質の吸収スペクトルは，光受容タンパク質を構成するアミノ酸，特にレチナールの近傍に位置するアミノ酸の性質によって調節される。その結果，光受容タンパク質の吸収極大波長は，種類によって 360 nm から 600 nm と広範囲にわたる。この調節の結果，紫外光感受性光受容タンパク質から赤色光感受性光受容タンパク質まで多彩な色感受性の光受容タンパク質が生み出される。

ただし，どのような吸収スペクトルであっても，1 種類の光受容タンパク質では色の情報を得ることはできない点に注意すべきである。例えば，ロドプシンの吸収スペクトル（**図 3–5**）を見ると，ロドプシンは波

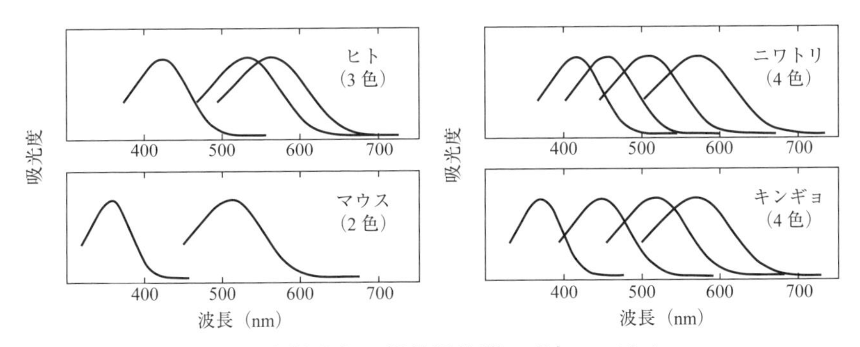

図3-6　脊椎動物の錐体視物質の吸収スペクトル

長が500 nm（青緑色）の光を最大効率で吸収し，波長550 nm（緑色）の光を500 nmの光の50 %程度の効率で吸収する。しかしながらこの場合，500 nmと550 nmの光の違いは，ロドプシンの活性化効率，すなわち刺激の強度として捉えられるため，色の違いではなく，明暗の違いと捉えられることになる。したがって，色の情報を得るためには，一般に，吸収スペクトルが異なる複数の光受容タンパク質が必要である。

多くの動物は遺伝子重複によって多様化した複数の光受容タンパク質遺伝子をもつ。例えばヒトには9つの光受容タンパク質遺伝子が存在し，そのうち互いに吸収スペクトルが異なる3つの光受容タンパク質がヒトの赤，緑，青（RGB）の3色型色覚を支えている。色覚を支える光受容タンパク質は，網膜にある錐体で機能することから，それぞれ青錐体視物質（吸収極大波長~420 nm），緑錐体視物質（吸収極大波長~530 nm）および赤錐体視物質（吸収極大波長~560 nm）と呼ばれる（**図3-6**）。色覚は，光がこれら複数種類の錐体視物質それぞれにどういう比率で吸収されたのかという情報が，網膜の神経細胞によって統合されることで生じる。

3.4　光受容タンパク質の分子進化

3.4.1　脊椎動物の色覚の進化

色覚をもつのはヒトだけではない。例えば身近なところで，マウスなどの多くの哺乳類の色覚は，UV 錐体視物質と緑錐体視物質の 2 つの光受容タンパク質による 2 色型色覚である（**図 3-6**）。このように聞くと，ヒトの色覚が優れているように感じるかもしれないが，実は，鳥類，爬虫類，両生類，魚類の多くは，赤錐体視物質，UV（紫）錐体視物質，青錐体視物質および緑錐体視物質の 4 色に対応した光受容タンパク質を色覚に用いている（**図 3-6**）。

さて，このような脊椎動物の色覚がどのように進化してきたのかを知るためには，分子系統解析が有効である。脊椎動物の視物質遺伝子を集め，それらがコードするアミノ酸配列の相違度に基づいて視物質遺伝子の分子系統樹を推定することで，進化軸における遺伝子の関係性がわかる。

分子系統解析の結果から，脊椎動物の共通祖先の段階で，赤，UV（紫），青，緑という 4 種類の錐体視物質が存在していたことが判明した（**図 3-7**）。また，一般的な哺乳類の祖先は青錐体視物質と緑錐体視物質を失ったこと，それによって哺乳類の色覚は残されたUV 錐体視物質と赤錐体視物質（これを緑錐体視物質に調節して使用）による 2 色型色覚へと縮退したことがわかった（**図 3-7**）。

ところが最近，哺乳類の系統から最初に枝分かれした単孔類カモノハシは青錐体視物質をもっており，逆に，他の哺乳類がもっているUV 錐体視物質を失っていることがわかった（**図 3-7**）。つまり，カモノハシは他の哺乳類とは別の錐体視物質の組み合わせによる 2 色型色覚であった。このことから，哺乳類の錐体視物質レパートリーの変遷は，①元来

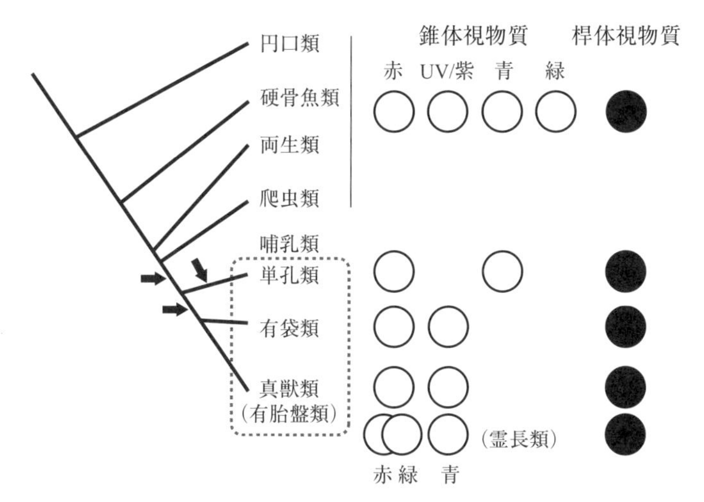

図3-7　脊椎動物における視物質のレパートリーの変遷
哺乳類進化の過程の矢印の箇所で錐体視物質の欠失が起き，その結果，一般的な哺乳類は2色型色覚となった。

の4種類の錐体視物質から，②単孔類を含む現存の全哺乳類の共通祖先で緑錐体視物質が失われ，単孔類と他の哺乳類（有袋類と有胎盤類）の分岐後に，③単孔類の系統ではUV錐体視物質が失われ，それとは独立に，④有袋類と有胎盤類の共通祖先で青錐体視物質が失われた，という複雑なシナリオで段階的に起きたことがわかった（**図3-7**）。この哺乳類における色覚の退化は，中生代の恐竜の時代に哺乳類の祖先が夜行性となり，視覚よりも嗅覚に依存した生活に適応した結果と説明される。

その後，およそ数千万年前という比較的最近になって，ヒト，類人猿，狭鼻猿類（旧世界ザル）では，X染色体において赤錐体視物質から遺伝子重複によって新しく緑錐体視物質が生じ，赤，緑，青（UV錐体視物質から調整）の3色型色覚となった（**図3-8**）。同じ霊長類でも広鼻猿類（新世界ザル）の場合は，X染色体上には現在でも1つの遺伝子座し

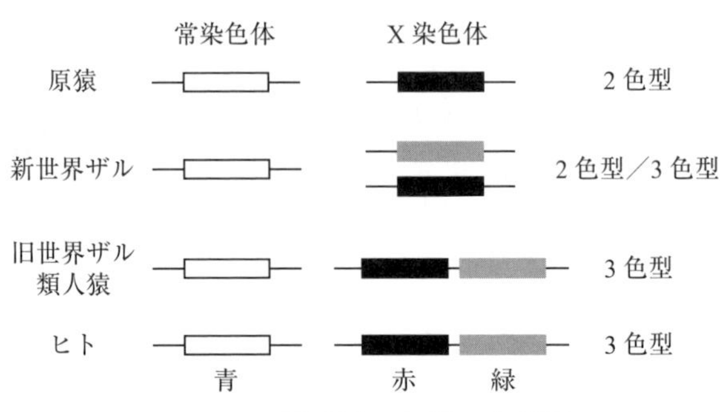

図 3-8　霊長類の色覚の多様性

霊長類では，他の哺乳類と異なり，3 色型色覚をもつ種が存在する。なお，多くの原猿は 2 色型色覚だが，一部の種では，新世界ザルのように緑錐体視物質と赤錐体視物質が対立遺伝子として存在することから，その種のメスでは，ヘテロによる 3 色型色覚になる可能性がある。

かないが，対立遺伝子として赤錐体視物質と緑錐体視物質が存在する。したがって，X 染色体を 1 つしかもたないオスは赤錐体視物質か緑錐体視物質のいずれか一方しかもちえないが，X 染色体を 2 つもつメスは，対立遺伝子として赤錐体視物質と緑錐体視物質の両方をヘテロでもつことが可能となり，そのようなメスは，青錐体視物質と合わせて，3 色型色覚になると考えられる（**図 3-8**）。このような対立遺伝子による条件付きの 3 色型色覚は，遺伝子重複による真の 3 色型色覚への前段階なのかもしれない。また，この歴史を知ると，哺乳類以外の脊椎動物では，4 種類の錐体視物質の吸収スペクトルが均等であるのに対して，ヒトの 3 種類の錐体視物質の吸収スペクトルに偏りがあるのが理解できるであろう（**図 3-6**）。

3.4.2　節足動物の色覚の進化

脊椎動物に限らず無脊椎動物にも色覚をもつ種は存在し，中でもミツバチやアゲハチョウなど昆虫が色覚をもつことはよく知られている。3.2.1項で述べたように，昆虫の眼は個眼が集まった複眼であり，眼の構造も光情報を統合する神経回路も脊椎動物とは大きく異なるが，色覚の基本要素として，吸収スペクトルが異なる複数の光受容タンパク質が必要である点は同じである。脊椎動物と同様，昆虫にも紫外光感受性光受容タンパク質から赤色光感受性光受容タンパク質まで多彩な色感受性をもつ視物質が存在するが，それらは脊椎動物とは独立に多様化したものであることが分子系統解析からわかっている。したがって，色覚は動物において何度か独立に進化したことになる。

節足動物の視物質レパートリーの変遷は，現時点では次のように考えられている。①節足動物進化の初期，すなわち昆虫とクモの共通祖先の段階では，おおまかにはUV（短波長光）視物質と緑（長波長光）視物質が存在し，②昆虫ではUV視物質から遺伝子重複によって青視物質が生じ，UV視物質，青視物質，緑視物質が昆虫の基本セットとなった。③その後，種ごとにそれぞれのグループの視物質が増え，多様な吸収スペクトルをもつ視物質が生じ，例えばアゲハチョウでは赤視物質が誕生し，より多彩な色覚の獲得へとつながった。

このように，種によって視物質を独自に多様化させることで色覚が発達した節足動物のケースは，多くの種が祖先段階で確立した4種類の基本セットを踏襲している脊椎動物のケース（**図3-7**）とは対照的である。

3.4.3　脊椎動物の薄明視の進化

多くの脊椎動物は複数の錐体視物質に加え，薄暗がりでものを見ることに用いられる桿体視物質をもつ。この桿体視物質の出現も，現存の脊椎動物の共通祖先時代に遡る。桿体視物質の吸収スペクトルは緑錐体視物質のそれとよく似ており，桿体視物質の誕生は色覚の多様化につながるものではない。両者の違いはタンパク質としての熱安定性であり，桿体視物質は錐体視物質に比べて非常に安定である。この桿体視物質の高い熱安定性は薄明視の特徴に深く関わっている。

一つは暗ノイズの低減である。光受容タンパク質は光を受けなくても，熱により活性状態になることがある。この現象は，光がない（暗状態）のに光があるという誤った情報になるため，暗ノイズと呼ばれる。暗ノイズが大きいと，弱い光刺激により少数の視物質が活性状態になった場合と区別がつかないため，弱い光の下で光を感度よく検出するためには暗ノイズを低く抑える必要がある。暗ノイズは熱安定性が高いほど起きにくいため，桿体視物質の熱安定性が高いことは桿体が薄暗がりではたらくために重要である。もう一つはシグナルの増幅である。桿体視物質は活性状態も安定で寿命が長い。そのため，1 回の活性化によって多くのシグナル分子を活性化でき，光シグナルは増幅されて下流に伝わる。この性質も，桿体が弱い光を高感度で検出するために重要である。

逆に錐体視物質は，活性状態が不安定ですぐに壊れ，そして速やかに再生するという性質をもつ。錐体がはたらく日中の強い光の下では，光シグナルを増幅して高感度に検出するよりも，むしろ毎回の光シグナルの伝達を早く終え，速やかな再生により，次の光受容に備えるという時間分解能の高さの方が重要である。このように，桿体視物質と錐体視物質の熱安定性の違いは，それぞれ薄明視，昼間視の特性と密接に関わっていることがわかる。

3.5 光受容タンパク質の光反応

3.5.1 退色型光受容タンパク質

光受容タンパク質は，光を吸収することで活性状態に変化する。このタンパク質の構造変化に伴ってレチナールの周りの環境にも変化が生

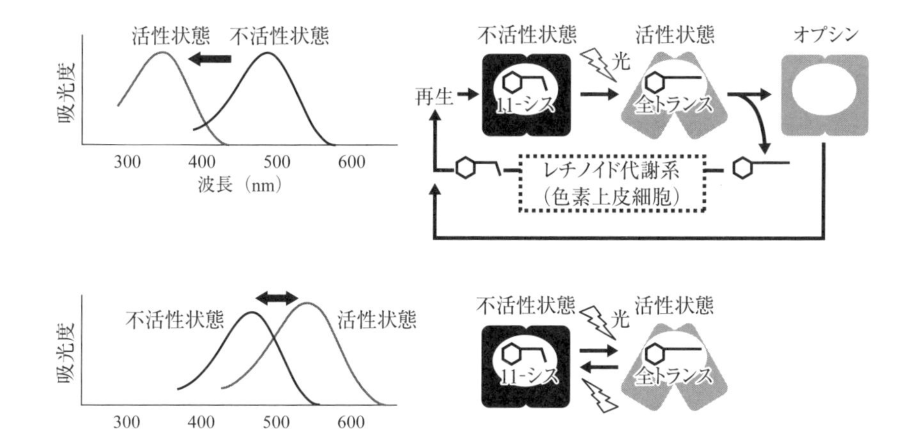

図 3-9　動物の光受容タンパク質の光反応

退色型光受容タンパク質（上）と双安定型光受容タンパク質（下）の光受容による吸収スペクトルの変化（左）と状態の変化（右）。

じ，結果，光受容タンパク質の吸収スペクトルは変化する。つまり，光受容タンパク質は吸収スペクトルから，活性状態と不活性状態を見分けることができる。光受容タンパク質の活性状態やその振る舞いによって，動物の光受容タンパク質は大きく2種類に分けられる。

多くの教科書には，「視物質は光を受けると退色する」と記載されている。この視物質は脊椎動物の桿体視物質を指し，紅色をしている不活性状態が光を受けると瞬時に透明（薄黄色）の活性状態になることを表現している。これは，緑色光感受性の不活性状態（**図 3-9**）が，紫外部に吸収帯をもつ活性状態になり，最終的にレチナールが光受容タンパク質から外れるという，光受容タンパク質の活性化プロセスを表している。遊離したレチナールも360〜380 nmの紫外部に吸収帯をもつことから，光受容タンパク質が光を受けると，いずれにしても紫外部に吸収帯をもち，透明になる。このような振る舞いをする光受容タンパク質のことを

退色型光受容タンパク質と呼び，脊椎動物の視物質はこのタイプである（図 3-9）。

この反応からわかるように，退色型光受容タンパク質は 1 回の光受容，すなわち 1 つの光子を吸収すると壊れるため，次の光受容のためには，光受容タンパク質に新たに 11-シス型レチナールを結合させる必要がある。ところが，光を吸収すると光受容タンパク質内部の 11-シス型レチナールは全トランス型レチナールに異性化するため，光吸収後に遊離したレチナールは全トランス型レチナールであり，光受容タンパク質に再結合できない。そこで，主に網膜の色素上皮細胞が関わるレチノイドの代謝系が 11-シス型のレチナールを供給する役割を担い，光受容タンパク質の再生を可能にする。また，光受容タンパク質の一種には，全トランス型レチナールを結合して光受容タンパク質を形成し，光吸収によって 11-シス型レチナールを生成する，光異性化酵素としてはたらくものもあり，この仕組みも 11-シス型レチナールの供給源となる。いずれにしても，退色型光受容タンパク質は，11-シス型レチナールを供給する仕組みがないと継続的に光受容を担うことはできないため，網膜など限られた組織でしか効率的には機能できない。

3.5.2　双安定型光受容タンパク質

一方で，昆虫や頭足類の視物質は光を受容しても退色せず，色がついたままであることが古くから知られていた。これは，光吸収によって生じた活性状態が可視光領域に吸収帯をもつことを意味している。さらに，この活性状態は壊れずに安定で，もう一度光を吸収すると元の不活性状態へと再生する。このような不活性状態と活性状態がともに安定かつ光可逆的な光受容タンパク質を光再生型あるいは**双安定型光受容タンパク質**と呼ぶ（図 3-9）。双安定型光受容タンパク質は，退色型光受容タンパク質と異なり，光受容によって壊れず，原理的には何度も機能できるため，11-シス型レチナールが乏しい環境でも機能できる。なお，双安定型光受容タンパク質の活性状態は安定であるが，生体内では別のタンパク質がその活性を抑えるため，活性状態が引き起こす応答は終息する。

古くには，脊椎動物の視物質は退色型で，無脊椎動物の視物質は双安定型という具合に，この違いは動物の系統によるものだと考えられていた。しかしその後，脊椎動物に見つかった視覚以外の光受容に関わる光受容タンパク質が双安定型であることが明らかとなり，動物の系統に対応するものではないことがわかった。11-シス型レチナールが乏しい環境でも機能できる双安定型光受容タンパク質が，視覚以外あるいは眼外の光受容に関わるのは理にかなっている。さらに，様々な動物の光受容タンパク質が解析された結果，最終的には，双安定型光受容タンパク質が動物の光受容タンパク質の標準型であり，退色型光受容タンパク質はむしろ脊椎動物の視物質のみに見られるユニークなものであることが判明した。現在では，退色型光受容タンパク質であるウシロドプシンに加え，双安定型光受容タンパク質であるイカのロドプシンとハエトリグモのロドプシンの3次元構造が決定され，より詳細な研究が可能となっている。

3.6　おわりに

多くの動物が光情報を利用しており，眼，視細胞，光受容タンパク質など複数の階層において，それぞれの動物の生理や生態に応じた多様な光受容の仕組みが存在することがわかった。特に，受容する光の色などの決定に関わる光受容タンパク質の性質からは，その動物の生息環境や進化に関する情報を得ることができる。本章では光感覚の中でも視覚の仕組みを中心に紹介したが，動物は視覚以外にも光を利用しており，その仕組みは未だ不明なものも多い。さらには，これまで光を感じるとは考えられていなかった組織にも光受容タンパク質が発現していることがわかっており，今後，思いもよらない新規の光感覚が発見されるだろう。

参考文献

[1] 日本比較生理生化学会・編『見える光，見えない光：動物と光のかかわり』共立出版，2009

4　動物の光感覚 2
——光シグナル伝達系——

小柳　光正

《目標＆ポイント》 光を受けた光受容タンパク質は，G タンパク質という細胞内のタンパク質を介したシグナル伝達系を駆動し，細胞応答を引き起こす。本章では，G タンパク質を介したシグナル伝達系を学び，光シグナル伝達系の多様性と進化を理解する。また，光受容タンパク質を光スイッチとして応用することで，光を刺激とする生理応答の光操作・光遺伝学についても紹介する。

《キーワード》 GPCR，G タンパク質，光シグナル伝達系，セカンドメッセンジャー，概日リズム，光遺伝学

4.1　はじめに

光受容タンパク質は，単に光を受容するだけでなく，光を受けたという情報を出力することで光感覚を生み出す。具体的には，光を吸収して活性状態になった光受容タンパク質は，細胞内に存在する G タンパク質というタンパク質を活性化する。活性化された G タンパク質は，また別のタンパク質を活性化することで情報を下流に伝え，その結果として細胞応答が引き起こされる。この情報の伝達の仕組みをシグナル伝達系といい，特に光情報の伝達のことを光シグナル伝達系と呼ぶ。G タンパク質が仲介するシグナル伝達系は，G タンパク質共役型シグナル伝達系と呼ばれ，光感覚のみならず，動物の様々な刺激の応答において使わ

れる，一般的で重要な仕組みである。

4.2　G タンパク質共役型シグナル伝達系

光受容タンパク質は **G タンパク質共役型受容体**（**GPCR**）という，様々な化学物質の受容体タンパク質からなる遺伝子ファミリーの一種である。GPCR はヒトゲノム中に約 800 遺伝子も存在し，アドレナリン受容体などのホルモンの受容体，アセチルコリン受容体などの神経伝達物質の受容体やにおい物質，味物質などの受容体も GPCR である。GPCR には，7 回の膜貫通領域をもつという構造と，その名の通り G タンパク質を介したシグナル伝達系を駆動するという共通点がある。

G タンパク質とは GTP 結合タンパク質の略で，いくつかの種類が存在するが，GPCR が共役する G タンパク質は三量体で機能する三量体 G タンパク質である。三量体 G タンパク質は α，β および γ サブユニットからなり，それぞれ別の遺伝子にコードされている。細胞膜に存在する受容体と相互作用する三量体 G タンパク質は細胞膜の細胞質側に局在し，不活性状態では，α サブユニットは GDP を結合し，β，γ サブユニットとともに三量体を形成している（**図 4-1A**）。刺激を受けた受容体による活性化によって（**図 4-1B**），GDP から GTP への交換反応が起き，α サブユニット（GTP 結合型）は $\beta\gamma$ 複合体から解離する（**図 4-1C**）。GTP 結合型となり活性状態になった α サブユニットは，多くの場合，ある種の酵素を活性化することで情報を下流に伝える。その後，GTP が加水分解して GDP になると，$\beta\gamma$ 複合体と再結合し，元の不活性状態に戻る（**図 4-1A**）。

G タンパク質 α サブユニット（Gα）には十数種類のサブタイプが存在する。例えばヒトは 17 種類の Gα 遺伝子をもち，それらは系統的・機能的に，G_s，$G_{i/o}$，G_q および $G_{12/13}$ という 4 つのグループに大別される。

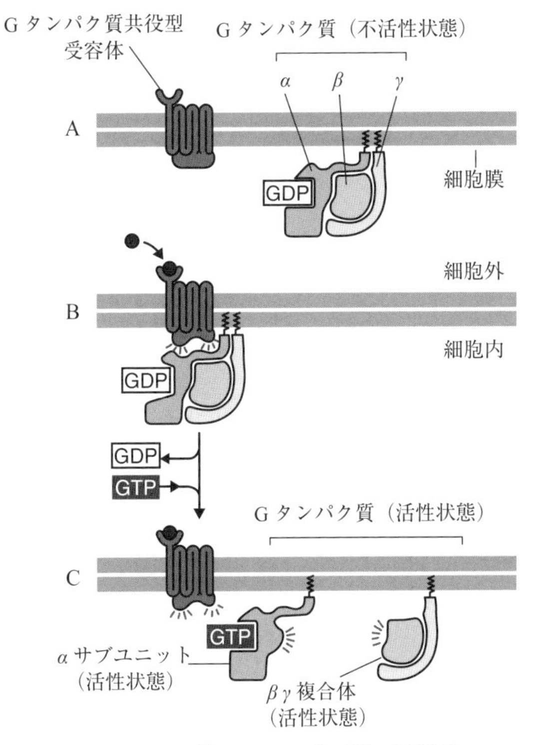

図4-1　三量体Gタンパク質の活性化

出典：Bruce Alberts, et al., *Essential Cell Biology (2nd edition)*, Garland Science, 2004, Figure 16-17

このことは，約800種の受容体由来の情報は，細胞内ではおおまかにわずか4種類のシグナルに変換されることを意味している。

4つのグループの違いは，主に活性状態になったαサブユニットを活性化する酵素が異なる点にある。G_sサブタイプは活性状態になるとア

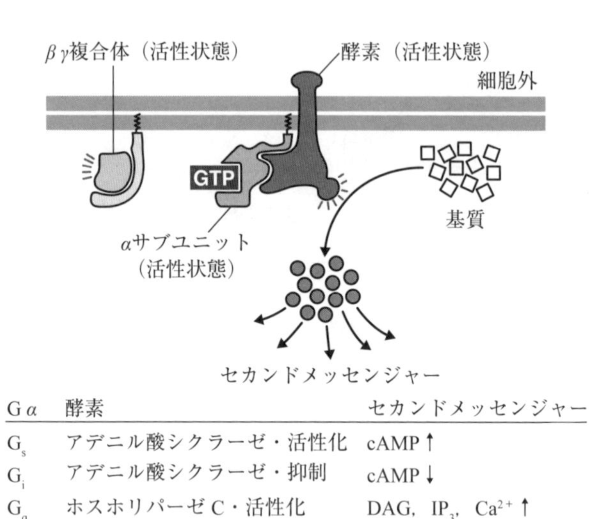

Gα	酵素	セカンドメッセンジャー
G_s	アデニル酸シクラーゼ・活性化	cAMP↑
G_i	アデニル酸シクラーゼ・抑制	cAMP↓
G_q	ホスホリパーゼC・活性化	DAG, IP_3, Ca^{2+}↑

図 4-2　αサブユニットによる酵素の活性化とセカンドメッセンジャーの産生
出典：Bruce Alberts, et al., *Essential Cell Biology (2nd edition)*, Garland Science, 2004, Figure 16-20

デニル酸シクラーゼという酵素を活性化する（**図 4-2**）。アデニル酸シクラーゼは ATP から環状 AMP（cyclic AMP，cAMP）を合成する酵素である。したがって，G_s サブタイプが活性化された場合は，細胞内の cAMP 濃度の上昇が起きる。cAMP 濃度の上昇に続く反応は細胞ごとに異なるが，リン酸化酵素であるプロテインキナーゼ A が活性化され，タンパク質のリン酸化を介した転写の調節へと続く経路がよく知られている。

$G_{i/o}$ サブタイプの代表である G_i は，活性状態になるとアデニル酸シクラーゼを抑制し，細胞内 cAMP 濃度の減少を引き起こす。すなわち，G_s

と G_i は，細胞内 cAMP 濃度の調節およびその下流の効果において，アクセルとブレーキの関係にあると言える。

G_q サブタイプは，活性状態になるとホスホリパーゼ C を活性化する（**図 4-2**）。ホスホリパーゼ C は，細胞膜の成分であるリン脂質の一種ホスファチジルイノシトール -4,5- 二リン酸（PIP_2）を切断し，イノシトール -1,4,5- 三リン酸（あるいは単にイノシトール三リン酸；IP_3）とジアシルグリセロール（DAG）を生成する酵素である。IP_3 は細胞内のカルシウム貯蔵庫（小胞体）から Ca^{2+} イオンの放出を引き起こし，DAG は Ca^{2+} イオンの濃度の上昇とともに，プロテインキナーゼ C を活性化する。他にも細胞内 Ca^{2+} イオン濃度の上昇は，様々なタンパク質の活性の調節に関わる。

$G_{12/13}$ は活性状態になると，低分子量 GTP 結合タンパク質である Rho を介した多岐にわたるシグナル伝達系を制御することが知られている。

cAMP，DAG，IP_3，Ca^{2+} イオンなどのように，刺激を受けた細胞において情報の運び手として二次的に産生される分子のことを**セカンドメッセンジャー**と呼ぶ。セカンドメッセンジャーが酵素反応生成物である点は重要である。例えば，わずか 1 分子の酵素しか活性化されないような小さな刺激に対しても，酵素反応によって多数のセカンドメッセンジャー分子が産生されることで大きな反応を引き起こすことができる。このセカンドメッセンジャーによるシグナルの増幅という仕組みがあるため，一般に，G タンパク質共役型シグナル伝達系が関わる細胞応答は高感度である。また，G_s，G_i とアデニル酸シクラーゼ，G_q とホスホリパーゼ C といった G タンパク質 α サブユニットと酵素との関係は，ヒトとショウジョウバエで共通しているなど，動物界全体で強固に保存されている。このことは，G タンパク質共役型シグナル伝達系の起源の古さのみならず，このシグナル伝達系が動物にとって変更できないほど重要な役割を担っていることを示している。なお，ここでは α サブユニットの活性化に伴うシグナル伝達系について紹介したが，α サブユニットと解離した $\beta\gamma$ 複合体も別のシグナル伝達系を駆動することが知られており，それらとの組み合わせにより，G タンパク質を介したシグナル伝達系は多様な細胞応答を生み出している。

4.3 動物の光シグナル伝達系の多様性

4.3.1 脊椎動物の視細胞の光シグナル伝達系

脊椎動物の視細胞では，桿体（かんたい），錐体（すいたい）とも，光受容タンパク質が受容した光情報はトランスデューシン（G_t）という G タンパク質 α サブユニットを介して細胞内シグナルに変換される（**図 4-3**）。G_t は脊椎動物にしか存在しない α サブユニットで，ほとんど視細胞にしか発現が見られないことから，脊椎動物の視細胞専用の α サブユニットと言える。また，G_t は $G_{i/o}$ グループに属するが，視細胞では cGMP ホスホジエステラーゼという酵素を活性化する点もユニークである。cGMP ホスホジエステラーゼは，環状 GMP（cyclic GMP，cGMP）を 5′-GMP に加水分解する酵素で，その結果，セカンドメッセンジャーである cGMP 濃度の減少を引き起こす。視細胞の外節の細胞膜には cGMP 作動性チャネルという陽イオンチャネルが存在しており，暗状態では細胞内 cGMP 濃度が高いため，このチャネルは cGMP の結合によって開いた状態になっている。その結果，主に Na^+ イオンや Ca^{2+} イオンが流入し，暗状態では視細胞は少し脱分極した状態になっている。ここで光を受けると，G_t を介して cGMP ホスホジエステラーゼが活性化され，cGMP 濃度が減少しチャネルから cGMP が外れることで，チャネルは閉じる。その結果，陽イオンの流入が止まり，視細胞は過分極性の応答を示す。視細胞は少し脱分極している暗状態では神経終末から神経伝達物質であるグルタミ

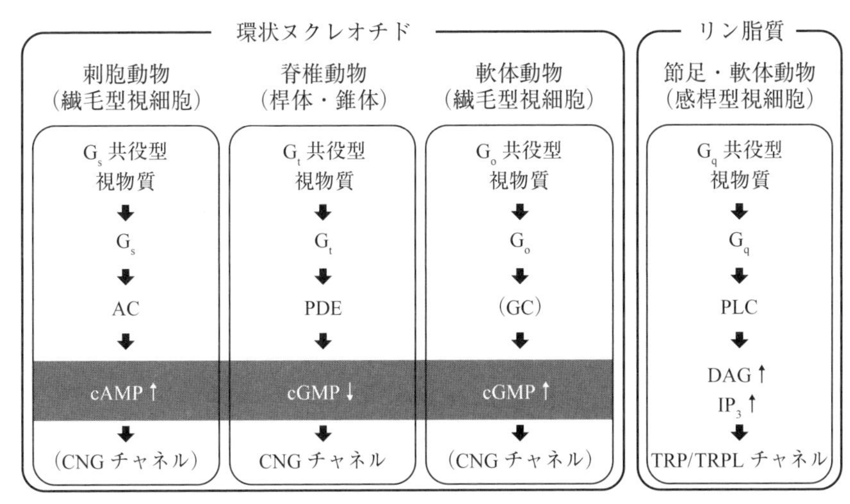

AC：アデニル酸シクラーゼ　　CNG チャネル：環状ヌクレオチド作動性チャネル
PDE：ホスホジエステラーゼ　　GC：グアニル酸シクラーゼ　　PLC：ホスホリパーゼ C
遺伝子が未同定の場合は括弧書きで示している。

図 4-3　動物の光シグナル伝達系の多様性
動物の光シグナル伝達系は，繊毛型視細胞の環状ヌクレオチド光シグナル伝達系と感桿型視細胞のリン脂質光シグナル伝達系の 2 つに大別される。

ン酸を放出しており，光を受けるとその放出量が減る。したがって，光を受けたという情報は，神経伝達物質の放出量の減少として，水平細胞や双極細胞に伝えられる。

魚類や爬虫類など哺乳類以外の脊椎動物では，松果体という脳の一部にも光受容能があり，第三の眼とも呼ばれている（3.2.1 項参照）。松果体の光受容細胞の多くでは，視物質とは異なる光受容タンパク質が光を受容するが，光シグナル伝達系は基本的には視細胞と同じ，G_t を介した光シグナル伝達系である。また，トカゲの頭頂眼では，1 つの光受容細胞の中に，紫外光（あるいは青色光）感受性光受容タンパク質による G_t を介した光シグナル伝達系に加え，緑色光感受性光受容タンパク質

による G_o という別の G タンパク質 α サブユニットを介した光シグナル伝達系が存在している。前者は cGMP 濃度の減少を引き起こすのに対し，後者は cGMP 濃度の増加を引き起こす。したがって，紫外光（青色光）と緑色光の比率は 2 つの光シグナル伝達系の拮抗作用によって，比率に応じた cGMP 濃度として表現される。この仕組みによって，頭頂眼では 1 つの光受容細胞で光に含まれる紫外光（青色光）と緑色光の比率，すなわち色情報を検出することができる。一般に，色情報は，互いに異なる波長感度をもつ複数の光受容細胞の応答が神経回路によって統合されることで検出されるため，光シグナル伝達系で色情報を検出する頭頂眼の仕組みは例外的と言える。

4.3.2　節足動物や軟体動物の視細胞の光シグナル伝達系

節足動物や軟体動物といった無脊椎動物の光シグナル伝達系の研究は，主に立派な眼をもつ昆虫類（ショウジョウバエ），頭足類（イカ，タコ）の視覚について行われてきた。眼の形態は複眼，カメラ眼と大きく異なる両者だが（3.2.1 項参照），光シグナル伝達系は共通で，光受容タンパク質が受けた光情報は G_q を介した光シグナル伝達系を駆動し，4.2 節で述べたように，ホスホリパーゼ C による PIP_2 から IP_3 と DAG の生成を経て，細胞内 Ca^{2+} イオンの増加を引き起こす（**図 4-3**）。その後，TRP チャネルおよび TRPL チャネルという陽イオンチャネルが開き，その結果，視細胞は脱分極応答を示す。TRP チャネルおよび TRPL チャネルの関与は，ショウジョウバエの変異体の解析によって古くから明らかとなっているが，IP_3，DAG，Ca^{2+} イオンといったセカンドメッセンジャーがどのようにして TRP チャネルや TRPL チャネルの開閉を制御しているのかは未だ完全解明には至っていない。また，興味深いことに，TRP チャネルは最初にショウジョウバエの光応答のチャネルとして見つかったが，後に多数の類似遺伝子が発見され，それらは温度刺激，化学刺激，機械刺激など多岐にわたる感覚の受容体として機能していることが明らかとなった。

4.3.3　概日リズムの光センサーの光シグナル伝達系

多くの生物は，およそ 1 日周期の内在性の生体リズムをもっており，これを**概日リズム**という。概日リズムの周期は“およそ”1 日であるため，毎日少しずつ真の 1 日から位相がずれていくが，太陽の光を浴びることでリズムがリセットされ，位相が同調する。この概日リズムの光同調を担う光センサーの正体は長年の謎であったが，1998 年に最初にカエルの色素細胞から見つかった。脊椎動物の視物質よりもむしろ無脊椎動物の視物質に類似していたこの奇妙な光受容タンパク質の**メラノプシン**が，哺乳類においては，概日リズムの光センサーであることが明らかとなった。また，メラノプシンは瞳孔収縮の光センサーでもある。

ただし，メラノプシンだけが概日リズムや瞳孔収縮の光センサーではないことに注意したい。メラノプシンを欠失したマウスでは，これらの光応答は減弱するものの完全には消失せず，メラノプシンの欠失に加え桿体視物質と錐体視物質の機能を阻害すると，光応答は完全に消失した。このことは，桿体視物質，錐体視物質，メラノプシンが，概日リズムの光同調や瞳孔収縮の光センサーとして相補的に機能していることを示している。

メラノプシンは，網膜に存在する神経節細胞（3.2.2 項参照）の数 % の細胞に発現している。メラノプシンが発現している神経節細胞は直接光を受容できることから，**内因性光感受性網膜神経節細胞**と呼ばれ，視細胞が受けた光の情報だけでなく，自身が受けた光の情報も脳に伝える。メラノプシンは吸収極大波長が 460～480 nm の青色光感受性光受容タンパク質で，光を受けると G_q を活性化し，ホスホリパーゼCによるリン脂質シグナル伝達系を駆動する。したがって，メラノプシンが駆動する光シグナル伝達系は節足動物や軟体動物の視物質のものと類似している。

なお，メラノプシンは青色光感受性光受容タンパク質であるため，青色の光のみが生体リズムや睡眠に影響を及ぼす光だと思われがちだが，それは誤りである。**図 3-5** のロドプシンの吸収スペクトルの広がりと同様に，メラノプシンも，青色の光だけでなく，多少効率は落ちるが緑色の光も吸収するため，例えば，明るい緑色の光なら青色の光と同様に生体リズムに対して影響を及ぼすことになる。

4.4 光シグナル伝達系の体系的理解

4.4.1 繊毛型光シグナル伝達系

3.2.3 項の「視細胞の多様性」で述べたように，視細胞には繊毛型と感桿（かんかん）型の 2 種類があり，脊椎動物の視細胞は繊毛型，昆虫や軟体動物の視細胞は感桿型である。したがって，単純には，「繊毛型視細胞では G_t を介した光シグナル伝達系」，「感桿型視細胞では G_q を介した光シグナル伝達系」という対応関係が見えてくる。では，他の動物の繊毛型視細胞の光シグナル伝達系も G_t を介した光シグナル伝達系だろうか？

軟体動物のホタテガイは外套膜（がいとうまく）上に多数の眼をもち，その網膜は感桿型の視細胞と繊毛型の視細胞の 2 層の構造をなしている。このうち感桿型の視細胞では，頭足類と同様，G_q を介した光シグナル伝達系が機能している。一方で，ホタテガイの繊毛型の視細胞では，G_q でも G_t でもない，G_o を介した光シグナル伝達系が機能しており，光受容によって，細胞内 cGMP 濃度の増加が引き起こされる（**図 4-3**）。

また，脊椎動物，節足動物，軟体動物の出現よりも古くに枝分かれした刺胞動物は，眼をもつ最も体制が単純な動物で，その視細胞は繊毛型である。刺胞動物の中で最も発達した眼をもつアンドンクラゲの繊毛型視細胞では，G_qでもG_tでもG_oでもなく，G_sを介した光シグナル伝達系が機能しており，光を受けると，4.2節で述べたように，アデニル酸シクラーゼの活性化に伴う細胞内cAMP濃度の増加が引き起こされる(**図4-3**)。実は，脊椎動物の嗅覚の受容細胞（嗅神経細胞）では，嗅覚受容体がにおい物質を受容すると，G_{olf}というG_sグループのαサブユニットが活性化され，やはりアデニル酸シクラーゼの活性化に伴う細胞内cAMP濃度の増加が引き起こされる。つまり，刺胞動物の視覚と脊椎動物の嗅覚という異なる感覚で類似のシグナル伝達系が使われていることがわかる。

このように，繊毛型の視細胞の光シグナル伝達系は，脊椎動物，軟体動物，刺胞動物で異なるGタンパク質αサブユニットおよび酵素が使われており，一見すると統一性がない。しかし，セカンドメッセンジャーに注目すると，脊椎動物と軟体動物の繊毛型視細胞ではcGMP，刺胞動物の繊毛型視細胞ではcAMPと，環状ヌクレオチドが使われている点が共通している。すなわち，動物の繊毛型視細胞は，「環状ヌクレオチドをセカンドメッセンジャーとして用いる光シグナル伝達系」とまとめることができる。

4.4.2　感桿型光シグナル伝達系

多くの無脊椎動物，特に旧口動物の視細胞は感桿型である。昆虫や頭足類だけでなく，昆虫以外の節足動物（クモ）や頭足類以外の軟体動物(ホタテガイ)，さらには扁形動物（プラナリア）や環形動物（ゴカイ）など，これまで調べられている動物の感桿型視細胞においては，G_qを介した光シグナル伝達系が確認されている。したがって，「感桿型視細

胞では G_q を介した光シグナル伝達系」という対応は正しいようだ。一方で，脊椎動物には感桿型視細胞がなく，視細胞以外でも感桿型の光受容細胞は見つかっていない。

では，感桿型光受容細胞は，脊椎動物の系統で失われてしまったのか？　実は，哺乳類においてメラノプシンが発現している内因性光感受性網膜神経節細胞と旧口動物の感桿型視細胞は同一起源だと考えられている。まず，4.3.3 項で述べたように，内因性光感受性網膜神経節細胞では G_q およびリン脂質を用いた光シグナル伝達系が機能しており，この点は旧口動物の視細胞とよく似ている。また，網膜神経節細胞と旧口動物の視細胞には，発生に関わる転写調節因子にも共通性が見られる。さらに，脊椎動物に近縁な無脊椎動物（新口動物）である頭索類（ナメクジウオ）には，繊毛型の視細胞とは別に，感桿型の光受容細胞が存在し，そこではメラノプシンが発現しており，光を受けると G_q を介した光シグナル伝達系を駆動することがわかっている。

これらの機能的，発生学的類似性から，感桿型視細胞の進化のシナリオは次のように考えられている。祖先動物の感桿型光受容細胞は，①旧口動物では視細胞として用いられ，②新口動物では視覚ではない光受容に用いられ（視覚は繊毛型視細胞が担い），ナメクジウオに見られるような感桿型光受容細胞になった。そしてついには，③脊椎動物の系統で，感桿型の形態を失い，内因性光感受性網膜神経節細胞になった（**図 4-4**）。つまり，私たちの眼の中には，昆虫やイカの視細胞と起源を同一にする光受容細胞が同居しており，それが視覚ではなく概日リズムの光同調などの非視覚機能を担っているというのは興味深い。また，このシナリオに基づき，動物の感桿型視細胞およびその派生光受容細胞は，「G_q を介した光シグナル伝達系」，あるいは繊毛型視細胞にならって「リン脂質をセカンドメッセンジャーとして用いる光シグナル伝達系」とま

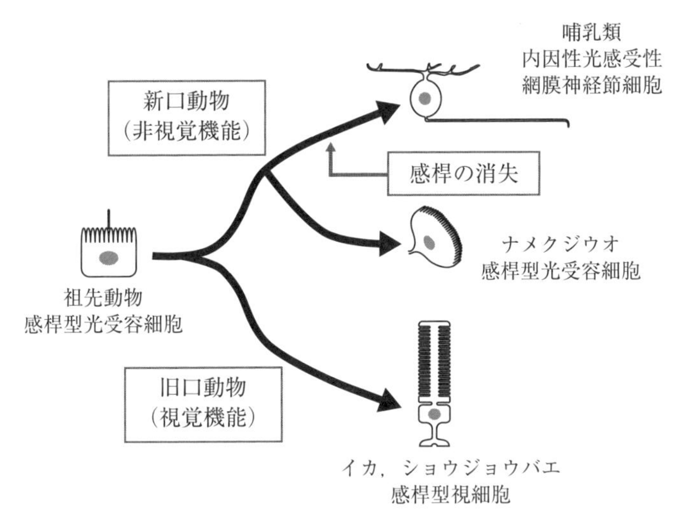

図 4-4　感桿型光受容細胞進化のシナリオ

とめられる。4.4.1 項と併せると，動物の光シグナル伝達系は，「繊毛型の環状ヌクレオチド光シグナル伝達系」と「感桿型のリン脂質光シグナル伝達系」の 2 つの系統として理解することができる。

4.5　光遺伝学への応用

4.5.1　微生物のロドプシンによる神経活動の光操作

光は生物にとって環境を知る上での重要な刺激であると同時に，時間的，空間的な分解能が優れた刺激という側面もある。したがって，生物が進化の過程で獲得した光受容タンパク質は，光で生命活動を精密に操作するためのスイッチとして応用することが可能である。この技術は，光によって活性化されるタンパク質を遺伝学的手法を用いて活用することから，**光遺伝学（オプトジェネティクス）**と呼ばれ，2000 年代初頭に急速に発展し，現在の生命科学研究の主要技術となった。

最も有名な光遺伝学ツールは，単細胞藻類であるクラミドモナスの眼点から発見された，クラミドモナスの光走性に関わる光受容タンパク質である。この光受容タンパク質は，光を受けると陽イオンを通す，光作動性のイオンチャネルであることから**チャネルロドプシン**と名づけられた。神経細胞は，イオンチャネルを通して陽イオンが流入し，細胞が脱分極することで興奮する。したがって，チャネルロドプシンを神経細胞に導入すれば，光刺激によって神経の興奮を引き起こすことが可能である。すでに，チャネルロドプシンやその類似光受容タンパク質を用いて様々な神経細胞の活動を光でコントロールすることで，動物の行動や情動，さらには記憶をも操作することができている。

チャネルロドプシンは，7 回の膜貫通領域をもつという構造，レチナールを発色団とすること，また，レチナールの結合する位置が 7 番目の膜貫通領域のリジン残基であることなど，動物の光受容タンパク質と多くの共通点がある。しかしながら，アミノ酸配列には有意な相同性が認められないため，起源は別だと考えられている。チャネルロドプシンの類似タンパク質は，原核生物や菌類，他の単細胞生物からも見つかっており，微生物型ロドプシンあるいはタイプ 1 ロドプシンと呼ばれる。それに対して，動物の光受容タンパク質はタイプ 2 ロドプシンと呼ばれ，動物にしか見つかっていない。また，今のところ，タイプ 1，タイプ 2 の両方のロドプシンをもつ生物は見つかっていない。

チャネルロドプシンと動物の光受容タンパク質の大きな違いの一つは，発色団の異性体型である。動物の光受容タンパク質の発色団は 11-シス型レチナールであるのに対し，チャネルロドプシンを含む微生物ロドプシンの発色団は全トランス型レチナールである。全トランス型レチナールは，種々のレチナール異性体の中で最も安定で，生体内のどこにでも存在するため，微生物型ロドプシンはどの組織でも光受容タンパク

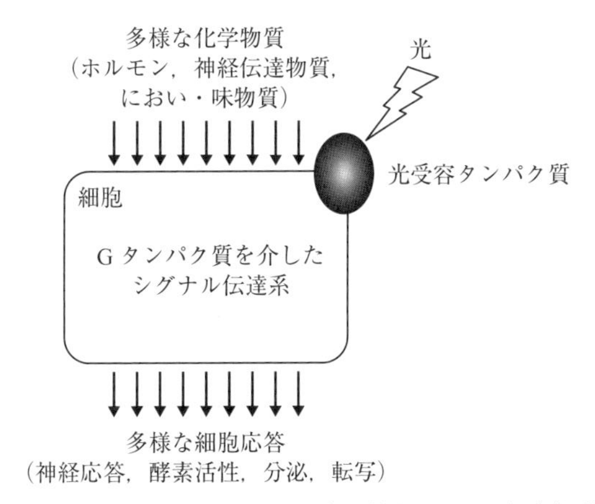

図 4-5　動物の光受容タンパク質を用いた光遺伝学
GPCR の一種である動物の光受容タンパク質を細胞に導入すれば，GPCR が関与する多様な細胞応答を，実際の刺激（化学物質）の代わりに光で操作できる。

質として機能できる。チャネルロドプシンが光を受けると，全トランス型レチナールは 13-シス型レチナールへと異性化し，チャネルが開く。そして，13-シス型レチナールは熱異性化して元の全トランス型に戻り，チャネルが閉じる。この光反応サイクルによって繰り返し何度でも使える点も，チャネルロドプシンが光遺伝学ツールとして優れている点である。

4.5.2　動物の光受容タンパク質による GPCR シグナル伝達系の光操作

主に神経活動の光操作に用いられる微生物型ロドプシンに対して，GPCR である動物の光受容タンパク質は，神経系だけでなく，代謝系，内分泌系，免疫系など GPCR が関わるすべての生理応答を光で操作できるポテンシャルがある（**図 4-5**）。そのため，動物の光受容タンパク質の光遺伝学への応用も進められている。

しかしながら，最も研究されているウシロドプシンをはじめとする脊椎動物の視物質を用いた光遺伝学はあまり広まっていない。これは，3.5.1 項で述べたように，脊椎動物の視物質は退色型光受容タンパク質であり，一度光を受けると壊れてしまう使い捨て型である点，そして再利用するためには，新たに 11-シス型レチナールを要する点が，ツールとして不向きなためである（**図 3-9**）。11-シス型レチナールは不安定な異性体で，網膜のようなレチノイドの代謝系がない組織では豊富に存在しないと考えられているため，退色型光受容タンパク質が機能できる組織は限られている。

そこで最近では，双安定型光受容タンパク質に注目が集まっている。双安定型光受容タンパク質の活性状態は安定で，光で元の状態に戻るため，チャネルロドプシンのように何度も繰り返し使えるからである（**図 3-9**）。特に，ハマダラカから見つかった Opn3 という双安定型光受容タンパク質は，動物の光受容タンパク質としては例外的に，13-シス型レチナールを発色団としても機能できる点が優れている。13-シス型レチナールは，特別の酵素などなくても全トランス型レチナールから熱異性化によって生じるため，全トランス型レチナールと同様，生体内のどこにでも存在する。したがって，ハマダラカの Opn3 は，どの組織でも機能でき，何度でも繰り返し使える光遺伝学ツールという点で，現在広く使われているチャネルロドプシンと同様，今後，広く普及することが想像される。

4.6 おわりに

光を受容するという共通の目的のために，動物によって，異なる光シグナル伝達系を用いていることがわかった。それらの比較から，光シグナル伝達系の多様性と普遍性，そしてその進化のシナリオが見えてきた。それぞれの動物の視覚や光受容において，なぜその光シグナル伝達系が選ばれたのかは興味のある問題である。また，多様な光シグナル伝達系は，そのまま光遺伝学ツールの多様性につながる。進化によって作り上げられた多様な光受容の仕組みは，今後，人の手によってさらなる改良が加えられ，多様な光スイッチとして生命科学の発展に貢献するだろう。

参考文献

［1］Bruce Alberts, et al., *Essential Cell Biology (2nd edition)*, Garland Science, 2003

5　脊椎動物の脳における感覚と応答の担い手：脳の形とはたらき

岡　良隆

《目標＆ポイント》 動物は一般に，外界や体内の環境情報を感覚神経系で受け取り，受け取った情報を脳内で処理したあとに，内外の環境に適応した応答を示すことにより柔軟な生命活動を営む。これを可能にするため，脊椎動物は中枢化した「脳」という構造を進化させてきた。においの感覚受容を一例として取り上げ，本章では，脊椎動物について，動物の脳を形作る主要な構成要素である神経細胞（ニューロン）の基本的な構造と，それらが外界の環境情報を受け取って情報を処理する基本的な脳内の仕組みについて解説する。
《キーワード》 中枢神経系，神経細胞，ニューロン，構造，静止膜電位，活動電位，イオンチャネル

5.1　はじめに

一般に動物は，気温や日長の変化をはじめとする様々な外界の環境情報を感覚神経系（眼，耳，鼻等で受け取った情報を伝える神経系）で受け取り，その情報を脳内で処理したあとに，環境の変化に適応した行動をとることが知られている。このような一連の生命活動を可能にしているのが，植物には存在しなくて動物に特徴的な**神経系**と**内分泌系**であると考えられる。無脊椎動物では，複数の神経節に神経細胞が固まって機能的な神経回路を作ってはいるものの，いわゆる**中枢神経系**というものを明瞭に定義することは難しいが，脊椎動物においては，中枢神経系と

しての明瞭な「脳と脊髄」という構造が様々に進化している。ここでは，脊椎動物における感覚と応答の担い手としての脳とそれを形作る主要な構成要素である**神経細胞**（**ニューロン**）の基本的な構造，およびそれらが神経情報を作り出して，感覚の受容から応答までの機能を作り出す仕組みについて，主に脊椎動物について解説する。

5.2　感覚を受け取り情報処理する脳

5.2.1　においの情報はいかにして受け取られるか

脳が感覚情報を受け取る仕組みについて，その代表的な例として，ほぼすべての脊椎動物に共通し，無脊椎動物においても情報処理の仕組みとして類似点をもつと言われているにおいの情報処理を最初に見てみよう。

いわゆる感覚として主なものには，嗅覚，視覚，聴覚，味覚，体性感覚などがあるが，いずれもそれぞれの感覚を受け取る**受容器**という器官が存在しており，一般的にはそこに**受容細胞**が存在している。嗅覚の場合，におい受容細胞は，脳の腹側部にある頭骨の一部で篩骨（しこつ）と呼ばれる骨に接する鼻腔の天井部分に，**嗅上皮**（きゅうじょうひ）と呼ばれる組織があり，この組織中に分布している。におい受容細胞は，発生学的にニューロンとみなすことができ，その**樹状突起**（5.2.2 項参照）から伸びる繊毛が嗅上皮の表面に突出している。その繊毛の膜（受容細胞の細胞膜）には，**におい受容体**★1と呼ばれる膜を貫通するタンパク質が存在しており，空気中に含まれるにおい分子が，この繊毛を取り巻く粘液にトラップされて，におい分子がにおい受容体に結合することで受容体が活性化され，におい情報が脳に情報として受け取られる（**図 5-1** ①）。

次に，におい受容細胞の活性化により電気信号が生じ，それが十分な

★1——「受容体（レセプター）」という用語は，外界や体内の情報を受け取る構造のことを指すが，レセプター分子，受容細胞，さらには受容器まで意味することがあり，文脈によって適切に解釈する必要がある。生化学的には，レセプター分子を指すことが多い。

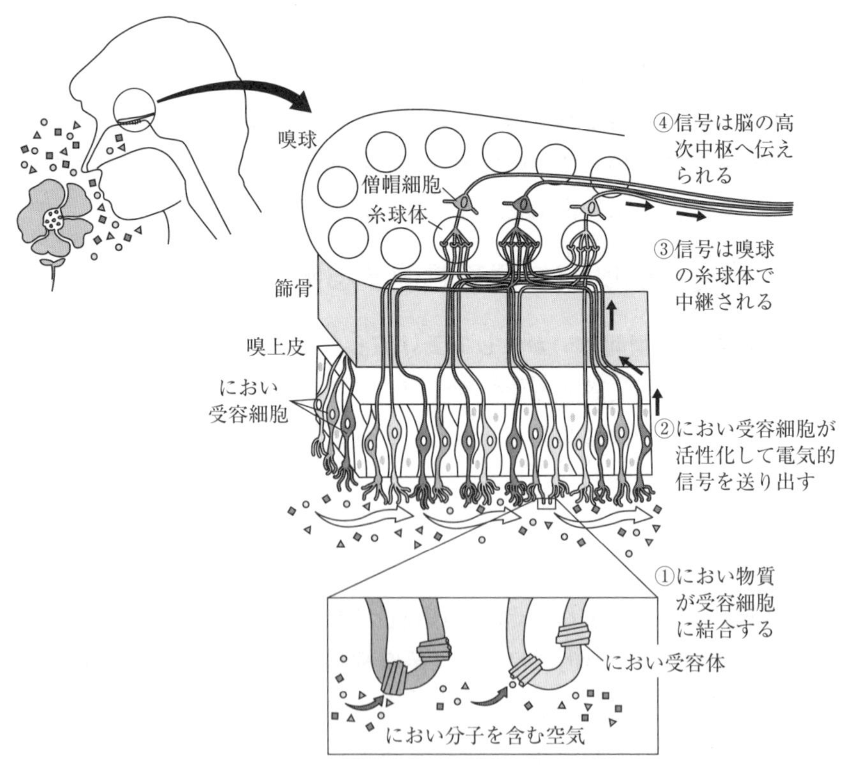

図 5-1　脳がにおいの情報を受け取る仕組み

ヒトが花のにおいを受け取るときに起こる現象を模式的に示す。左上にヒトの顔を側面から見た断面図が描かれている。丸印で囲った部分に，脳の腹側に存在する嗅覚の一次中枢である嗅球と呼ばれる脳の一部が存在しており，矢印の先にその部分が拡大されている。また，嗅上皮に存在するにおい受容細胞の先端で鼻腔に突出している部分には，におい受容細胞の樹状突起から生えている繊毛が多数存在しており，その部分を図の最下部に拡大してある。その他の詳しい説明は本文を参照のこと。

大きさになると，活動電位として，ニューロンの軸索を減衰することなく伝わっていく。におい受容体ニューロンの軸索（これが束になった構造を，**嗅神経**と呼ぶ）は上述の篩骨に多数開いた穴を通り，活動電位は，**嗅球**と呼ばれる，脊椎動物のほとんどすべての種において脳の最先端部を占め，におい情報の**一次中枢**[★2]と考えられるほぼ球形の構造に向かって伝えられる（**図 5-1** ②）。嗅球は層状の構造をしており，**糸球体**と呼ばれる構造において，においの信号は嗅神経の軸索終末の枝分かれ部分から，嗅球内で一つの層を形成している僧帽細胞と呼ばれるニューロンの軸索突起の枝分かれ部分に，糸球体内で**シナプス**（5.2.2 項で解説する）を介して伝えられる。このようにして，においの情報は，糸球体において中継される（**図 5-1** ③）。

このとき，情報処理の観点から見て面白い原則は，1 つの同じにおい物質を受け取る受容体が 1 つのにおい受容細胞に発現し，また，そのにおい受容細胞の軸索は，同様に同じにおい物質を受容する他の受容細胞の軸索とともに，1 つの糸球体で 1 つの僧帽細胞樹状突起の枝とシナプスを形成することである。つまり，特定のにおい物質を受容する受容細胞からの信号は 1 つの糸球体に集まるということである。この仕組みによって，においの情報は，嗅球の表面に分布する糸球体の 2 次元情報に変換され，どこの糸球体が活動しているのかという空間パターンによって，どのようなにおい物質が受容されているのかという情報が，あたかも画像パターンのように投影されているのである。ここからは，さらに脳内の他の部位にある構造へと軸索が**投射**[★3]され（二次中枢と呼ばれる，**図 5-1** ④），その脳部位において，さらに情報が処理される。にお

★ 2 ——感覚刺激が最初に入ってくる脳の部位を一次中枢というが，一般的には，ここで情報処理されたものは，さらに脳の次の部位（二次中枢と呼ばれるところ）に伝えられて，さらに処理される。その後さらに，三次中枢やさらなる脳部位に情報が送られて処理されることもある。

★ 3 ——ニューロンが脳内の別の場所にまで軸索を伸ばして，そこにシナプス結合を作ることを軸索投射と呼ぶ。

いの感覚においては，その二次中枢は，まとめて嗅皮質と呼ばれる。

このようなにおい情報の処理についての研究が格段に進むようになったきっかけを作ったのは，1991 年にコロンビア大学のリチャード・アクセル博士とリンダ・バック博士がにおい受容体の候補遺伝子を報告し，その後，2004 年にノーベル生理学・医学賞を受賞したことであろう。これにより，分子生物学的な技術が，従来の神経生理学や，細胞内 Ca^{2+} 濃度の変化をリアルタイムに画像で見られるようにするイメージング技術等の様々な技術と結びつき，多くの研究者がにおい情報の研究を開始した。こうしたにおい情報処理の仕組みを，他章で紹介されている，視覚や聴覚等の感覚における情報処理の仕組みと比較してみると，面白い。

本章では，こうした感覚情報を処理することを可能にする，脳の各部位の内部に存在する神経細胞について，それらの形とはたらきを学んでみよう。まず，**図 5-2** を見てほしい。ここには，脳の機能を研究するときによく用いられる実験動物としてのマウスの脳を背面から見た全体像（**図 5-2A**）と，それを B，C，D の位置で**前額断**★4 で薄く切断した組織標本のスケッチ★5 が示されている。これを見ると，それぞれの脳部位に特徴的な異なるパターンでニューロンが並んでいることがわかる（**図 5-2B/C/D**）。

例えば，先に説明した，においの一次中枢である終脳の**嗅球**（**図 5-2B**；(a) の枠で囲った部位は何層かに分かれており，表面から，嗅神経層，糸球体層，外網状層，僧帽細胞層，内網状層，顆粒細胞層等と呼

★4 ——マウスのような四足動物では，動物の口先方向（一般に，吻側と呼ぶ）から尻尾の方向（一般に，尾側と呼ぶ）に向かって脳を横断する面を指す。

★5 ——ここに示されたスケッチは，実は，筆者が大学 3 年生のときに実習のレポートとして提出した，マウス脳をニッスル染色と呼ぶ方法（主にニューロンの細胞体をよく見えるようにする方法）で染色した組織標本のスケッチである。このように，一見素朴で古びた方法と思われがちなスケッチであるが，鉛筆でスケッチした図は，長期間保存しても劣化しない上に，場合によっては写真で撮ったものよりも，ある意味客観的に組織や細胞の特徴をよく表現できることもある。

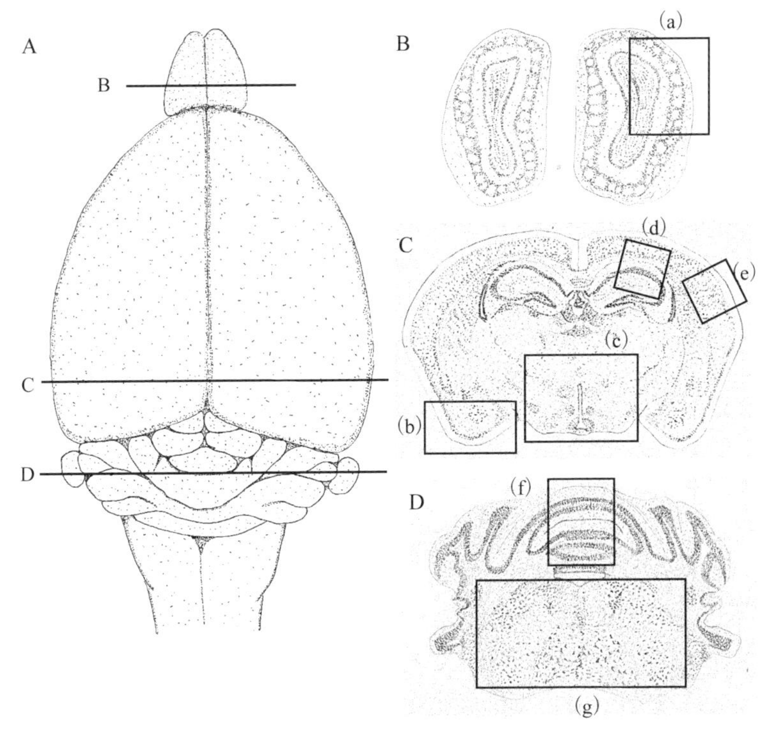

図 5-2　マウスの脳

A：背面図

B，C，D：ニッスル染色標本のスケッチ（A の図の B，C，D の位置における前額断切片）

(a) ～ (g) については，本文の記述を参照のこと。なお，図としてページに掲載する都合上，倍率が B～D で幾分異なることに注意。

ばれる），嗅球の軸索が投射する嗅皮質の一つである嗅結節（きゅうけっせつ）（**図 5-2C**(b)），**海馬**（かいば）（**図 5-2C**(d)），**大脳皮質**（**図 5-2C**(e)），**小脳**（**図 5-2D**(f)）では明確な**層構造**が特徴的であり，一方，**視床下部**（**図 5-2C**(c)）や**視床**，**橋**，**延髄**（**図 5-2D**(g)）などでは，ところどころに細胞体が固まって周りを細胞のまばらなゾーンが取り囲むような，**神経核**と呼ばれる構造が特徴的である。層構造においても，神経核においても，複数の異なる神経細胞が互いに**シナプス**（後述）と呼ばれる部位で情報をやりとりすることにより，特定の機能を発揮するような**神経回路**を形成していると考えられている。

5.2.2　神経細胞の形

では，上述したような脳の基本的な構成要素である**神経細胞**（**ニューロン**）の形についてもう少し詳しく見てみよう。基本的な神経細胞の形は，上記のような脳部位の違いや，動物の系統発生・分類学的な位置によって大きく異なるものではない。動物・脳部位にほぼ共通した基本的な構成要素を**図 5-3** に示す。

神経細胞は，身体の他の細胞同様，各種の細胞小器官をもち，タンパク質等の重要な細胞の構成要素を作り出したり，ATP 等のエネルギーを作り出したりする部分を備えており，この部分を**細胞体**と呼ぶ。この細胞体から伸びる 2 種類の**神経突起**が神経細胞に最も特徴的な構造であり，これらは神経細胞同士の情報のやりとりにはたらいている。神経突起は，主に神経情報の受け手となる**樹状突起**と呼ばれる部分と，次の神経細胞への神経情報の送り手となる**軸索**と呼ばれる部分に分けられる。細胞体から軸索が出る最初の部分（**軸索初節部**）で，後述するような，神経細胞のデジタル信号である**活動電位**が生じ，この活動電位が軸索を介して次の神経細胞に伝えられていくことが知られている（この現象を活動電位の**伝導**と呼ぶ）。軸索から樹状突起や細胞体に神経情報が伝わる部分は，**シナプス終末**または**軸索終末**と呼ばれる，少し末端部が膨らんだ構造をしており，そこに**シナプス**と呼ばれる特徴的な構造がある。このシナプスでは，シナプス終末まで伝導してきた活動電位が，**神経伝**

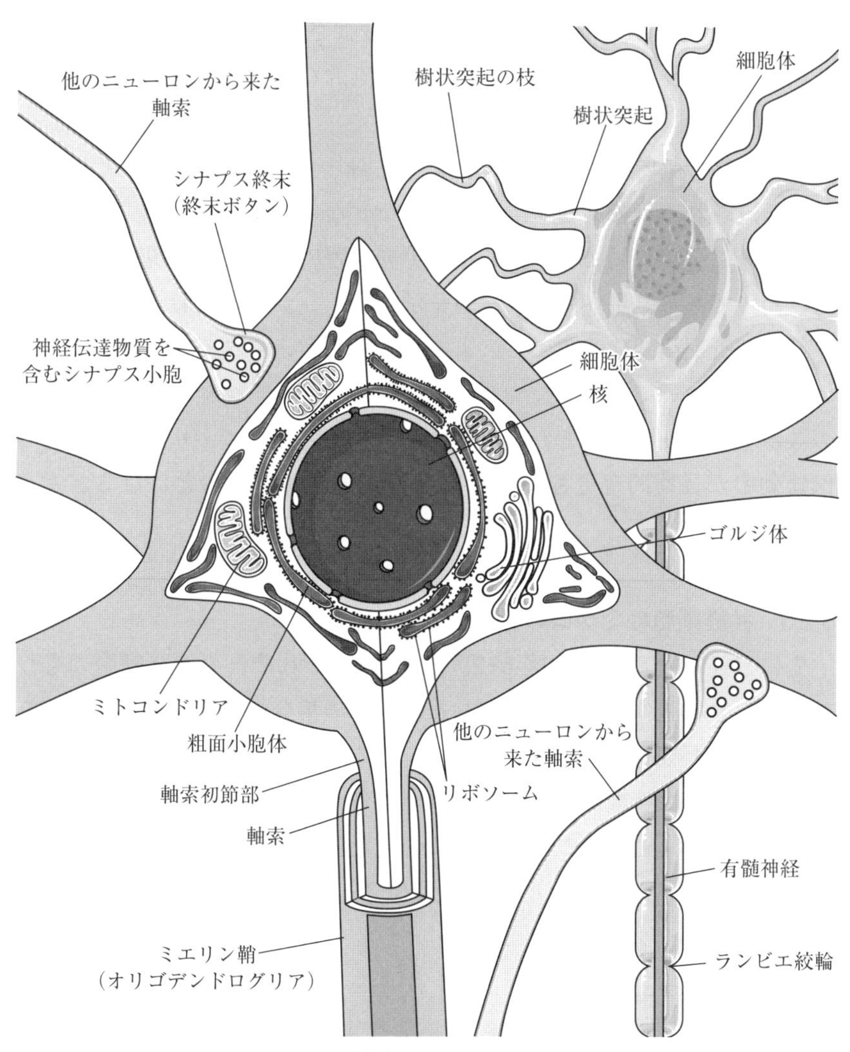

図 5-3　基本的な神経細胞の形

光学顕微鏡や電子顕微鏡などで観察することのできる神経細胞の構造について，模式的に描いた図。

達物質★6と呼ばれる化学物質の情報に変換され，さらに，受け手の神経細胞の膜で**シナプス電位**と呼ばれる電気的な信号を生じる（この過程は6.2節で詳しく述べる）。

脊椎動物の脳内では，このような一見回りくどい方法によって神経情報が伝達されるのであるが，いったいなぜなのであろうか？　それは，シナプスこそが，動物に特徴的な記憶や学習のもととなる現象の生じる場だからである。現在では，記憶や学習は，シナプスにおける神経伝達の効率が長期間変化することにより生じると考えられている。つまり，シナプスにおいて神経伝達物質の放出量が増える，神経伝達物質受容体の数が増えたり感度が変わったりする，などの過程により，シナプスの伝達効率が長期間変更される★7ことが記憶・学習のもとになると考えられている。

5.2.3　神経細胞のミクロの世界

先にも述べたように（**図5-2**，**図5-3**），それぞれの神経細胞のもつ神経突起や細胞体の形，および神経細胞体の集合の仕方（層状の構造を作るか，神経細胞の塊である神経核を作るか，など）によって，それぞれの脳部位には特徴的なミクロの世界が作られている。これを直接観察するには，10 μm前後の薄い切片に切った脳の標本を各種の染色液で染めたり（例えば，ニッスル染色；**図5-2**），細胞突起や細胞体も含めてニューロンの全体像を黒々と鍍銀（とぎん）したり（ゴルジ鍍銀法；**図5-4**），特異的な抗体を用いてそのニューロンが産生する神経伝達物質特異的な標識をしたり（免疫組織化学），組織切片上で特定の遺伝子を発現する

★6——神経伝達物質の代表的な例として，脳内では**グルタミン酸**と**GABA**（最近では受験生におなじみのチョコレートにも含まれている物質；ただし，GABAチョコには気分を落ち着かせる効果はない）がある。アセチルコリンは運動神経が筋細胞に作るシナプスに含まれており，脳内の神経伝達物質としてはグルタミン酸が大部分であることに注意。

★7——記憶・学習の際には，シナプス伝達効率が増強される（**長期増強**）場合のみならず，抑圧される（**長期抑圧**）場合もあることは，大変興味深い。

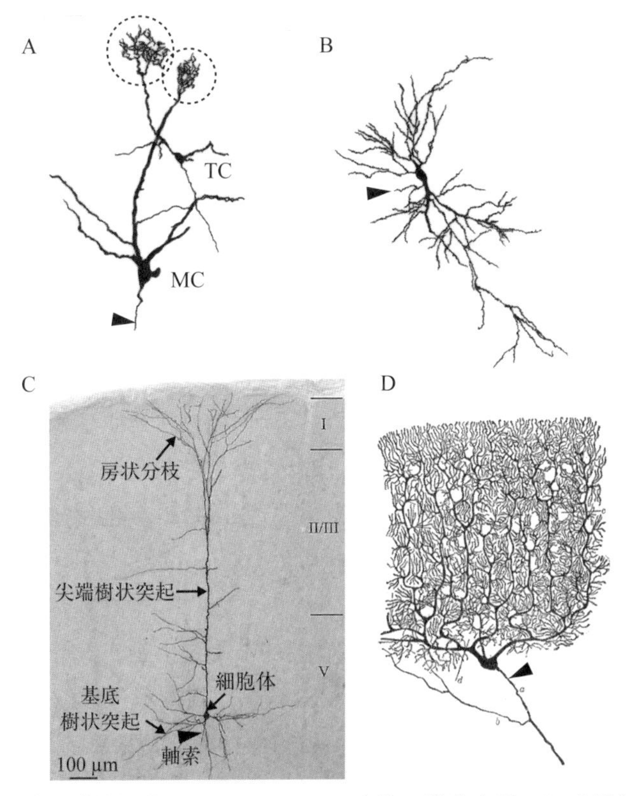

図 5-4　ゴルジ鍍銀法によりニューロン全体の構造を黒っぽく鍍銀して観察し，描いたスケッチ（A，B，D）および写真（C）

A：ラット嗅球の僧帽細胞（MC）および房飾細胞（TC）。破線で描かれた円は，糸球体の部位を示す（筆者原図）。

B：ラット海馬の錐体細胞（筆者原図）

C：ラット大脳皮質の錐体細胞

D：ラット小脳のプルキニエ細胞

いずれも，ゴルジ鍍銀法標本をスケッチ（A，B，D）もしくは写真撮影（C）したもの。いずれの図においても，▼は軸索を示す。その他の神経突起はすべて樹状突起。

ニューロンの細胞体だけを標識したり（*in situ* ハイブリダイゼーション）と様々な異なる方法があり，脳の内側の芸術的な姿を垣間見ることができる。実際，脳の造形美には，しばしば目を見張ることがある（**図 5-4**）。

例えば，におい受容体ニューロンの軸索終末の枝がシナプスを形成する糸球体には，嗅神経終末からの情報を受け取るべく，嗅球の僧帽細胞（**図 5-4A**，MC）や房飾細胞（**図 5-4A**，TC）の樹状突起が伸びて，そこで房状に枝分かれしている。海馬の**錐体細胞**（**図 5-4B**）や大脳皮質の**錐体細胞**（**図 5-4C**）は，ピラミッド型の細胞体をもつことからそのように呼ばれるが，この細胞体から，いかにも植物の根のように見える**基底樹状突起**と呼ばれる突起と，脳表面に向かって伸びてバラの棘のような**棘突起（スパイン）**★[8]と呼ばれる構造を多数もつ**尖端樹状突起**を伸ばしていて，クリスマスツリーのような美しさを醸し出している（**図 5-4C**）。また，小脳のプルキニエ細胞（**図 5-4D**）は，一方向の平面内に扇状に見事に広がる樹状突起をもち，ここにも無数の少し丸みを帯びた棘突起が存在している。これに直行する形で小脳の表層近くに張り巡らされている平行線維★[9]という顆粒細胞の軸索からシナプス入力を受けることが知られている。このニューロンの樹状突起は，まさにこの紙面内に広がる椰子の扇状の葉っぱのように，そして，平行線維はその葉っぱに直行する方向に伸びる多数の電線のように見える。

最後に，脳の形として私たちの目に見える最もミクロな世界である電子顕微鏡の世界を垣間見ておくことにしよう。**図 5-5A/B** はいずれもニューロンの細胞体を電子顕微鏡で見たものだが，A は通常の小型のニューロン，B はペプチド★[10]を作っているニューロンの細胞体である。光学顕微鏡標本でよく用いられるニッスル染色は，細胞体に多く存在するリボソーム RNA を塩基性色素で染める方法であり，実際にそうした

★ 8 ――樹状突起のスパインは，シナプスを受け取る場として特徴的な形をもっている。

★ 9 ――神経科学分野では平行線維という用語が定着しているので，ここでは「線維」を用いる。

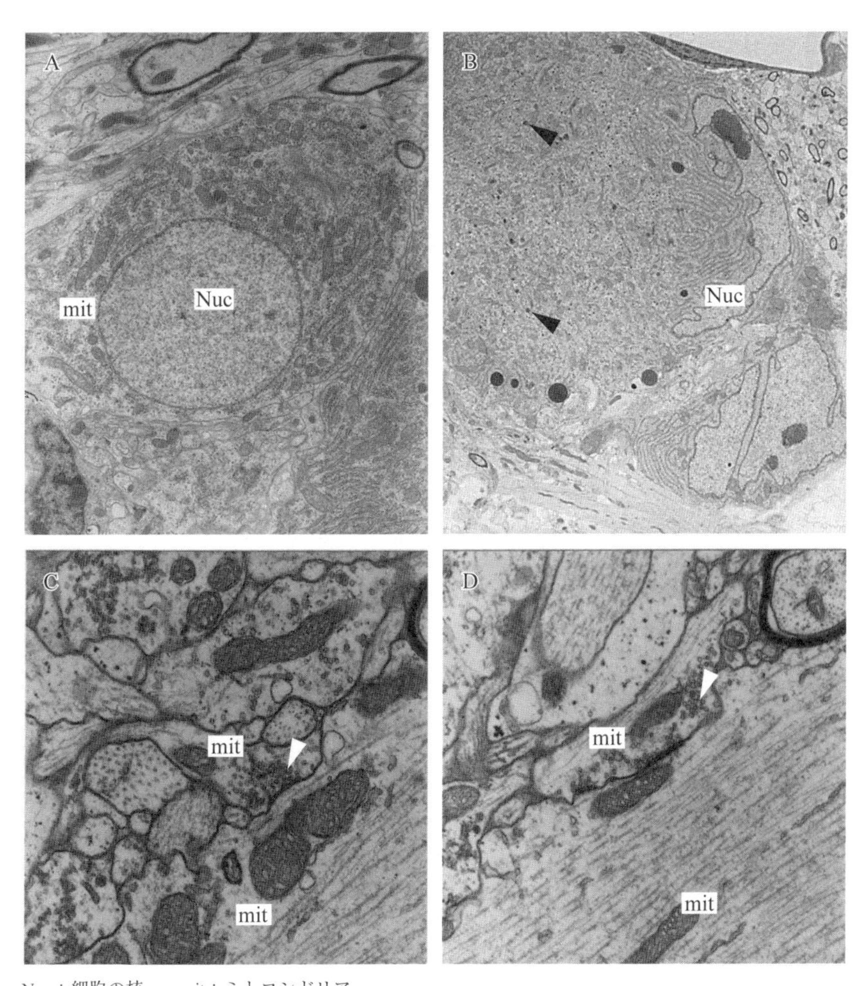

Nuc：細胞の核　　mit：ミトコンドリア
（B）の黒い矢尻：ペプチドを含む大型の顆粒　　（C，D）の白い矢尻：シナプス小胞

図 5-5　ニューロンの電子顕微鏡写真

A：直径 6 μm 程度の小型ニューロン
B：直径 30 μm 以上の大型のペプチド産生ニューロン
C，D：迷走神経運動ニューロン樹状突起上の抑制性シナプス（C）と興奮性シナプス（D）

色素で染まってくる細胞小器官である粗面小胞体（粗面小胞体が積み上がった構造を**ニッスル小体**と呼ぶこともある）やリボソームの連なったポリソームなどが通常のニューロン（**図 5-5A**）にもところどころ見られるが，ペプチド産生ニューロン（**図 5-5B**）では，細胞質中にかなり発達したニッスル小体の他，多数のゴルジ体や電子密度の高い顆粒（作られたペプチドやその前駆体がここに詰め込まれている）が見られるのが特徴的である。また，通常のニューロンの神経核はほぼ丸いのに対して，ペプチド産生ニューロンの細胞核は，しばしばこの写真のようにかなり複雑に入り組んだ形をしている。**図 5-5C/D** は典型的なシナプスの構造を示している。これらはカエル延髄にある運動ニューロンの樹状突起上に作られた，抑制性と考えられるシナプス（**図 5-5C**）と興奮性と考えられるシナプス（**図 5-5D**）である。両者ともに，シナプス終末部には**シナプス小胞**（**図 5-5C/D** の白い矢尻）と呼ばれる，神経伝達物質を含む小さな袋状の構造や，ミトコンドリアが存在するのが特徴である。

5.3　神経細胞が情報を作り出して機能する仕組み

5.3.1　神経細胞の作り出す電気信号：静止膜電位と活動電位

皆さんは，脳の表面に貼り付けた電極を用いて頭皮から記録できる，脳の電気的な活動である**脳波**という言葉を聞いたことがあるだろう。脳波検査を経験した人もいるかもしれない。また，睡眠時と覚醒時に脳波の形が違うことや，リラックスした状態のときにアルファ波が見られるということも，きっとどこかで聞いたことがあると思う。このように，脳が何らかの電気的な信号を出すことは一般的によく知られているが，それが脳を構成する個々のニューロンの電気的な信号によって生じてい

★ 10 ——複数のアミノ酸からなる物質。多数のアミノ酸からできている高分子量の物質はタンパク質と呼ばれるが，ペプチドは一般的にこれよりも低分子量のものを指す。6 章で述べる，内分泌系を制御する脳部位である視床下部のニューロンにはこのタイプのニューロンも多数見られる。

ることや，いかにしてそうした電気的な信号が生じるのかということについて，現在どのくらいのことまでわかっているのであろうか？　本項では，一つひとつの神経細胞が発する電気的な信号の性質と，それらがどのような仕組みで生じるのかについて学ぶことにする。神経細胞間を情報が伝わる仕組みについては6章を参照していただきたい。

図5-6は，ヒトを含む脊椎動物の脳でも通常直径10 μm前後くらいしかない極めて小さな1つのニューロンの細胞内に，最も細い先端径が0.1 μmくらいの先細りになった**ガラス微小電極**（**図5-6A**）を刺し入れて，細胞をよぎる電位（これをニューロンの**膜電位**といい，通常，細胞外を0としてミリボルト［mV］単位で表す）を記録しているところを示している（実際に記録を行う装置は**図5-6F**を参照）。**図5-6B**は細胞内に刺し入れた記録電極と，標準電位として細胞外に置く電極（これを不関電極と呼ぶ）の関係を示している。不関電極はグラウンド★11に落としてこれを0 mVとし，それに対して細胞内が何mVを示すかという値を**膜電位**として表すのがルールとなっている。ニューロンをはじめとする，いわゆる**興奮性細胞**では，脂質二重膜からなる細胞膜を貫通する巨大なタンパク質として**イオンチャネル**が埋め込まれている（**図5-6C**）。チャネルとは，元来運河のことを指しており，普段は閉じていて，運河が必要なときだけ開いて船を通すのと同じように，イオンを通すときのみゲートが開くことから，こうした機能分子をイオンチャネルと呼ぶのは，言いえて妙である。後述するように，イオンチャネルの場合には，このゲートを開く引き金は膜電位の変化である。

微小電極がニューロンの細胞外にあるときには膜電位は0 mVを示しているが，**図5-6D₂**の「電極刺入」という矢尻の時点で微小電極を細胞内に刺し入れると，そのとたんに，細胞内は細胞外に対して数十mV（この例では約−65 mV）という負の値を示す。これを**静止膜電位**という。

★11 ——家電製品ではアースと呼ばれるが，学術用語としては，英語ではgroundと呼ぶので，ここでもグラウンドと呼ぶことにする。

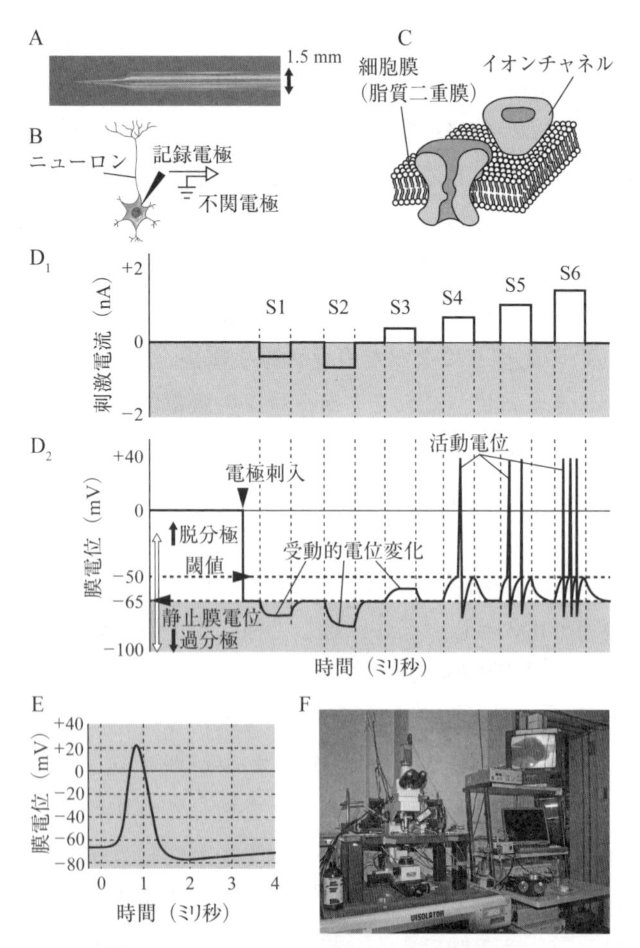

図 5–6　ニューロンの作り出す電気信号

A：単一のニューロンの細胞内に刺し入れるための微小ガラス電極。中空の直径 1.5 mm のガラス管を特殊な機械で引いて，先端を 0.1 μm の細さにしている。

B：単一のニューロンの細胞内に微小ガラス電極を刺し入れたところ。記録電極の電位は，不関電極をグラウンドに落とすことによって 0 mV とし，これに対する電位として計測する。

C：神経細胞の膜にイオンチャネルが埋め込まれていることを示す模式図

D：ニューロンの示す静止膜電位と活動電位（詳細は本文参照）

E：1 つの活動電位の時間経過を示す図

F：単一のニューロンから電気信号を記録するための実験装置の一例

ここで，記録している電極を通じて**図 5-6D₁** にあるような刺激電流を一定の時間だけ与えてみる（S1～S6）。その結果見られる膜電位変化が**図 5-6D₂** に示されている。この刺激が，静止膜電位の絶対値が「より大きく」なる方向に動くとき，これを**過分極**といい，逆に静止膜電位が解消されて正の方向に動くとき，これを**脱分極**という。**図 5-6D₂** を見てわかるように，刺激が過分極方向である場合には（S1，S2），膜電位はなまった形の小さな変化を示すのみである。また，刺激が脱分極方向に切り替わったときでも，その強さが小さいときには（S3；S1 と大きさが同じで向きが逆），S1 に対する電位応答と大きさが同じで向きだけが逆の電位応答が生じる。しかしながら，S4，S5，S6 のように大きな脱分極性の刺激が与えられた場合には，膜電位は正の方向に素早く大きく振れて，すぐにまた元の静止膜電位に戻るような応答を示す。これを**活動電位**と呼ぶ（**図 5-6D₂** の右半分と**図 5-6E**）。また，活動電位を生じさせるぎりぎりの大きさの膜電位の値を活動電位発生の**閾値**（いきち）と呼ぶ。活動電位の性質として特徴的なのは，それが 0 mV を大きく超えて正の値にまで振れること（これを活動電位の**オーバーシュート**という），このオーバーシュートの大きさ，言い換えると活動電位の振幅は，刺激で生じた膜電位が閾値を超えさえすれば刺激の強さによらず一定であること（このことを，活動電位発生に関する**全か無かの法則**という），そして，その代わりに刺激が次第に強くなるにしたがって，活動電位の数が増えることである（**図 5-6D₂** 右半分）。

なぜこのような性質をもった静止膜電位や活動電位といった電気信号が生じるのであろうか？　それは，すべてが**図 5-7B** に示したような**イオンチャネル**のはたらきによっていることが今ではわかっている。

生きたニューロンの細胞内には，主な陽イオン，陰イオンとして，Na^+，K^+，Ca^{2+}，Cl^- が存在している。これらのイオンは細胞外にも存在

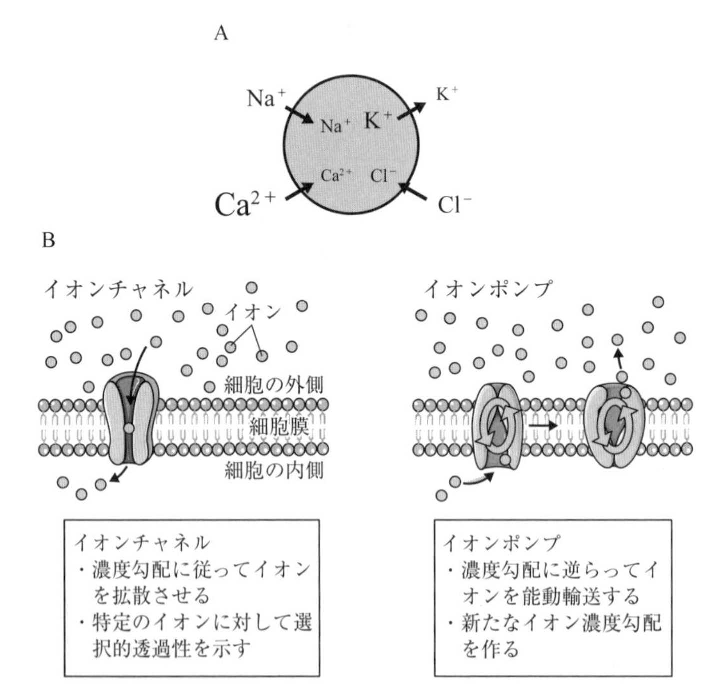

図 5-7　細胞内外の主なイオンの濃度とその濃度差が生じる仕組み
A：細胞内外の主なイオンの濃度。文字の大きさはそのイオンの濃度を反映している。
B：イオンチャネル（左）とイオンポンプ（右）

しているが，細胞の内外において濃度が異なっている。これを，「それらのイオンは細胞の内外で**濃度勾配**をもつ」と表現する。**図 5-7A** における文字の大きさは，相対的なイオン濃度の高低を示しており，Na^{+} においては細胞外が細胞内よりも高濃度であり，Ca^{2+} においてはその濃度勾配が極めて大きい（一般に 1 万倍程度；6 章を参照）。K^{+} においては内外の濃度勾配がそれらとは逆になっていて，細胞内濃度の方が細胞外濃度よりも高い。上述のイオンチャネルは ATP 等エネルギーを用いるポンプなどの仕組みとは異なり，単純にイオンを濃度勾配に従って拡散させる（**単純拡散**させる）孔と考えればよく，また，特定のイオン種のみをよく通す仕組み（**選択的透過性**と呼ぶ）をもっている（**図 5-7B** 左）。Na^{+} や Ca^{2+} を選択的に通すチャネルをそれぞれ Na^{+} チャネル，Ca^{2+} チャネルなどと呼ぶが，それぞれのイオンは先に述べたような濃度勾配をもつため，いずれも通常はチャネルの孔が開くとイオンは細胞外から細胞内に向かって流れる（**内向き電流**と呼ぶ）。このとき，いずれのイオンも陽イオンであるため，膜電位は，細胞内が「より」正の方向になるように動く（上述の言葉を用いると，より**脱分極**する）ことになる。これに対して，K^{+} イオンの濃度勾配は Na^{+} や Ca^{2+} とは逆なので，K^{+} チャネルが開くときには，K^{+} という陽イオンが細胞内から細胞外に向かって流れる（**外向き電流**）ため，膜電位は，細胞内が「より」負の方向になるように動く（より**過分極**する）ことになる。一方，Cl^{-} イオンは，細胞内外の濃度勾配は Na^{+} や Ca^{2+} と同じであるが，陰イオンであるため，Cl^{-} イオンチャネルが開くときには，通常は膜が過分極することに注意が必要である。

では，上述したような細胞内外のイオンの濃度勾配はそもそもどのようにしてできるのであろうか？　それは，濃度勾配に逆らって，ATP のエネルギーを用いてイオンを能動輸送する**イオンポンプ**のはたらきによっている（**図 5-7B** 右）。これにより，細胞の内外に，**図 5-7A** のような新たなイオン濃度の勾配ができるのである。こうしたイオンの濃度勾配があるとき，その両側には**電気化学的な平衡**によって電位差が生じることが化学的にわかっている★12。上述したように，ニューロンが刺激を受けずに静止状態にあるときは，細胞内が細胞外に対して −40〜−80 mV 程度の膜電位を示すが，これは，静止時のニューロンの細胞膜は，K^{+} に対する透過性が Na^{+} や Cl^{-} に比べて圧倒的に大きい，つまり，

★ 12 ――この現象を利用したのが電池である。

静止時に開きっぱなしになっている K^+ チャネルが存在しているためである。ただし，ここで注意すべきことは，このような静止膜電位を作り出しているチャネル★13は，後述するような，活動電位発生時に膜電位に応じて開く K^+ チャネルとは別のタンパク質構造をもつことである。

では，本章の最後に，イオンチャネルのはたらきによって活動電位が生じる仕組みを説明する。まず，イオンチャネルの電気信号を正確に記録して解析するための方法である**パッチクランプ法**について簡単に紹介する（**図 5-8**）。この方法は，1991 年にノーベル生理学・医学賞を受賞したドイツ人の 2 人の研究者ネーアーとザックマンにより開発された，1 つのイオンチャネルの開閉により流れる微少な電流（振幅は約 10^{-12} A=1 pA［1 ピコアンペア］と極めて小さい）さえ記録することのできる画期的な方法である。**図 5-8A/B** のような，先端 1 μm 程度の滑らかな断端をもつガラス管を細胞の表面に軽くタッチさせ，陰圧をかけることによって細胞膜に密着させることで，そのような記録が可能となっている。この方法でチャネルの開閉に関する解析を詳細に行った結果，活動電位は，軸索の細胞膜上に存在する **Na^+ チャネル**と **K^+ チャネル**というわずか 2 種類の異なる性質をもつイオンチャネルが，異なるタイミングで開閉することにより生じることが現在ではわかっている（**図 5-8C** と**図 5-9A**）。

まずこれら 2 種類のイオンチャネルの性質について説明する。両者に共通しているのは，両者ともに，**図 5-8C** の上部に示すように，膜電位を静止膜電位もしくはそれよりも過分極（図では −100 mV）に保っておくと，「閉」の状態を示すことである。

次に，時間 0 の時点で急激に +50 mV という非常に強い脱分極刺激を与えると，両者はともに「開」の状態に移行する（このことを，イオンチャネルの**活性化**と呼び，膜電位に依存して活性化されることから，こ

★ 13 ——膜電位によらず K^+ が漏れ出ているというイメージから，K^+ リークチャネルと呼ばれている。

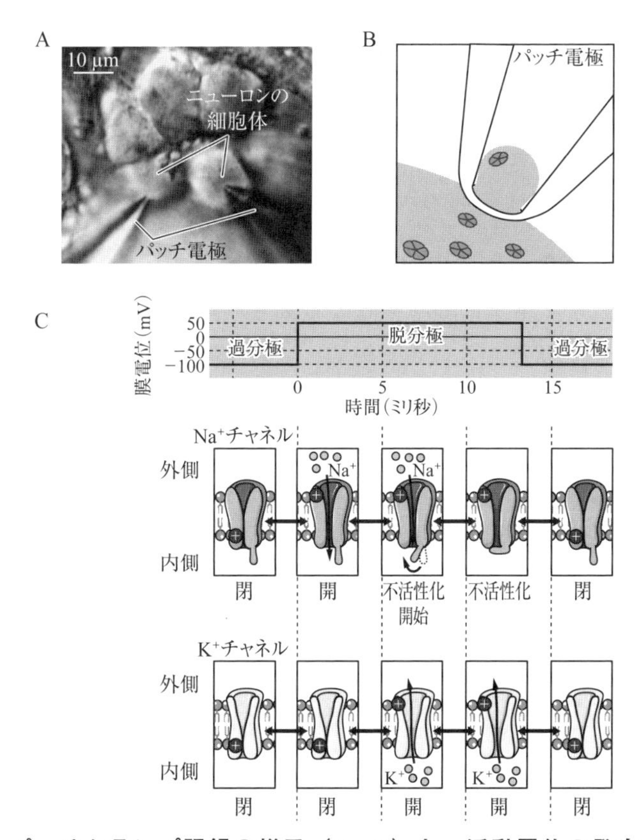

図 5-8　パッチクランプ記録の様子（A，B）と，活動電位の発生に関わる Na^+ チャネルと K^+ チャネルのはたらきを示す模式図（C）

A：小型熱帯魚の脳表面に存在する GnRH ニューロンと呼ばれるニューロン 2 個それぞれにパッチクランプ電極を吸着させてギガシールを作り，ホールセルパッチクランプという方法で，個々の細胞における電位応答を記録している様子

B：パッチクランプ電極を 1 個のニューロンの表面に吸着させてギガシールを作り，そのままの状態で，パッチ電極の先端部分でシールされたパッチ状の細胞膜に存在する単一イオンチャネルを通る電流を測定する様子を示す模式図

C：B のような方法で，軸索の細胞膜上に存在する Na^+ チャネルと K^+ チャネルのそれぞれを記録しながら，上図に示されたようなコマンド電位を与え，それぞれのイオンチャネルの状態を模式的に示した図。詳細は本文を参照

のようなチャネルを**電位依存性イオンチャネル**と呼ぶ）。ここで，Na^+ チャネルは脱分極刺激に対して非常に素早く閉から開の状態に移行する（活性化する）が，K^+ チャネルはそれよりやや遅れて開く（活性化する）ということである。このように，先に Na^+ チャネルが開くことにより，上述のように，Na^+ イオンがまず流入し，内向き電流として最初に記録される（**図 5-8C** 下図の内向きのイオンの流れを示す矢印に注意）。ところが，Na^+ チャネルは細胞質側にお風呂の栓のような構造物をもっていて，脱分極の状態がしばらく続くと，お風呂の栓が排水口をふさぐような形でイオンの流れを邪魔することになり，その結果，内向き電流は小さくなってしまう（これをチャネルの**不活性化**と呼ぶ）。最後に膜電位が元の過分極状態に戻ることによって，内向き電流は止む。

一方，K^+ チャネルはこのような Na^+ チャネルとは異なる振る舞いをする。まず，脱分極刺激を与えると，K^+ チャネルも Na^+ チャネル同様に開く（活性化する）が，その活性化のタイミングは Na^+ チャネルよりも遅く，Na^+ チャネルの不活性化が始まるのとほぼ同じくらいである。K^+ チャネルが活性化して開くと，上述のように K^+ の外向き電流が記録される（**図 5-8C** の外向きの矢印に注意）が，K^+ チャネルは不活性化にはたらく構造をもたないので，脱分極刺激が続く間外向き電流は小さくなることなく流れ続ける。

では，こうした 2 種類のイオンチャネルの性質を理解した上で，活動電位がどのようにして作られるのかを説明する（**図 5-9**）。まず軸索の一部を実験者が電気刺激することにより脱分極を局所的に起こしてやると，すぐに Na^+ チャネルが開く（**図 5-9A** 上半分）。すると Na^+ の内向き電流が増える。Na^+ のような陽イオンが細胞内に流れ込むということは，細胞膜が「より」脱分極することになる。そうすると，この脱分極が刺激となって，その細胞自身の Na^+ チャネルをさらに開くことになる

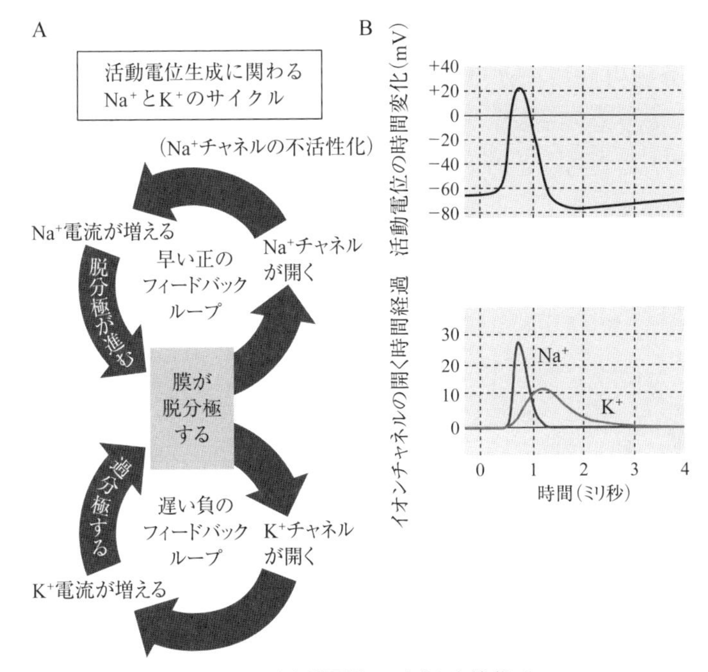

図 5-9　活動電位の生じる仕組み

A：活動電位の生じる仕組みを模式的に示した図（詳細は本文を参照）
B：活動電位発生の時間経過を示すトレース（上図）と，それぞれのイオンチャネルの開き方の時間経過を示すトレース（下図）

（早い正の**フィードバックループ**★14）。この過程が繰り返されることによって細胞膜は一気にそのピークに向かって脱分極する。

一方で，最初に実験者が起こした膜の脱分極は Na^+ チャネルのみならず，時間的には遅れるものの，K^+ チャネルも開くことになる（**図 5-9A** 下半分）。これにより K^+ の外向き電流が増える。K^+ イオンのような陽イオンが細胞外に流れ出すということは，Na^+ 電流の場合とは逆に，細胞膜の過分極が進むことになる。これは，Na^+ チャネルの「早い正の

★14 ——フィードバックは元来，制御工学で使われる用語で，例えば，車の生産量が多すぎで売れ残るようになったときに車の生産ラインを抑えるような制御を負のフィードバックと呼ぶ。

フィードバックループ」によって起きている細胞膜の脱分極を抑えて，膜を過分極方向に向かって変化させるようにはたらく（「遅い負のフィードバックループ」と呼ぶ）。したがって膜電位は過分極方向に変化することになる。このように，性質の異なる2種類のイオンチャネルが時間的なずれをもって開閉することにより，**図 5-9B** に見られるような形と時間経過をもった活動電位が発生する仕組みを理解することができる。

参考文献

［1］岡良隆『基礎から学ぶ　神経生物学』オーム社，2012
［2］酒井正樹『これでわかる　ニューロンの電気現象』共立出版，2013

6 生体情報を伝える神経系と内分泌系

岡 良隆

《目標＆ポイント》 5章で学んだように，神経系は主に電気信号を作り出すことによってはたらき，感覚系を用いて体の内外の環境からの情報を受け取る。一方，神経系で受け取った情報は，内分泌系にも大きな影響を与え，次に内分泌系は血流を介してホルモンを体に広く行き渡らせることで，体全体を環境に適応できるように調節する。神経系と内分泌系は，いくつかの一見異なる特徴をもちながらも，動物の生体情報を伝えて柔軟な応答を可能にするためにはたらくという点では，様々な共通点も備えている。本章では，まず神経系と内分泌系の情報伝達の仕組みを学ぶ。次に，神経系と内分泌系による協調的な制御の例として，両者の協調により，動物が成熟して生殖腺が発達し，メスにおいては規則的な排卵という現象が起きるようになる仕組みについて，メダカを例にとって解説する。
《キーワード》 シナプス，神経伝達，Ca^{2+}，神経分泌，神経修飾，脳下垂体，ホルモン，生殖腺，エストロジェン

6.1 はじめに

本章では，神経系と内分泌系を，動物が環境変化に適応した応答を行うための生体情報を伝えるシステムと捉え，そこで起きている現象の仕組みについて学ぶ。まず，5章で学んだ神経系において，ニューロンが他のニューロンにその電気信号を伝える仕組みとして，シナプスにおける神経伝達の仕組みを学ぶ。次に，一見神経系とは異なる仕組みではたらいているように見える内分泌系において，シグナルを伝える仕組みが，

実は神経系と多くの共通点をもっていることに着目し，両者の共通点と相違点について学ぶ。最後に，神経系と内分泌系が協調してはたらく具体例として，神経系と内分泌系による生殖調節の仕組みについて，研究の具体例を挙げながら解説する。

6.2 神経系における神経伝達（シナプス伝達）の仕組みと Ca^{2+} の必要性

まずは，5 章で学んだ活動電位が，**シナプス**と呼ばれる部位で，1 つのニューロンから次のニューロンに伝えられる仕組みについて学ぼう。この過程は，活動電位が軸索を軸索の終末部分まで伝わっていく過程である**伝導**と区別して，**伝達**（正確には，**神経伝達**，**シナプス伝達**）と呼ばれ，**図 6-1** には，その過程のほぼすべてがまとめられている。

まず，軸索終末部までは活動電位という電気的なシグナルが使われているが，シナプスでは**グルタミン酸**や GABA 等の水溶性の化学物質（**神経伝達物質**と呼ぶ）によってシグナルが伝えられることが特徴的である（5.2.2 項を参照）。このような水溶性の化学物質は，脂質二重膜でできている細胞膜をそのままでは透過することができないので，いったん脂質二重膜でできている**シナプス小胞**と呼ばれる小さな袋状の膜の中にパッケージされて蓄えられる（**図 6-1A** ①；5 章の**図 5-5C/D** に，電子顕微鏡で見たシナプス小胞の写真を掲載★1）。次に，活動電位がシナプス終末に到達する（**図 6-1A** ②）。この活動電位によって生じる強い脱分極は，シナプス終末の細胞膜に豊富に存在する**電位依存性 Ca^{2+} チャネル**（後ほど詳しく解説する）を開く（**図 6-1A** ③）。すると，細胞外に高濃度に存在する Ca^{2+} が細胞外から一気に細胞内に流入する（**図 6-1A** ④，細胞内外の Ca^{2+} 濃度差については**図 6-2B** で説明）。この Ca^{2+}

★ 1 ——電子顕微鏡写真を見るとわかるが，実際のシナプス小胞のサイズは，図 6-1A の模式図に描かれたものよりもずっと小さいことに注意。これは，模式図によって構造の概念をわかりやすくし，見やすくする目的で意図的に行われていることなので，このような模式図を見るときには注意が必要である。

によってシナプス小胞膜とシナプス前膜の**融合**が起き（**図 6-1A ⑤**），同時に小さな穴が開くことで，小胞膜の内側に高濃度に蓄えられていた神経伝達物質が細胞外の隙間（**シナプス間隙**と呼ばれるわずか 20 ナノメートル★2 の隙間）に放出され（この過程を**開口放出**［**エクソサイトー**

A

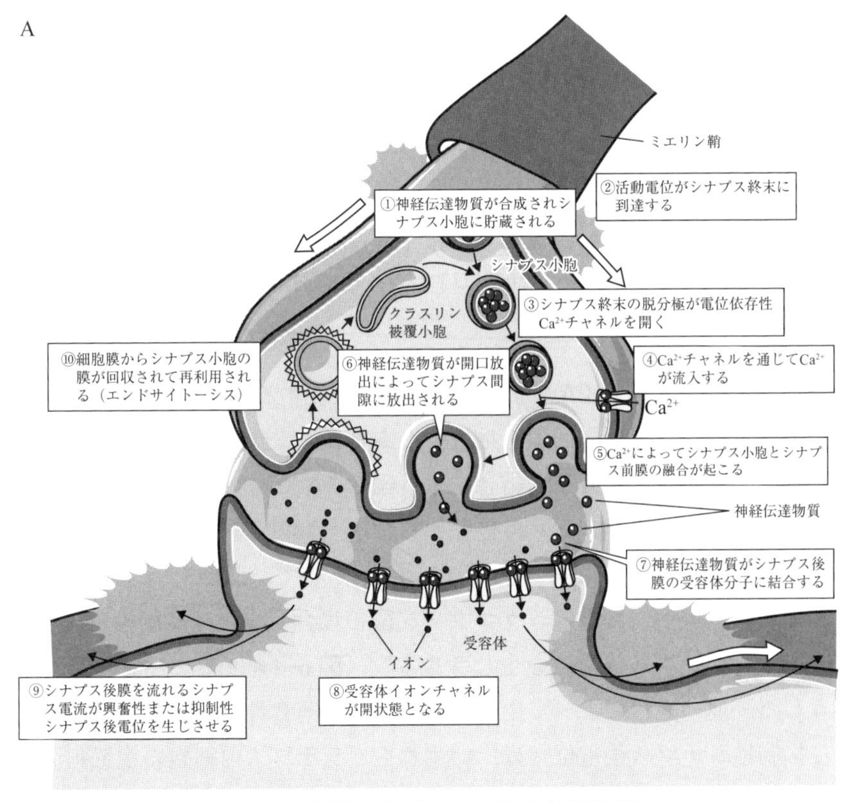

図 6-1　化学シナプスにおける神経伝達

A：活動電位がシナプス終末に到達してから神経伝達物質が開口放出され，シナプス電位を生じるまでの過程。詳細は本文を参照のこと。

★2 ――ナノメートルは，10^{-9} メートル。

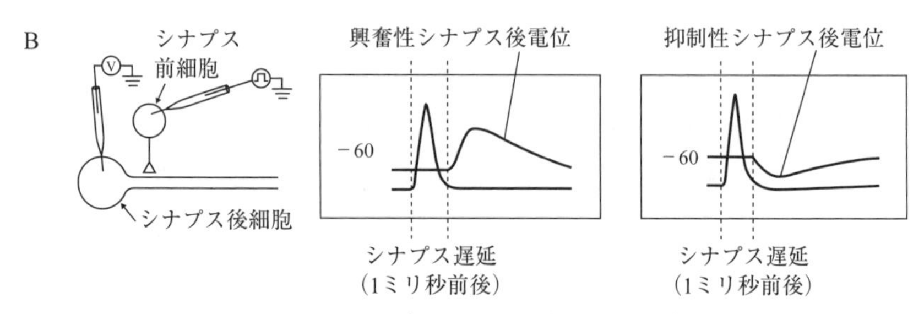

図 6-1　化学シナプスにおける神経伝達（続き）

B：興奮性シナプス後電位と抑制性シナプス後電位。シナプス前細胞には細胞内に刺激電極を刺し入れて実験的に活動電位を起こさせ，同時に，シナプス後細胞にも細胞内に記録電極を刺し入れて，生じる電位変化を記録している。シナプス前細胞における活動電位の立ち上がり（左の点線）からシナプス後電位の立ち上がり（右の点線）までの時間的な遅れをシナプス遅延と呼び，いずれもほぼ1ミリ秒であることが知られている。

シス］と呼ぶ，**図 6-2A** で詳しく解説），拡散する（**図 6-1A** ⑥）。神経伝達物質は，シナプス間隙を拡散したあとに，シナプス後膜に存在する**神経伝達物質受容体分子**に結合する（**図 6-1A** ⑦）。この受容体分子は，同一分子内にイオンチャネルをもっており，神経伝達物質の結合により，チャネルが開状態となる（**図 6-1A** ⑧）。そして，このチャネルを通って流れる電流が，**興奮性**（グルタミン酸の場合）または**抑制性**（GABAの場合）**シナプス後電位**（こうでんい）を生じさせる★3（**図 6-1A** ⑨および **6-1B**）。こうした一連の過程によって生じる電気信号（興奮性シナプス後電位および抑制性シナプス後電位）は，いずれも，シナプス前細胞の電気刺激によって生じた活動電位（脳の中では，シナプス前細胞の軸索終末に到達する活動電位）から1ミリ秒後に生じる（この遅れを**シナプス遅延**と呼ぶ）ことが知られている（**図 6-1B**）。このことは，上述した**図 6-1A** の②から⑨のすべての過程が1ミリ秒以内に生じていることを意味してお

★3 ——ここでは詳細については省略するが，神経伝達物質受容体がもつイオンチャネルにはイオン選択性があり，Na^+ や K^+ など陽イオン選択性の場合には興奮性，Cl^- など陰イオン選択性の場合には抑制性となることが知られている。

り，驚くべき高速の過程である。このあと，シナプス小胞膜は，**エンドサイトーシス**という過程を経て，細胞内に小胞膜として回収され，再び神経伝達物質が充填されて，次の神経伝達に備えられる（**図 6-1A** ⑩）。

このように，神経伝達は驚異的なスピードで進む現象であり，しかも，シナプス前細胞とシナプス後細胞が点と点で結びつくような形でシナプスという部位で局所的に起こっている（**図 6-1A**）。

では，**図 6-1A** ⑤で生じている，小胞膜がシナプス前膜と融合してその内容物を細胞外に放出する開口放出という現象は，どのような分子機構で生じているのであろうか？　これについては，2013 年のノーベル生理学・医学賞を受賞したロスマン，シェックマン，スードホフという 3 人の科学者の研究成果に負うところが大きい。彼らの提唱した説（**SNARE 説**）を**図 6-2A** にまとめて示す。まず，シナプス小胞膜に存在するタンパク質（**シナプトブレビン**）と**シナプス前細胞**（ぜんさいぼう）の細胞膜上に存在するタンパク質（**シンタキシン**と**スナップ-25**）の三者が相互作用することで **SNARE 複合体**と呼ぶタンパク質複合体が作られる（**図 6-2A** ①〜②）。そこにシナプス終末の細胞外から流入してきた Ca^{2+} が結合する（**図 6-2A** ③；Ca^{2+} は小胞膜上に存在する**シナプトタグミン**に結合する）と，それらのタンパク質複合体のはたらきにより，シナプス小胞膜とシナプス前細胞膜の膜融合が起こることで孔が開く。この孔からシナプス小胞内の親水性神経伝達物質が拡散によって細胞外に放出される（**図 6-2A** ④）。

神経細胞においては，シナプス前細胞細胞体の軸索初節部と呼ばれる部位で発生した活動電位は，ミエリン鞘（しょう）をもつ有髄軸索の場合，各ミエリン鞘の間に存在するランビエ絞輪を**跳躍伝導**という方法で伝導したあとにシナプス終末に到達するが，シナプス終末の細胞膜はミエリン鞘には囲まれていない。そしてここには，軸索の細胞膜に存在している

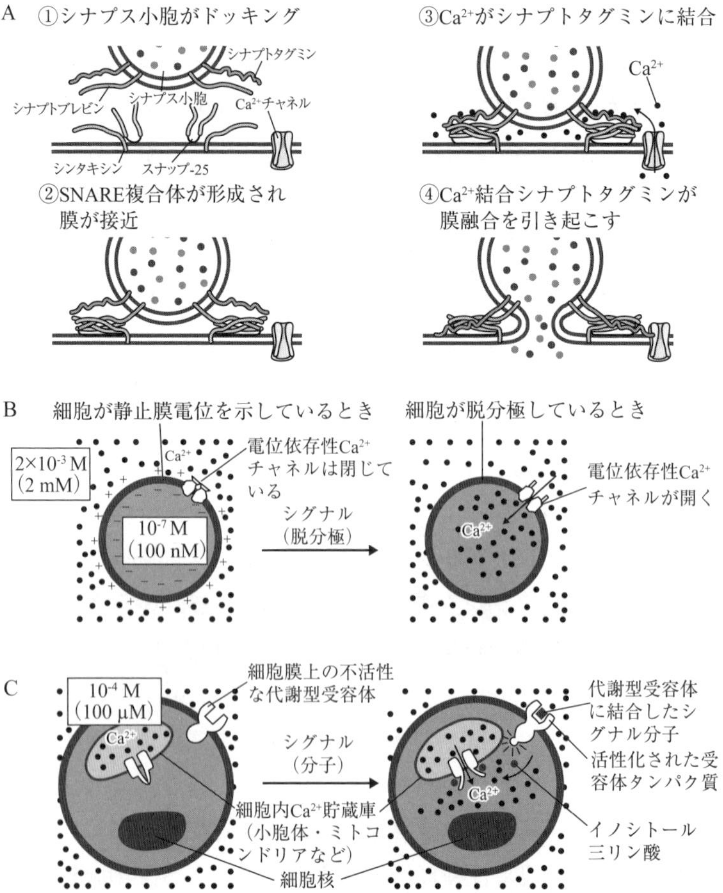
A
①シナプス小胞がドッキング
シナプトタグミン
シナプトブレビン
シナプス小胞
Ca2+チャネル
シンタキシン
スナップ-25
②SNARE複合体が形成され
膜が接近
③Ca2+がシナプトタグミンに結合
Ca2+
④Ca2+結合シナプトタグミンが
膜融合を引き起こす
B
細胞が静止膜電位を示しているとき
2×10-3 M
(2 mM)
Ca2+
電位依存性Ca2+
チャネルは閉じている
10-7 M
(100 nM)
シグナル
(脱分極)
細胞が脱分極しているとき
電位依存性Ca2+
チャネルが開く
Ca2+
C
10-4 M
(100 μM)
細胞膜上の不活性な代謝型受容体
Ca2+
シグナル
(分子)
細胞内Ca2+貯蔵庫
(小胞体・ミトコンドリアなど)
細胞核
代謝型受容体に結合したシグナル分子
活性化された受容体タンパク質
Ca2+
イノシトール三リン酸

図 6-2　開口放出の分子機構（A）と細胞内 Ca^{2+} 濃度の調節機構（B, C）
A：開口放出に関する SNARE 説を示す模式図（詳細は本文を参照）
B：細胞外からの Ca^{2+} チャネルを介した Ca^{2+} 流入経路
C：細胞内 Ca^{2+} 貯蔵庫から細胞質への Ca^{2+} 放出

Na^{+} チャネルと K^{+} チャネルに加えて，**Ca^{2+} チャネル**が豊富に存在している（**図 6-1A** ④）。Ca^{2+} チャネルは Na^{+} チャネルと同様，脱分極により開く電位依存性チャネルであるが（5.3.1 項を参照），Ca^{2+} は以下に述べるように，細胞外に細胞内の 1 万倍という極めて大きな濃度勾配があるために，少し開くだけでも，Ca^{2+} は細胞内に一斉に流入してくる（**図 6-2B**）。そして，この急激かつ局所的な Ca^{2+} 流入が，上記のように開口放出における膜融合の引き金を引くのである。

このような開口放出による膜融合は，生物の体内で様々な重要機能を果たしていることがわかっている。そして，膜融合を引き起こすものとして Ca^{2+} は重要なはたらきをしている。そこで，細胞における Ca^{2+} のダイナミクスについて，もう少し詳しく見てみよう。

一般に，細胞外 Ca^{2+} 濃度は 2 mM（2×10^{-3} M）程度であるのに対して，細胞内 Ca^{2+} 濃度は 100 nM（10^{-7} M）程度と，かなり低く保たれている（**図 6-2B**）。これは，Ca^{2+} が開口放出の引き金を引くなど，細胞内の様々な生命現象において重要なはたらきをするためであるが★4，細胞内で Ca^{2+} の高濃度状態が続くと，細胞死が起きるという，いわば毒性を生じてしまうこともある★5。そこで細胞は，様々な仕組みで，普段は細胞内の Ca^{2+} 濃度を低く保っておき，必要なときだけ短時間 Ca^{2+} 濃度を上昇させて，重要な生命機能を果たせるようにしているのである。

さらに，細胞は**細胞内 Ca^{2+} 貯蔵庫**★6 をもっていることも知られている。その内部の Ca^{2+} 濃度は約 100 μM（10^{-4} M）と細胞質の 1000 倍程度なので（**図 6-2C**），もしその貯蔵庫の膜上に Ca^{2+} 透過性チャネルがあって，それが開くと，細胞内 Ca^{2+} 貯蔵庫から細胞質に向けての大きな

★ 4 ——開口放出以外にも，Ca^{2+} は，筋肉の収縮，遺伝子発現，細胞内の種々の酵素活性やシグナル分子の活性調節等の重要な生命現象を引き起こすことが知られている。

★ 5 ——心臓や脳で酸素供給が滞ったとき，その部位で細胞死が生じることが心筋梗塞や脳梗塞の原因になると考えられているが，細胞死は，細胞内の行き過ぎた Ca^{2+} 濃度上昇が一連の細胞内の反応を引き起こすことで生じると考えられている。

★ 6 ——英語の学術用語は intracellular Ca^{2+} store であり，まさにそのままでピッタリの日本語訳である。主に細胞内の滑面小胞体（一部はミトコンドリア）が，細胞内 Ca^{2+} 貯蔵庫の実体としてはたらいている。

Ca^{2+}流出が起きるはずである。実際，東京大学の御子柴博士らの研究グループにより，小胞体膜上に発現するCa^{2+}透過性チャネルの構造が明らかにされた。面白いことに，この受容体はイオンチャネル型受容体のように，シグナル分子の結合部位をそのタンパク質内にもっていて，この場合には**イノシトール三リン酸**（IP_3）がシグナル分子としてはたらくこともわかっている（**図 6-2C**）。そこで，この受容体は**イノシトール三リン酸受容体**と呼ばれ，細胞内のイノシトール三リン酸がこれに結合することによりCa^{2+}チャネルを開いて，Ca^{2+}を細胞内貯蔵庫から細胞質中に放出させるのである。

では，このイノシトール三リン酸はどこから来るのであろうか？　それは，細胞外に到達した様々なホルモンや神経伝達物質・神経修飾物質などのシグナル分子が，細胞膜上でシグナル分子を受容する代謝型受容体に結合することにより，G タンパク質の一種★7が活性化され，それにより細胞膜の構成成分の一部であるイノシトールリン脂質が分解されることで作られるという，実に巧みな仕組みがわかってきている。

6.3　神経系と内分泌系におけるシグナル伝達の特徴

本章の冒頭で，神経系と内分泌系を，動物が環境変化に適応した応答を行うための生体情報を伝えるシステムであると表現した。6.2 節では神経系で情報がニューロンから次のニューロンに伝えられる仕組みについて学んだので，ここでは内分泌系について学び，両者の共通点と相違点についても考えてみよう。

動物の外的・内的環境に応じて，身体の内部にある特定の細胞（**内分泌細胞**）で作られ，主に血液循環を通じて他の場所に運ばれて効果をもつ生理活性物質を，一般に**ホルモン**と呼ぶ★8。内分泌系は，ホルモンを

★7 ―― G_q タンパク質と呼ばれる。

★8 ――植物においてもある種の生理活性物質がホルモンと呼ばれることもあるが，これらは動物のホルモンとは定義の上でも機能の上でも異なる点が多いので，注意が必要である。

シグナル分子として用いて体内に様々な情報を伝えるシステムである。

では，内分泌細胞で作られたホルモンが細胞に対して作用を及ぼす仕組みを，神経伝達と比較しながら学んでみよう（**図6-3**）。ホルモンは，内分泌細胞から開口放出によって放出されると，いったん血液循環に入り，全身を巡ることができるようになる。しかしながら，それらのホルモンは，全身のすべての細胞に効果を及ぼすのではなく，いわゆる**標的細胞**（**標的器官**）と呼ばれる**ホルモン受容体**をもつ細胞（器官）で受容されて，後述するような方法で情報を標的細胞に伝える（**図6-3B**）。つまり，ホルモンを介する内分泌系は，オープンフィールドで自由に歩き回り，エサのあるところにたどり着く動物にたとえることができる。一方，神経伝達は，シナプスという特定の場所で生じ，シナプス前細胞からシナプス後細胞にシグナルの伝達が生じるのは，1ミリ秒という高速であることから，決められたレールの上を次の駅まで走る新幹線にたとえることができる（**図6-3A**）。そのため，一見，両者の情報伝達の方法は根本的に異なるように見えてしまう（**図6-3A**と**図6-3B**を比較）。

しかし，ホルモンの中でも水溶性であるペプチドホルモンと，6.2節に述べた，水溶性のグルタミン酸やGABAのような神経伝達物質は，両者ともに，疎水性の脂質二重膜からできている細胞膜を直接透過できないため，両者のシグナルは膜融合による開口放出を利用するという点で共通している。しかも，シグナル分子を受け取った細胞に情報が伝わる仕組みに着目すると，両者はさらに多くの共通点をもっている。つまり，両者ともに化学物質によるシグナルを利用しており，また，シグナル分子は標的細胞（シナプスの場合にはシナプス後細胞，内分泌系の場合にはホルモンの標的細胞）の膜上に存在する，神経伝達物質やホルモンに**特異的な受容体**に結合することによって，その情報を標的細胞に伝える仕組みになっている（**図6-3C**）。ただし，シナプスの場合，シグ

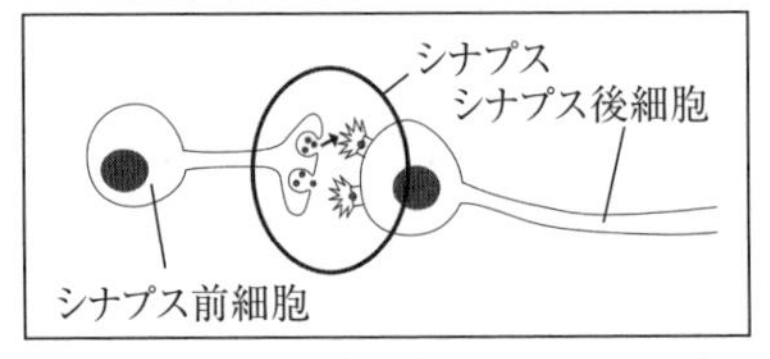

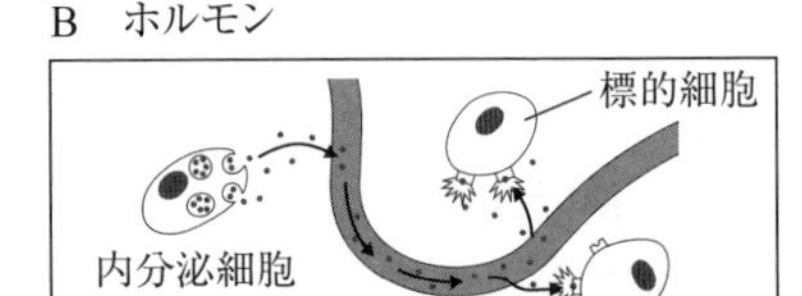

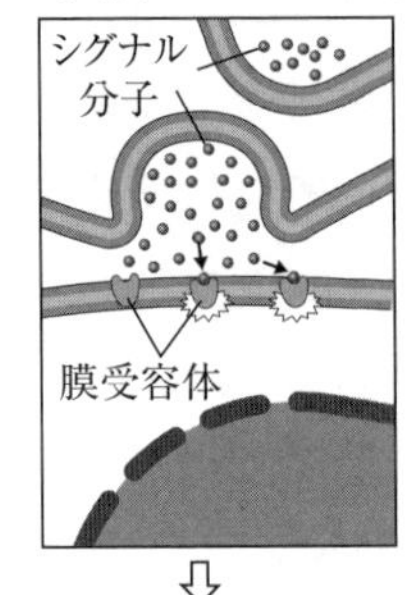

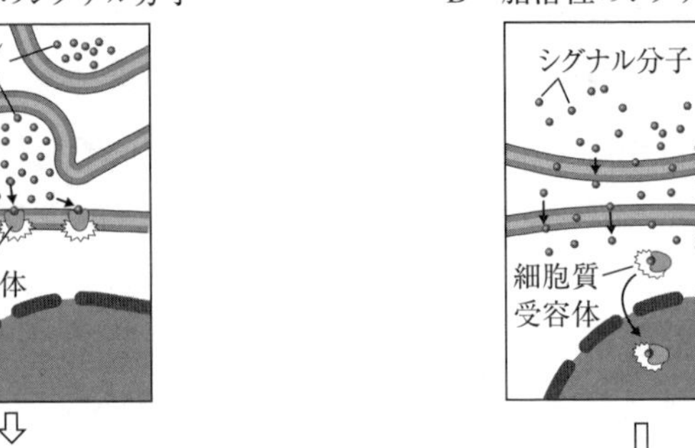

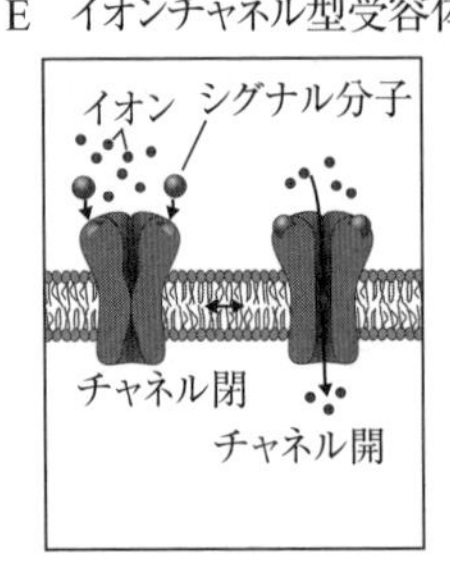

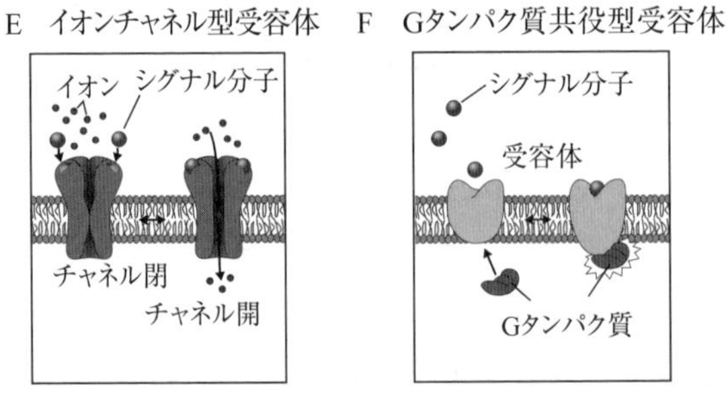

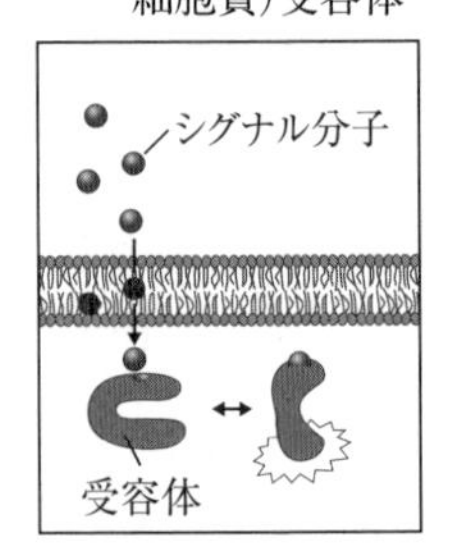

図 6-3　内分泌系と神経系におけるシグナルの伝達

A：シナプスにおけるシグナル分子（神経伝達物質）と受容体

B：内分泌系におけるシグナル分子（ホルモン）と受容体

C：水溶性のシグナル分子（神経伝達物質およびペプチドホルモンなどの水溶性ホルモン）と受容体

D：脂溶性のシグナル分子（ステロイドホルモンと呼ばれる脂溶性ホルモン）と受容体

E，F：水溶性シグナル分子の受容体は細胞膜（細胞表面）に受容体をもつが，それらはイオンチャネル型受容体（E）とＧタンパク質共役型受容体（F）とに分けられる

G：脂溶性シグナル分子の受容体は細胞内（細胞質あるいは核内）に存在する

ナル分子である神経伝達物質が細胞外を拡散する距離は，シナプス間隙という極めて短い距離（約 2×10^{-8} m）であるのに対して，ホルモンの場合，血流を介して，ヒトにおいては 1 m 前後も離れた標的細胞に到達してから効果を及ぼすという点で，標的細胞までの到達時間に大きな時間差がある。

シナプス部位で使われている神経伝達物質の場合には，**イオンチャネル型受容体**と呼ばれる受容体が使われており，受容体分子内にイオンチャネルも存在していて，神経伝達物質が受容体に結合すると，すぐに同一分子内に直結したイオンチャネルが開くシステムになっている（**図 6-3E**）。これにより，6.2 節で説明したように，わずか 1 ミリ秒のシナプス遅延が生じるだけでシナプス前細胞からシナプス後細胞にシグナルが伝わる（**図 6-1B**）。一方，ペプチドホルモンの場合には，血液循環を介して標的細胞に達したあとに，細胞膜上に存在する **G タンパク質共役型受容体**と呼ばれる受容体に結合し，受容体分子の細胞質側に結合した **G タンパク質**のはたらきで細胞内のシグナル伝達系を動かす仕組みになっている（**図 6-3F**）。ただし，神経伝達物質でも，標的細胞となる側で**代謝型受容体**と呼ばれる一種の G タンパク質共役型受容体に結合して，細胞内の情報伝達系を動かすことで，細胞内の電位依存性チャネルの開きやすさを微調整する，いわゆる**神経修飾**と呼ばれる現象を引き起こす場合もある。特に，シナプス前細胞がペプチドやアミンなどを産生・放出する場合には，多くの場合そのようなシグナルの伝達方法が用いられる。また，それらのシグナル分子の開口放出は，シナプス以外の部位（細胞体，樹状突起，および軸索のバリコシティーと呼ばれる膨大部）から起こることも最近わかってきた。

次に，シグナル分子の化学的性質にも目を向けてみると，神経系と内分泌系のそれぞれには，さらに異なったシグナルの放出や，受容およびシグナル伝達の方式が存在することもわかる。多くの神経伝達物質やペプチドホルモンは水溶性であり，開口放出によりシナプス終末から放出され，**図6-3E**や**図6-3F**のように細胞膜受容体に結合してシグナルを伝える。一方，ホルモン分子には，水溶性のペプチドホルモン以外にも脂溶性の**ステロイドホルモン**★9が存在している。脂溶性であるステロイドホルモンは，脂溶性である細胞膜に比較的自由に溶け込むことができ，膜上に特別な仕組みがなくても比較的自由に細胞膜を透過して細胞の内外を行き来することができる。そのため，ステロイドホルモンは細胞内で作られるとそのまま細胞外に放出され（**図6-3D**），細胞膜を透過して，一気に細胞内に入ることができる（**図6-3G**）。ステロイドホルモン受容体は，一般的には細胞質に存在しており（**図6-3G**），ステロイドホルモンと結合したホルモン・受容体複合体は，その後核膜孔を通って核内に入り，**遺伝子の転写調節**に影響を与えることが知られている。

このように，神経系と内分泌系におけるシグナルには様々な共通点と相違点のあることがわかった（**図6-3**）。

6.4　神経系と内分泌系の協調により メスの規則的排卵が生じる仕組み

6.4節では，神経系と内分泌系の協調的な制御の例として，成長した動物において，両者の協調により生殖腺が成熟し，メスにおいて規則的な排卵という現象が起きるようになる仕組みについて，メダカを例にとって解説してみよう。

★9——ステロイドホルモンには，オリンピック等のドーピング検査などで話題に上ることもあるアンドロジェン（精巣で作られ，筋肉の発達などの二次成長を促す）や，**内分泌攪乱物質**に関連して新聞などでよく名前を聞くエストロジェン（卵巣で作られる発情ホルモン）等の性ステロイドホルモンの他，抗炎症作用をもつコルチコイドなどの副腎皮質ホルモンといった，水には溶けにくく，脂に溶けやすい性質をもったホルモンがある。

春になって日長が長くなり，気温・水温が上昇してくると，内分泌系のはたらきにより生殖腺が発達してくるとともに，動物は繁殖のための縄張り行動，求愛行動等をはじめとする性行動を盛んに行うようになる。そして，生殖腺の発達と性行動の発現が雌雄でうまく足並みを揃えて調節されることにより，生殖が成功して受精に至り，種の存続につながる。これは，5章で解説したように，感覚を受容して情報処理するシステムとしてはたらく神経系と，本章で解説している，生殖腺の発達を制御するとともに行動という動物の応答を様々に調節する内分泌系が，協調的にはたらくことにより実現される生命現象である。まず，動物において生殖を調節する内分泌系について紹介し，それがいかにして神経系によっても制御を受けているかという点について解説する。

図6-4Aにヒトの主な内分泌腺を示す。このうち，生殖の調節に直接的に関与するのは，枠で囲った内分泌器官，すなわち，**視床下部**（Hypothalamus），**脳下垂体**（Pituitary），**生殖腺**（Gonad；卵巣［♀］と精巣［♂］）である。これらの生殖調節に関わる器官の英語頭文字をつなげて**HPG軸**と呼ぶので，これ以降はこの省略語を用いる。HPG軸を形成する視床下部（**図6-4B**）は，間脳の第3脳室という部位の左右両側に位置しており，第3脳室の底部には**正中隆起**と呼ばれる脳の最腹側部位が正中部に位置している。そして，ここには**脳下垂体門脈**と呼ばれる豊富な血管網がある。

視床下部には**生殖腺刺激ホルモン放出ホルモン**（Gonadotropin Releasing Hormone；GnRH）★10と呼ばれるペプチドホルモンを作る一群のニューロンがあり，**GnRHニューロン**と呼ばれる。ここで作られたGnRHはいったん正中隆起にある軸索終末から脳下垂体門脈に放出されたあと，短い距離を脳下垂体前葉まで送られ，これが脳下垂体内の，GnRH受容体を発現する標的細胞である**生殖腺刺激ホルモン**産生細胞を

★10 ―― 1970年代にギルマンらの研究グループとシャリーらの研究グループが熾烈な競争を行った後に，視床下部に存在するこのペプチドホルモンをほぼ同時期に発見し，ノーベル生理学・医学賞を受賞したことは，この研究分野では有名である。

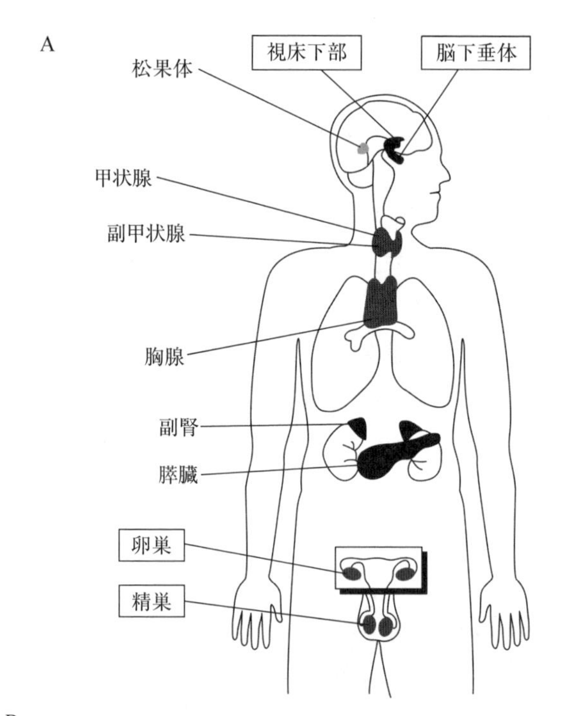

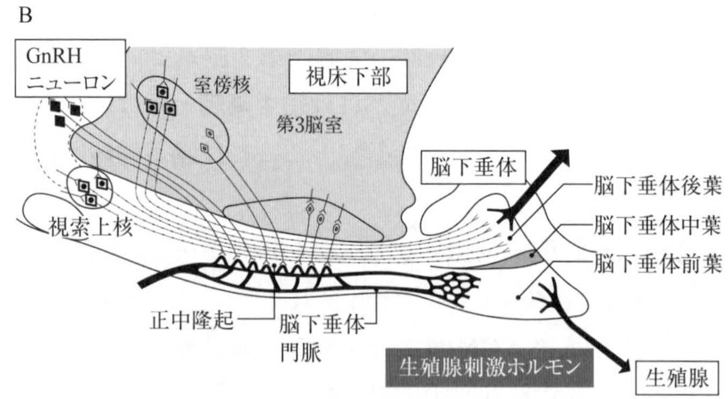

図 6-4　内分泌腺とその調節

A：ヒトの主な内分泌腺

B：ラットの視床下部—脳下垂体

刺激して，生殖腺刺激ホルモンを放出させる。それが体循環を経て生殖腺に到達し，生殖腺の発達（卵や精子の成熟）や生殖腺からの**性ステロイドホルモン**の放出を促すという仕組みが，これまでの多数の研究成果からわかってきている。ここで，GnRH ニューロンは，電気活動を行うれっきとした神経細胞でありながら，ホルモンを作って放出しているという点に注目してほしい。このような，ホルモンを作って放出するニューロンを**神経分泌細胞**と呼ぶが，神経分泌細胞の存在は，ドイツのシャラー博士が 1930 年頃に魚の脳を用いた形態学的な研究から発見したことに基づいている。後述するように，1 つの GnRH ニューロンからの電気的な活動を厳密な方法で記録できるようになったのは，実は 21 世紀になってからなのであるが，GnRH ニューロンは通常のニューロンと何ら変わることのない電気的な信号を用いていることが現在ではわかっている。6.1 節でも触れたように，生殖や性行動という動物の応答は，動物の神経系が外界の温度や日長などの感覚情報を受け取り，処理して，最終的には内分泌器官である生殖腺にホルモンとしてはたらきかけることで生殖可能な状態が成立する。したがって，ニューロンとホルモン産生細胞の両方の性質を併せもつ GnRH ニューロンのような神経分泌細胞は，まさにそのインターフェースとしてはたらくのに最適の要素と考えることができ，HPG 軸における中心的なはたらきをしている。

ではここで，私たちの研究室の最近の研究成果も含めて紹介し，上記の生殖に関する神経系と内分泌系の協調的制御という問題について解説する。私たちの研究室では，脊椎動物において生殖と性行動を協調的に制御する仕組みを，メダカを用いて研究している。これは，メダカでは，①ヒトやマウスと同様に，いわゆるゲノムデータベースが整備されていて，遺伝子改変動物（**トランスジェニック動物**ともいう）作成や**ゲノム編集**★11 などの操作がしやすい，②日長条件により生殖状態を実験的に

★11 —— 2021 年にシャルパンティエ博士とダウドナ博士がノーベル化学賞を受賞した研究の対象は，こうしたゲノム編集の技術を世界中に一気に広めた CRISPR-Cas9 と呼ばれる方法の開発であった。

調節することが可能で，性周期が1日と短く，しかも規則的，③脳が適度に小型で透明性が高いため，**GFP 蛍光標識**★12 したニューロンからの電気記録が行いやすいなど，実験動物として際立った特徴をもっている。これを利用して，脳の内部の神経回路や，脳と脳下垂体との関係を生きた動物と同じように保った，丸ごとの動物の脳を実験材料とすることができる★13。

まず，脳内の GnRH ニューロンだけを GFP で標識したメダカを作成した。このメダカの脳を丸ごと取り出して横から眺めたのが**図 6–5A** で，GFP 標識された GnRH ニューロンは，その細胞体から脳下垂体にまで伸びる軸索まで含めてすべてを，丸ごとの脳でも蛍光顕微鏡下で見ることができる（**図 6–5A**）。**図 6–5B** はそれを腹側から見たもので，蛍光顕微鏡で GnRH ニューロンの細胞体の部分を見ながら，ガラスで作った記録電極を1つの細胞体にパッチクランプして（**図 5–8** および5章本文を参照），その電気的な活動（5章で学んだ**活動電位**）を記録することができる（**図 6–5B** 右図）。

次に，脳下垂体の生殖腺刺激ホルモンを作る内分泌細胞を，GFP に似ているが，細胞内の Ca^{2+} 濃度に応じてその蛍光強度を変化させるような蛍光タンパク質（IP）で標識したトランスジェニックメダカを作る。そして，これら2種類のメダカを雌雄で掛け合わせて次世代のメダカを得る。**図 6–5C** では，このようにして得られた，脳下垂体の生殖腺刺激ホルモン産生細胞（黄体形成ホルモン［LH］と呼ばれるホルモンの産生細胞）が蛍光タンパク質 IP で標識された脳下垂体と，GnRH ニュー

★12 ── GFP は下村脩博士のノーベル賞受賞で有名になった，オワンクラゲがもつ蛍光タンパク質 Green Fluorescent Protein の頭文字をとった略称。この遺伝子を宿主の特定の遺伝子のプロモーターの下流に組み込み，宿主に導入・発現させることにより，特定の遺伝子を発現する細胞だけに GFP を作らせ，蛍光標識することができる。

★13 ──医学的な実験によく用いられるマウスやラットの脳は，サイズが大きい上に透明性が低いので，薄いスライスに切って実験に用いる必要があり，その際，大事なニューロン同士の関係を切り離してしまうことになる。

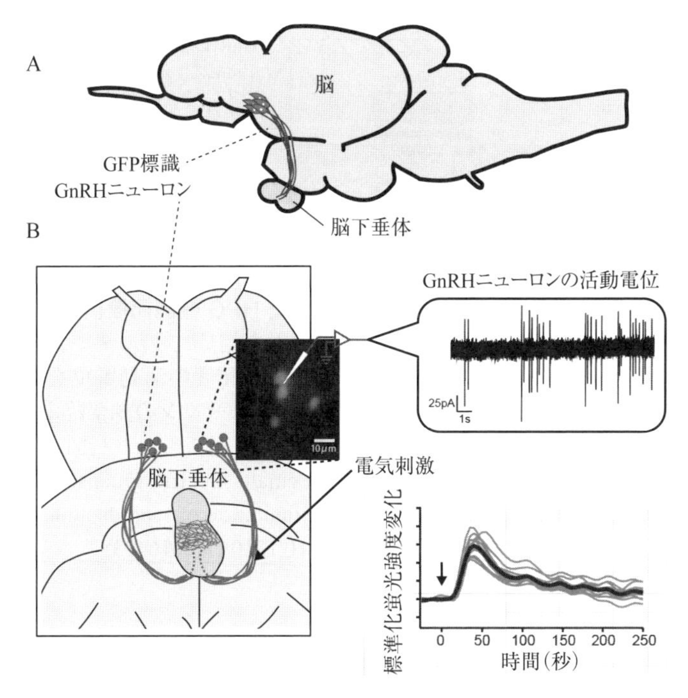

図6-5　トランスジェニックメダカを用いたHPG軸調節機構の解析
GnRHニューロンを分子遺伝学的手法（トランスジェニック）によりGFP蛍光標識し，脳下垂体のLH細胞をCa^{2+}濃度に応じて蛍光強度を変化させる蛍光タンパク質で標識したメダカを作成し，実験を行った。
A：メダカ脳を側面から見た図。GFP標識されたGnRHニューロンの細胞体と，そこから脳下垂体に伸びる軸索を模式的に示す。
B：脳を腹側から見た図。挿入された写真はGFP標識したGnRHニューロンの細胞体。そのうちの一つにパッチクランプ電極を吸着させ，自発的に生じる活動電位を記録した（B右上のトレース）。次に，GFP標識された軸索が束を作って脳下垂体に向かう場所で電気刺激を加えると，GnRHニューロンに発生した活動電位により，脳下垂体の終末からGnRHが放出され，GnRH受容体をもつ脳下垂体LH細胞が刺激されて細胞内Ca^{2+}濃度を上昇させる（右下図）。

C

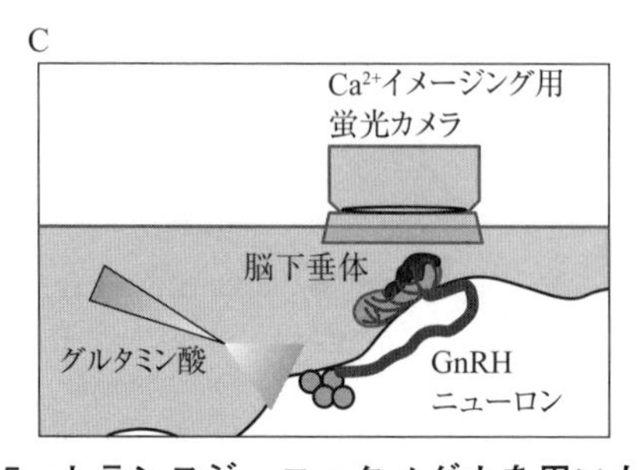

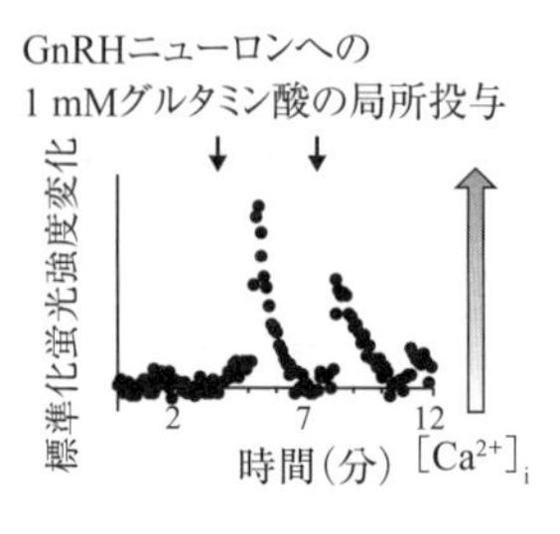

図 6-5　トランスジェニックメダカを用いた HPG 軸調節機構の解析（続き）
C：GnRH ニューロンの近傍に微小ピペットを用いてグルタミン酸を局所投与すると，GnRH ニューロンが興奮して高頻度の活動電位を生じ，それによって，B のように脳下垂体の GnRH ニューロンの軸索終末から GnRH が放出され，LH 細胞の Ca^{2+} 濃度上昇を引き起こした（右図）。
出典：Hasebe, M., Kanda, S., Oka, Y., “Female-specific glucose sensitivity of GnRH1 neurons leads to sexually dimorphic inhibition of reproduction in medaka”, *Endocrinology*, 157: 4318–4329, 2016. DOI: 10.1210/en.2016-1352

ロンが特異的に GFP 標識された脳をもつメダカが，両者の機能的結合を保ったまま，腹側を上に向けてリンガー液中に置かれている。IP で標識された脳下垂体の生殖腺刺激ホルモン産生細胞を，高感度蛍光カメラを用いて Ca^{2+} イメージング解析しつつ，まずは，GFP 標識された GnRH ニューロンの軸索束が脳下垂体に入る前の部分に刺激電極を当てて短時間電気刺激をし（**図 6-5B** 右下図の下向き矢印），そのときの脳下垂体 LH 細胞★14 の細胞内 Ca^{2+} 濃度変化を測定した（**図 6-5B** 右下図）。

GnRH ニューロンの軸索終末に活動電位が発生した結果，GnRH が放出され，近傍の脳下垂体 LH 細胞（GnRH 受容体をもつ）が刺激を受けて，Ca^{2+} 濃度が上昇することから，LH 放出も引き続き起きていると考えられる。この実験から，GnRH ニューロンという神経分泌細胞が刺激

★ 14 ――脳下垂体の生殖腺刺激ホルモンには LH と FSH の 2 種類があり，ここでは LH を産生する細胞を蛍光タンパク質 IP で標識して観察した。

を受けると活動電位を盛んに出し，それが脳下垂体軸索を投射しているGnRHニューロン軸索終末からのGnRHペプチド放出を促した結果，GnRHを受け取った脳下垂体LH細胞の細胞内Ca^{2+}濃度変化を引き起こし，次にLH放出が起きるというHPG軸の仕組みがよくわかることであろう[3]。

そこで，さらに進んで，GnRHニューロンが脳内で他のニューロンからのシナプス入力を受けることを模倣して，脳内の代表的な興奮性神経伝達物質であるグルタミン酸を，局所的にGnRHニューロンの近傍に投与して，そのときの脳下垂体LH細胞のCa^{2+}イメージングを行った（**図6-5C**）。GnRHニューロンをグルタミン酸によって刺激すると（**図6-5C**左図），確かに，それに応じて脳下垂体LH細胞のCa^{2+}濃度が上昇することがわかった（**図6-5C**右図）[4]。また，この実験において，GnRHニューロンに投与するグルタミン酸濃度を調節して，どのような頻度でGnRHニューロンが活動電位を発生するようになるかを調べた結果，1秒間に6回以上の活動電位（高頻度発火と呼ぶ）が生じれば，脳下垂体の軸索終末から実際にGnRHが放出される（脳下垂体LH細胞のCa^{2+}シグナルが上昇する）ということもわかった。

このメダカを用いた実験系では，脳下垂体LH細胞のCa^{2+}イメージングを行うことにより，実際に脳下垂体でGnRHニューロンの軸索終末からGnRHペプチドホルモンが放出されていることが実時間で測定できる。しかも，少し工夫して，GnRHニューロンの電気活動を記録しつつ同時に解析することにより，GnRHニューロンの活動パターンを脳下垂体からのLH放出，ひいては排卵という現象と関連づけて，より生体に近い条件で実験できるという大きな利点をもっている。脳と脳下垂体の機能的結合が脳下垂体門脈という血管系を介している上に，脳が大きくて不透明なために，脳スライスを用いた実験系に頼らざるをえないマウス，ラットなどの実験系と比較しても，これは大きなメリットと言えよう。

一方，メダカ脳内の GnRH ニューロンが自発的に示す活動電位の頻度を 1 日の異なる時間に記録してみると，それが周期的に変化し，昼間は頻度が大変低く，夕方から夜にかけて高くなることがわかった[3]。生殖腺刺激ホルモン LH の急激な大量放出が動物の排卵を引き起こすことが一般に知られているので，おそらく，今回記録されたような，1 日の時間に依存して周期的に変化する GnRH ニューロン活動は，1 日 1 回排卵するメダカの排卵リズムを形作るもとになっているであろうと考えられた。そこで，どのようにしてこのような周期的な活動が生じるのかについて，さらに実験を行ってみた。メダカの卵巣摘出手術を行って体内の**エストロジェン**（成熟卵巣が放出する性ステロイドホルモン；本章の脚注 9 を参照）を枯渇させたり，そのメダカにエストロジェンを投与したりする実験の結果から，①毎秒 6 回以上の高頻度で活動電位が発生するのは夕方だけであって，朝方には低頻度である，②夕方に生じる GnRH ニューロンの高頻度活動は，血中のエストロジェン濃度に依存しているということがわかった（**図 6-6A**）。また，朝方に同様の実験を行っても活動頻度には影響がないことから，夕方だけにこのようなエストロジェン依存性を示すようにしている何らかの時間シグナルの存在も示唆された。このような実験結果から，メダカにおける規則的な生殖周期（1 日 1 回決まった時間に排卵）は，エストロジェンのシグナルと時間シグナルが，**図 6-6D** のように関わることによって生じている，という作業仮説が提唱された。

このように，感覚刺激が最終的に GnRH ニューロンという神経分泌細胞の活動を調節することにより，動物は周期的な排卵のリズムを作り出しているのであろう（**図 6-7**；詳細は図の説明を参照）。

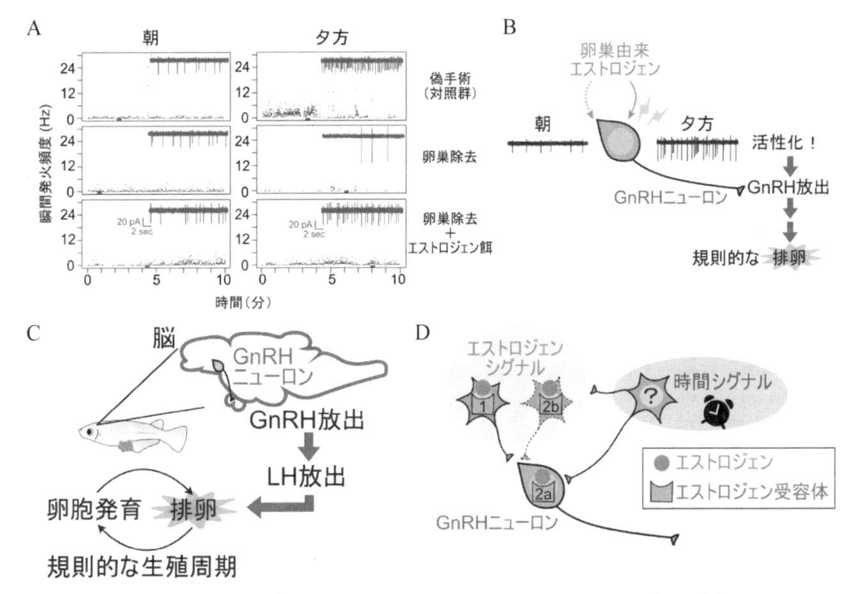

図 6-6　メスメダカで規則的な排卵を起こさせる脳内の仕組み

図 6-5 で作成したメダカを用いて，メダカで規則的な排卵を起こさせる脳内の仕組みを解析した。

A：卵巣から放出されるエストロジェンが GnRH ニューロンの神経活動に及ぼす影響。

B：A の実験結果から，生殖周期が 1 日である（毎日排卵が起こる）メダカにおいて，卵巣由来のエストロジェンが夕方にのみ GnRH ニューロンを活性化させることがわかり，これが規則的な排卵の誘起につながると考えられる。

C：脳に存在する GnRH ニューロンからの GnRH 放出によって，脳下垂体からの LH の放出が起こり，LH は血液の流れに乗って卵巣に運ばれ，排卵を誘導する。成熟したメスでは，この一連の現象が規則的に起こることで，生殖周期が形成されていると考えられる。

D：この研究成果から提唱された，エストロジェンシグナルと時間シグナルが GnRH ニューロンを活性化させる仕組みに関する作業仮説。エストロジェン受容体には Esr1，Esr2a，Esr2b の少なくとも 3 種類存在することが知られている。

出典：Ikegami, K., Kajihara, S., Umatani, C., Nakajo, M., Kanda, S., Oka, Y., “Estrogen upregulates the firing activity of hypothalamic gonadotropin-releasing hormone（GnRH1）neurons in the evening in female medaka”, *J. Neuroendocrinology*, 2022. DOI: 10.1111/jne.13101

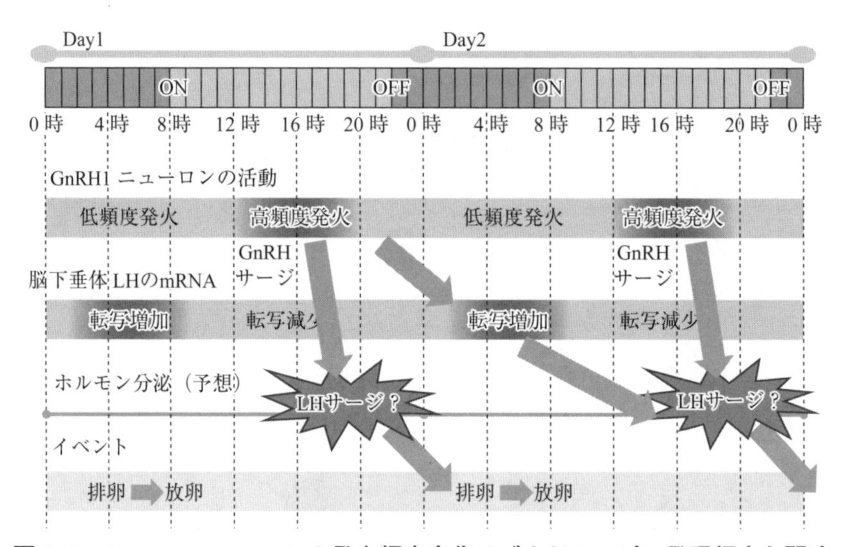

図 6-7　GnRH1 ニューロンの発火頻度変化はゴナドトロピン発現頻度と関連

GnRH1 ニューロン（メダカで脳下垂体に軸索投射する GnRH ニューロンは，*gnrh1* と呼ばれる遺伝子の産物である GnRH1 ペプチドを産生することが知られているので，ここでは GnRH1 ニューロンとした）の発火頻度の周期的な変動がゴナドトロピンの周期的変動を，ひいては周期的排卵を引き起こす。GnRH1 ニューロンの朝夕の周期的な活動変動（夕方における高頻度活動）が GnRH1 の脳下垂体からの大量放出（GnRH サージ）を引き起こし，それが引き金となり，脳下垂体 LH 細胞からの LH の大量放出（LH サージ）が生じて，排卵に至る。メダカの場合には，排卵されて体腔にとどまっていた卵が，早朝に生じる雌雄の性行動により雌雄のタイミングが一致したら，放卵が生じ，同時に放出された精子によって受精に至ると考えられる。

出典：Karigo, T., Kanda, S., Takahashi, A., Abe, H., Okubo, K., Oka, Y., “Time-of-day-dependent changes in GnRH1 neuronal activities and gonadotropin mRNA expression in a daily spawning fish, medaka”, *Endocrinology*, 153: 3394–3404, 2012. DOI: 10.1210/en.2011-2022

参考文献

[1] 市川眞澄・他『脳と生殖：GnRH 神経系の進化と適応』学会出版センター，1998

[2] 岡良隆『基礎から学ぶ　神経生物学』オーム社，2012

[3] Karigo, T., Oka, Y., "Neurobiological study of fish brains gives insights into the nature of gonadotropin-releasing hormone 1-3 neurons", *Frontiers in Endocrinology*, 4:177, 2013. DOI: 10.3389/fendo.2013.00177

[4] Hasebe, M., and Oka, Y., "High-frequency firing activity of GnRH1 neurons in female medaka induces the release of GnRH1 peptide from their nerve terminals in the pituitary", *Endocrinology*, 158:2603-2617, 2017. DOI: 10.1210/en.2017-00289

[5] Ikegami, K., Kajihara, S., Umatani, C., Nakajo, M., Kanda, S., and Oka, Y., "Estrogen upregulates the firing activity of hypothalamic gonadotropin-releasing hormone (GnRH1) neurons in the evening in female medaka", *J. Neuroendocrinology*, 2022. DOI: 10.1111/jne.13101

7 脳と学習

松尾　亮太

《目標＆ポイント》 7章では，動物が示す学習について解説する。学習とは経験に基づく行動変容であり，およそ動物と呼ばれる生物はほぼすべて，何らかの学習能力をもつ。学習は動物が生き抜くために必須の能力であると言える。本章前半では様々な動物が示す学習の例を紹介する。後半ではアメフラシにおけるエラ引っ込め行動に関連した学習の分子神経機構，およびヒトのモデルとして多用されるマウス・ラットの海馬におけるシナプス伝達効率変化の分子神経機構について解説する。
《キーワード》 学習，記憶，連合学習，古典的条件付け，シナプス可塑性

7.1　はじめに（学習，記憶とは何か）

動物は**学習**を経て，それ以降の行動が変化する。同じ刺激を受けても，学習をする前と後では応答の仕方が違う。そして，この状態が続くことを**記憶**と呼ぶ。動物を用いる行動生物学の分野では，実験者が客観的に調べることができるものを対象とするため，外部刺激に対する応答行動の変化を指標として，学習や記憶の研究が行われてきた。

記憶は，脳神経系を構成するニューロン間の情報伝達効率の変化を素過程としていると考えられている。そして，脳神経系を有する動物はすべて，何らかの学習を行う能力をもっている。動物にとって，経験に基づいてその後の行動を変化させることは，それほどまでに重要な能力なのである。特に，無関係であった2つの刺激，物事を結びつける学習は

連合学習と呼ばれる。

連合学習のうち，古典的条件付けとオペラント条件付けと呼ばれる学習が比較的よく研究されている。**古典的条件付け**とは，通常，その動物に何の反応も引き起こさないような刺激（**条件刺激**と呼ばれる）が，必ず特定の応答を引き起こすような刺激（**無条件刺激**と呼ばれる）と組み合わせて提示されることで，それ以降，条件刺激だけが提示されても無条件刺激の際に見られる応答を引き起こすようになる学習のことを指す。こういった学習を人為的に動物や被験者にさせることを「条件付け」すると言い，よく知られた例としてパブロフの犬がある。一般に，古典的条件付けが成立するためには，①条件刺激と無条件刺激が時間的に近接して提示されること（＝**時間的近接性**），②条件刺激が来る際には必ず無条件刺激が伴うこと（＝**随伴性**）という２つの要件を満たすことが必要である。

一方，**オペラント条件付け**とは，自らの行動の結果，何らかの報酬（あるいは罰）が与えられるという経験を繰り返すと，その行動の頻度などが増減するような変化（学習）が起こることである。実験箱内にあるレバーを押すとエサがもらえるという経験を繰り返すと，ネズミは高頻度にレバーを押すようになる，といった行動変化がこれに当たる。

本章ではまず，ニューロンを少数しかもたない線虫から，ヒトのモデルとして頻用されるマウスに至る様々な動物が示す連合学習（古典的条件付け）について紹介する。続いて，古くより研究されてきたアメフラシにおける様々な学習・記憶とその分子神経機構について概説する。そして最後に，マウスやラットの海馬を用いて明らかになった，ニューロン間の情報伝達効率の変化の性質とその分子基盤について説明する。

7.2 様々な動物における学習

7.2.1 線虫における味覚忌避学習

線形動物門に属する線虫の一種（*Caenorhabditis elegans*）は，土壌中に棲み，細菌類を食べて生きる体長 1 mm 程度の動物である。その体はわずか 1000 個程度の細胞からなり，302 個のニューロンしかもっていない。

実験室では寒天プレート上にまいた大腸菌がエサとして与えられる。また，寒天プレートに塩（塩化ナトリウム）が低濃度で含まれている領域があると，線虫はその場所に好んで集まる傾向がある。しかし，塩が含まれているプレートでもエサの大腸菌がないような状況で短時間飼育すると，線虫は「塩の存在」と「エサの不存在」を結びつけ，続いて塩の濃度に違いがあるプレート上に置かれると，塩がある領域には行かないようになる（**図 7-1**）。これは連合学習の一種であるとみなすことができ，本来少し好きであった「塩のある場所」が，学習により嫌いな場所に変わってしまったことになる。

線虫は塩のある寒天プレート上の部分がもともと好きであったということから，塩の存在が「何の反応も引き起こさないような刺激」というわけではないので，この学習は，厳密な意味での古典的条件付けには分類されないが，連合学習の一種とみなすことはできる。このように，たった 302 個という少ないニューロンしかもたない線虫でも，当初は無関係であった 2 つの刺激（事象）が関連づけられるような経験を経ることで，その後の行動を変化させるのである。

7.2.2 ショウジョウバエにおける嗅覚忌避学習

昆虫は節足動物門に属し，その中でキイロショウジョウバエ（*Drosoph-*

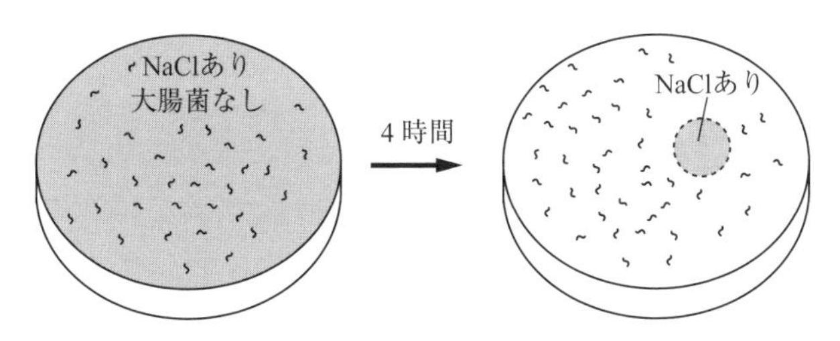

図 7-1　線虫における味覚忌避学習
塩分を含み，エサである大腸菌のない培地上で短時間飼育された線虫は，培地上で塩分のある領域を避けるようになる。
参考：Saeki, S., et al., "Plasticity of chemotaxis revealed by paired presentation of a chemoattractant and starvation in the nematode *Caenorhabditis elegans*", *J Exp Biol*, 204:1757-1764, 2001. DOI: 10.1242/jeb.204.10.1757

ila melanogaster）は古くより遺伝学の研究に用いられてきた。脳には10万個程度のニューロンがあり，においと電気ショックを組み合わせて与えられると，そのにおいのする方に行かなくなる，という学習ができる（**図 7-2**）。においと電気ショックのタイミングが重なっているか，においの直後に電気ショックが来る場合にはよく覚えるのだが，電気ショックの方がにおいよりも先に来てしまうとまったく覚えない。また，1回の学習だとこの記憶は1日程度しか続かないが，15分の時間間隔を空けて学習を10回繰り返すと，1週間も覚えていることが知られている。生育環境にもよるが，成虫の寿命は2カ月程度とされていることを考えると，案外長く覚えていると言えるかもしれない。

学習に使用されるにおいについて，もともと好みに偏りがなかったものが，学習経験により大きく偏ることになるため，これは典型的な古典的条件付けであると言える。ここでは，においが条件刺激，電気ショックが無条件刺激に相当する。キイロショウジョウバエには様々な遺伝変異体が同定されており，この学習実験系を用いることで，記憶の形成や

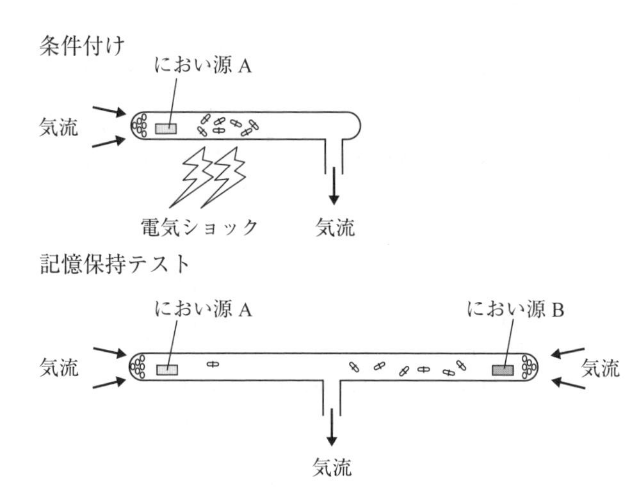

図 7-2　ショウジョウバエにおけるにおいに対する古典的条件付け
電気ショックを受けた側で嗅いだにおいを避けるようになる。なお，におい源 A と B は，両者の間でもともと好みに偏りがないような組み合わせを用いる。
参考：Tully, T. and Quinn, W. G., "Classical conditioning and retention in normal and mutant *Drosophila melanogaster*", *J Comp Physiol A*, 157:263–277, 1985. DOI: 10.1007/BF01350033

保持に必用な遺伝子とそのはたらきが次々と明らかにされてきた。

7.2.3　ナメクジにおける嗅覚忌避学習

軟体動物門に属するチャコウラナメクジは，頭部にある脳に数十万個のニューロンをもち，一度食べてみてまずかったもののにおいを覚えることができる。人為的にこの学習をさせる際には，初めて食べる野菜ジュースなどに口を近づけた瞬間，苦い味のする溶液を実験者が口元に与える。そうするとそれ以降，決して同じ食べ物を口にしようとはしなくなる（**図 7-3**）★1。つまり，食べ物の味とにおいを結びつける学習ができる。この記憶はたった 1 回の経験で成立し，その後 1〜2 カ月は覚

★ 1 ——以下の Web ページでナメクジの嗅覚忌避学習の動画を閲覧できる（章末に QR コードも掲載）。
https://www.asahi.com/articles/ASN6J3FL6N63TIPE01J.html

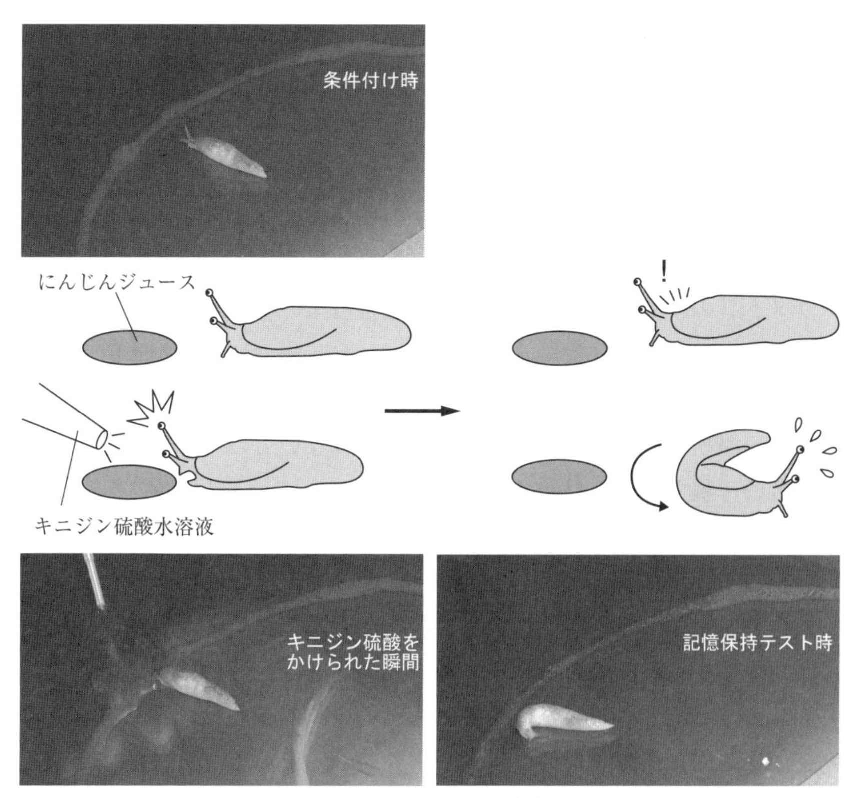

図 7-3　ナメクジにおける嗅覚忌避学習

ナメクジは，食べてみてまずかったもののにおいを 1 回の経験で覚えることができる。

上写真：条件付け時，触角を伸ばして前方にあるにんじんジュースのにおいを嗅ごうとしている

左下写真：にんじんジュースを飲もうとしてキニジン硫酸をかけられた瞬間

右下写真：翌日の記憶保持テスト時，前方に置かれたにんじんジュースに気づいて引き返そうとしている様子

えている。チャコウラナメクジの寿命が 1 年程度であることを考えれば，割合長く覚えていると言えよう。

この学習には，二次嗅覚中枢である前脳葉と呼ばれる多数の介在ニューロンが集まった脳部位が必要である。におい分子は，大小二対ある触角先端の嗅上皮でキャッチされ，直下にある触角神経節で第一段階目の情報処理が施される。その情報はさらに脳の前脳葉へと伝達され，そこでにおい情報と（まずかった）味の情報が結びつけられると考えられている。

ナメクジの嗅覚忌避学習も，初めは近寄っていく程度にその食べ物が好きであったかもしれない。その意味では食べ物のにおいが「何の反応も引き起こさないような刺激」であったと主張するのは難しい。したがって，厳密な意味での古典的条件付けではないものの，少なくとも連合学習の一種であるとは言える。

7.2.4 マウスにおける瞬目反射学習

ヒトと同じ脊索動物門哺乳綱に属するマウスは，脳に1億個程度のニューロンをもち，これはヒトの脳に比べると数百分の一程度の数であるが，ヒトと同じ瞬目反射学習と呼ばれる古典的条件付け学習が可能である。ここでは条件付け時，ブザー音が終わる直前（あるいはブザー音を聞かせた直後）に，まぶたに電気ショックを与える，あるいは眼に風を吹きかけることを繰り返す。すると，ブザー音が聞こえると電気ショック（または風）が来るはずのタイミングよりも少し先に眼を閉じるようになるのである（**図7-4**）。ここでは電気ショックが無条件刺激，ブザー音が条件刺激に相当する。この学習には運動の制御を担う脳部位である小脳が重要な役割を果たしていると考えられている。

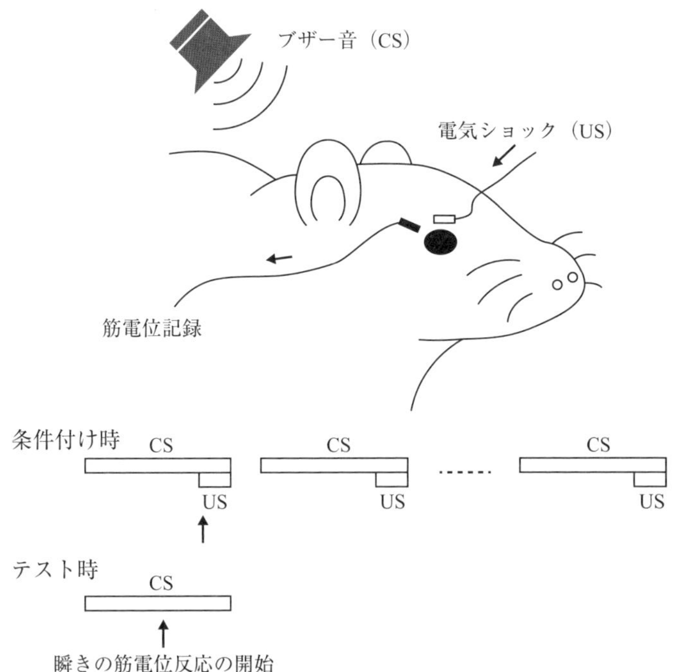

図 7-4　マウスにおける瞬目反射学習

条件刺激であるブザー音（CS）が終わるタイミングでまぶたへの電気ショック（US）を繰り返すと，電気ショックが来るはずのタイミングよりも少し前（矢印）に瞬きの筋電位反応がまぶたで認められるようになる。

7.3　アメフラシにおける感作と古典的条件付けの分子神経機構

7.3.1　エラ引っ込め反応の慣れと感作

アメフラシはナメクジと同じ軟体動物門腹足綱に属し，海に生息している。背部にあるエラの周囲の海水を清澄に保つための水管を備えてお

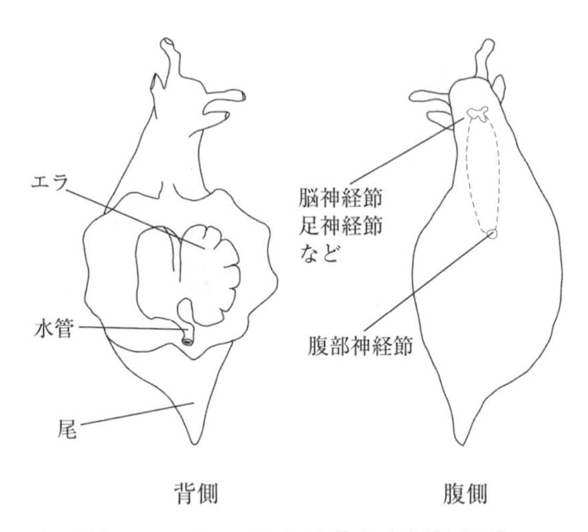

図 7–5　アメフラシの体と中枢神経系
神経節は腹側寄りにあり，腹部神経節は他の神経節から遠く離れたところにある。

り，水管に強い刺激が来ると，エラと水管を引っ込める。これは，波による物理的な力からエラを守るのに役立っていると考えられている。実験的に，水管に触刺激を与えても同じ反応が再現されるが，触刺激を繰り返していると，そのうちエラと水管の引っ込め反応が小さくなっていく。これは**慣れ**と呼ばれ，経験によりその後の行動が変化したという意味では学習とみなすことができる。ただし，2 つの刺激を結びつけるような学習ではないため，**非連合学習**と呼ばれる。

アメフラシはナメクジよりも脳が分散した構造をもつ（**図 7–5**）。このため，脳というよりは単に中枢神経系と呼ばれることが多く，すべて合わせると，2 万個程度のニューロンからなる。エラ引っ込め応答の慣れは，腹部神経節内にあるシナプスにおける変化で説明され，ここで水管に加えられた機械刺激を伝える感覚ニューロンがエラ引っ込めを引き起こす運動ニューロンにシナプス結合している。慣れが生じる際には，このシナプスにおける伝達効率が低下することがわかっている。伝達効率の低下がなぜ起こるのかに関する分子機構の全貌は明らかでないが，感覚ニューロン終末からの神経伝達物質（グルタミン酸）の放出低下の他，シナプス後ニューロンである運動ニューロンの応答性の低下が関与していると考えられている。

一方，**感作**は**鋭敏化**とも呼ばれ，水管への触刺激によるエラ・水管引っ込め応答が，尾部など他の体部位への強い刺激により大きくなることを指す。感作には，水管感覚ニューロンのシナプス前終末に対してシナプス結合しているセロトニン作動性介在ニューロンのはたらきが関与している。この介在ニューロンは促通性介在ニューロンと呼ばれ，尾部に強い刺激（電気刺激など）が来ると興奮する。そこから放出されるセロトニンの作用により，水管感覚ニューロンからエラ引っ込め運動ニューロンに対するグルタミン酸の放出が増加する（**シナプス促通**，**synaptic facilitation**）。このようなシナプス伝達効率上昇の結果，水管への触刺激によるエラ引っ込め運動ニューロンの興奮が大きくなる（**図7-6**）。さらに，尾部への強い刺激を何度か繰り返すことで，感作が1日以上持続するようになることも知られている。

7.3.2　エラ引っ込め反応における古典的条件付け

上述したエラ引っ込め反応では，古典的条件付けも可能である。感作と同様に，水管への触刺激と尾部への強い刺激が用いられるが，両刺激を時間的に同期させて与えることで，水管への触刺激に対するエラの引っ込め応答がさらに大きくなり，応答の増強が長続きするようになる。通常，水管への触刺激だけではエラの大きな引っ込めが起こらないが，尾部への強い刺激では必ず大きなエラ引っ込め応答が起こる。このため，

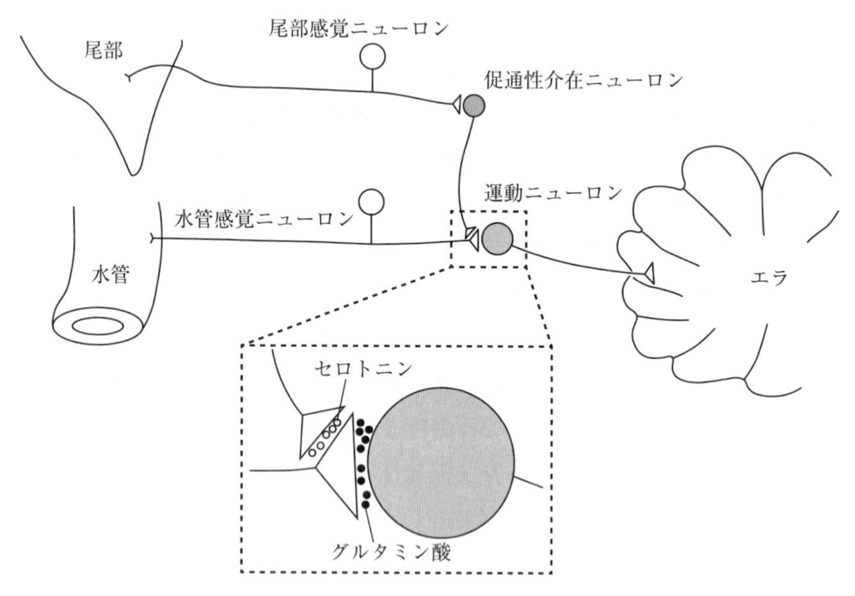

**図 7-6　アメフラシのエラ引っ込め反応に関与する
ニューロンネットワーク**

実際には複数の感覚ニューロンが水管からの感覚情報を伝え，複数の運動ニューロンがエラ引っ込め運動を引き起こす。

水管への触刺激が条件刺激，尾部への強い刺激が無条件刺激に相当する。水管への刺激に対して尾部への強い刺激が 0.5 秒程度遅れて与えられると，エラの引っ込め応答が最も増強されるが，両刺激を与える順番を逆にすると増強作用がないことが知られている。

エラ引っ込め反応の古典的条件付けには，上述の感作におけるセロトニン作動性促通性介在ニューロンの活動に先立って，水管からの感覚ニューロンが発火していることが必要である。2 つのニューロンの活動が時間的に重なることで，水管感覚ニューロン終末からのグルタミン酸放出が効果的に増強され，水管への触刺激によるエラ引っ込め運動ニューロンの興奮がさらに大きくなる。そしてこの古典的条件付けでも，水管への触刺激と尾部への強い刺激を組み合わせて与える回数を増やすことで，エラ引っ込め応答の増強が長続きすることがわかっている。

7.3.3　感作と古典的条件付けの分子神経機構

上述のように，感作，古典的条件付けとも，水管感覚ニューロン終末からのグルタミン酸放出の増加が起こる。しかしながら，両者の違いは，感作では尾部への刺激が水管への刺激なしに与えられているのに対し，古典的条件付けでは尾部への刺激に先立って水管が刺激されていることである。そこでまず，感作において水管感覚ニューロン内で生じている分子レベルの事象を説明する。

尾部からの刺激を伝える促通性介在ニューロンから放出されるセロトニンは，水管感覚ニューロンの終末にあるセロトニン受容体を介して，終末内の cAMP 合成酵素（アデニル酸シクラーゼ）を活性化する。産生された cAMP は，プロテインキナーゼ A（PKA）の活性化を抑えていた制御サブユニットに結合し，キナーゼ活性をもつサブユニットから制御サブユニットを解離させる。これにより，PKA はリン酸化活性を発揮するようになる。活性をもった PKA は水管感覚ニューロン終末の K^+ チャネルをリン酸化することで閉じ，電位依存的に流出する K^+ 電流を低下させる。これにより，水管への触刺激に伴い終末に生じる活動電位の持続時間が長くなり，終末への Ca^{2+} イオンの流入が増加する。その結果，水管への触刺激によってエラ引っ込め運動ニューロンに向けて開口放出されるグルタミン酸の量が増加し，より強く長いエラ引っ込め応答が引き起こされるようになる（**図 7-7**）。

では，尾部への刺激に先立って水管も刺激されるという状況（古典的条件付け）だと何が起こるのであろうか？　先に水管が刺激されると，

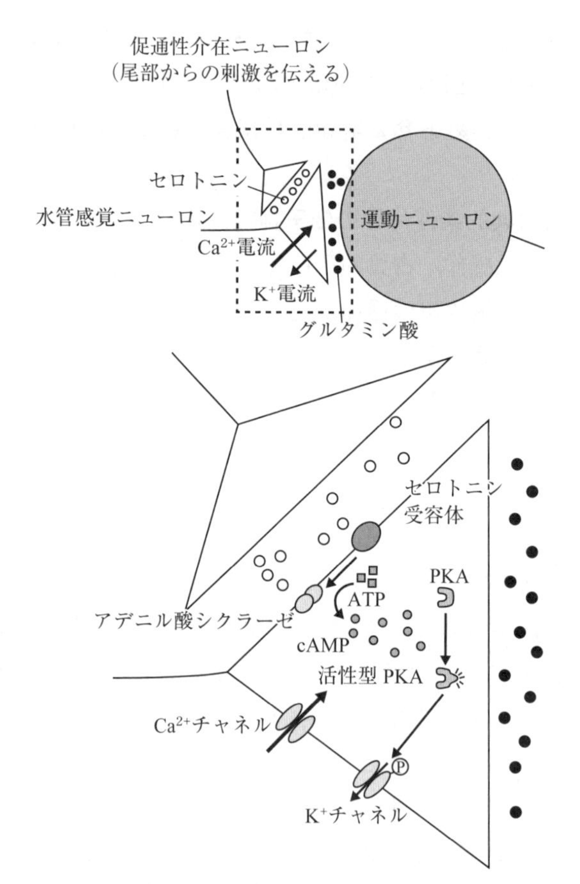

図 7-7　アメフラシのエラ引っ込め反応における感作に関わる腹部神経節内のシナプス

上の図中の破線で囲まれた部分の拡大図を下に示している。水管からの感覚情報をエラ引っ込め運動ニューロンに伝えるシナプス部位の前終末に，尾部からの強い刺激を伝えるセロトニン作動性介在ニューロンがシナプス形成している。水管感覚ニューロンのシナプス終末部がセロトニンを受け取ると，アデニル酸シクラーゼが活性化されて cAMP が合成され，これにより PKA が活性化される。PKA は種々の基質をリン酸化するが，このうち電位依存性 K^{+} チャネルはリン酸化されると閉じる。これによりシナプス前部の膜の興奮性が増大し，電位依存性 Ca^{2+} チャネルを介した Ca^{2+} 流入が増加することでグルタミン酸の開口放出が促進される。

その感覚ニューロンの終末まで膜の脱分極が伝わり，終末部に Ca^{2+} イオンが流入する。この Ca^{2+} イオンは，続く促通性介在ニューロンからのセロトニン刺激で引き起こされるアデニル酸シクラーゼの活性化を大幅に増強する。その結果，PKA の活性化も増強され，水管感覚ニューロン終末がより興奮しやすい状態，つまり脱分極依存的に多くのグルタミン酸が放出可能な状態になる。

このように，慣れ，感作，古典的条件付けのいずれにおいても，水管感覚ニューロンからエラ引っ込め運動ニューロンに接続するシナプス部の伝達効率が変化することが，行動変容の基盤となっている。しかし，ヒトを含む哺乳類における学習では，より多数のニューロン間で形成される多くのシナプスにおける変化が必要だと考えられている。

7.4　げっ歯類における学習と長期増強

7.4.1　海馬と学習

哺乳類の脳の一部分である海馬は，側頭葉に位置し，記憶の形成や読み出しに関わっている。左右の海馬を切除された動物やヒトは新しいことが覚えられず（順行性健忘），また切除の少し前に覚えたことを思い出すこともできない（逆行性健忘）。ここでいう新しい“こと”とは，ヒトで言えば陳述可能なエピソード（例えば，日付や事実など）である。エピソードのみならず，言葉の意味に関する記憶（意味記憶）も海馬の損傷により影響を受けることが知られている。一方，しゃべることのできないマウスやラットでは，自らが置かれた場所情報や眼前に置かれた物体の新奇性などについての記憶を意味し，そのような場所や物体の前に置かれた際に示す動物の行動に基づいて，研究者は記憶の有無を判定する。

しかし，海馬を切除されたヒトや動物でも，切除よりもはるか昔に覚えた記憶は影響を受けず，また体で覚えるようなスキルの獲得（運動学習）も影響を受けない。実際，左右の海馬およびその近傍の脳部位を切除された人は，毎日の訓練を要する運動課題では健常人と同様，技能の向上が見られるが，前日や前々日に同じ訓練を受けたという事実そのものは覚えていないのである。また，海馬や海馬に投射するニューロンは，アルツハイマー病において早い段階でダメージを受けていることが知られており，アルツハイマー型認知症の患者が大昔のことを思い出せても最近のことを覚えられないといった症状を示すことからも，海馬が記憶形成に重要な役割を担っていることがわかる。

海馬に対する主な入力経路としては，近傍の大脳皮質である嗅内野からの入力に相当する，貫通繊維と呼ばれる神経繊維群がある。この入力は海馬の歯状回にあるニューロン群にシナプス入力し，歯状回のニューロンは苔状（たいじょう）繊維と呼ばれる軸索を伸ばして海馬内の CA3 領域にあるニューロン群に入力する。CA3 からの出力の一部は海馬内の CA1 領域にあるニューロン群へと入力し，CA1 のニューロン群は嗅内野へと入力を戻す。このように，海馬への入力は，その内部で歯状回，CA3，CA1 という 3 箇所の部位におけるシナプスを経由したあと，元の入力部位へと戻される（**図 7–8**）。この 3 箇所の興奮性シナプス部位では，次項で見るように，その伝達効率を変化させることができる。つまり，アメフラシで見たシナプス促通のような可塑的変化を誘発可能なのである。

7.4.2　長期増強

哺乳類の脳では，シナプス促通という言葉よりもシナプス増強（synaptic potentiation）という呼び方がなされる。特に，シナプス伝達効率の上昇が長く続く場合は**長期増強**（long-term potentiation）と呼ばれる。記憶は，脳内の複数のニューロン間のシナプス長期増強の形で書き込ま

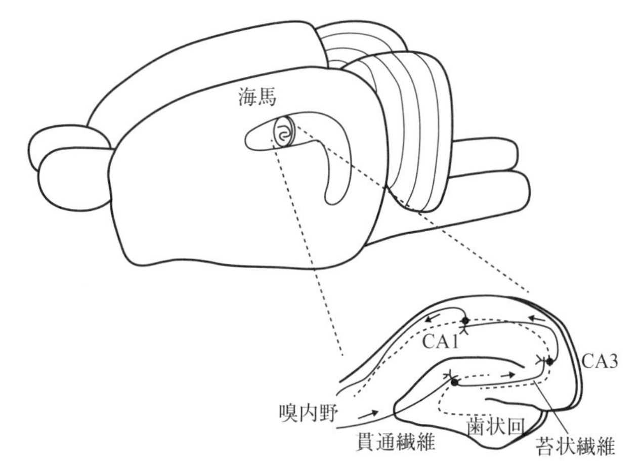

図 7-8　ラットの海馬

海馬は大脳皮質側面の内側に沿ってバナナ状に一対存在する（図では左脳の海馬を示している）。右下はその断面図を示す。皮質嗅内野から歯状回への入力は，CA3，CA1 でのシナプスを介して皮質嗅内野へと戻る。歯状回，CA3，CA1 の各興奮性シナプスでは，伝達効率の長期的な変化を起こすことができる。

れていると考えられている。昔の出来事を思い出す際には，何らかの手がかり刺激が引き金となって，長期増強を起こしたシナプスを介して連絡し合ったニューロン群が再活性化されると考えられている（**図 7-9**）。

シナプスで長期増強が起こると，シナプス前ニューロンからの入力に対してシナプス後ニューロンが興奮する確率やその大きさが上昇する。抑制性シナプスでも長期増強が起こることが知られており，この場合，シナプス後ニューロンへの抑制性入力が強まることに相当する。さらに，長期増強に対をなす現象として，**長期抑圧**（long-term depression）も知られており，興奮性シナプスではシナプス前ニューロンからの入力に対してシナプス後ニューロンが興奮する確率やその大きさが低下する。長

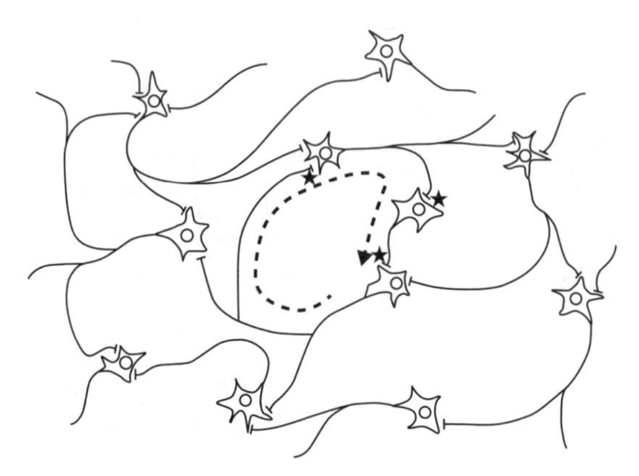

図 7-9　神経ネットワーク中に形成された記憶の痕跡
長期増強を起こしている化学シナプスに★印を付けており，ここでは 3 つのニューロンで形成される回路の活性化が起こっている。

期増強や長期抑圧は，海馬だけでなく，大脳皮質や小脳など，様々な脳部位のシナプスでも生じる。

こういったシナプスの可塑性が発揮されるには，シナプス前ニューロンとシナプス後ニューロンの活動の仕方が重要である。以降では，特に長期増強に注目して解説する。長期増強は，シナプス前ニューロンとシナプス後ニューロンの同期した興奮が繰り返し起こることで引き起こされる。シナプス後ニューロンが興奮（脱分極）しているタイミングでシナプス前ニューロンから入力が入ることが繰り返されると，そのシナプスの伝達効率が上昇する。一方的にシナプス前ニューロンを高頻度で刺激して興奮させることでシナプス後ニューロンを連続的に興奮させても，結果的に両者が同期的に興奮することになって長期増強が引き起こされる。長期増強を起こしたシナプスでは，それ以降“通り”がよくなるため，興奮性ニューロンの場合は，シナプス前ニューロンからの入力に対してシナプス後ニューロンが興奮しやすくなる。こういったシナプス伝達効率の変化が海馬や大脳皮質のニューロンネットワーク内の複数箇所で生じることが，記憶の形成と想起の基礎をなしていると考えられている。

7.4.3　長期増強の分子基盤

長期増強の分子機構については，海馬 CA1 領域の興奮性シナプスにおいて特によく研究されている。哺乳類の興奮性シナプスは通常，神経伝達物質としてグルタミン酸が使われており，受け手側の後シナプス部では，AMPA 型と NMDA 型という 2 種類のイオンチャネル型グルタミン酸受容体がある。これらの受容体はともに 4 つのサブユニットからなり，2 分子のグルタミン酸が結合することで開口する。

AMPA 型受容体は通常の興奮性シナプス伝達の場面ではたらいており，開口すると Na^+ 等の陽イオンを透過させる。Na^+ の流入により後シナプスニューロンは Na^+ の平衡電位に向かって脱分極する。一方，NMDA 型受容体は細胞外溶液中の Mg^{2+} が孔部をブロックしており，通常のシナプス伝達の際にはイオンを透過させることができない。しかしながら，後シナプスニューロンが強く脱分極するとこの Mg^{2+} は外れる。Mg^{2+} ブロックの外れた NMDA 型受容体はイオン選択性が低いため，Na^+ のみならず Ca^{2+} も流入させる（**図 7-10**）。こういった状況は，上述の「シナプス前ニューロンとシナプス後ニューロンの同期的な興奮が繰り返し起こる」場合に相当する。

NMDA 型受容体を介した Ca^{2+} イオンの流入は，膜を脱分極させるのみならず，後シナプスニューロンに様々な生化学的な変化を引き起こす。まず，流入した Ca^{2+} イオンは直接的，間接的に複数種類のプロテインキナーゼを活性化する。このうち細胞質にある Ca^{2+}/カルモジュリン依存性プロテインキナーゼ II（CaMKII）は，活性化すると自身をリン酸

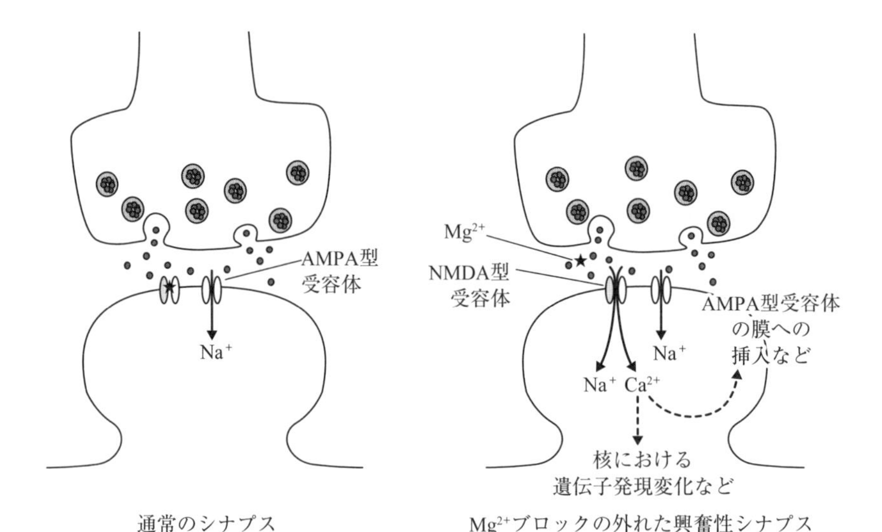

図 7-10　シナプス前ニューロンとシナプス後ニューロンの同期的な興奮で生じるシナプス長期増強

左：通常のシナプス伝達では，グルタミン酸性入力は AMPA 型受容体を介して入る

右：シナプス後ニューロンの強い興奮によって Mg^{2+} ブロック（★）が外れると，NMDA 型受容体がイオンチャネルとして機能するようになり，これは Na^{+} のみならず Ca^{2+} も透過させる

化することで細胞内 Ca^{2+} 濃度が低下しても活性を持続させ，多くの基質をリン酸化する。AMPA 型グルタミン酸受容体はリン酸化を受ける基質の一つであり，細胞内ドメインのセリン残基がリン酸化された AMPA 型受容体はイオンを通しやすくなる。これによりグルタミン酸を受容した際の後シナプスニューロンの脱分極応答が大きくなる。また，AMPA 型受容体の細胞内局在等に関連するタンパクが CaMKII によるリン酸化を受けることで，後シナプス部の膜への AMPA 型受容体の挿入が促進され，グルタミン酸に対する後シナプスニューロンの応答性が増

強される。

後シナプスニューロンへの Ca^{2+} イオンの流入により，AMPA 型受容体の性質や局在が変化するだけでなく，Ca^{2+} イオン流入に由来する細胞内シグナルが核にまで伝えられ，遺伝子発現の変化が生じることもある。実際，長期増強が長時間持続するためには，転写，翻訳のプロセスが必須であり，動物の学習の際に脳での遺伝子発現を抑制すると，記憶を長期間保持することができなくなることが知られている。さらに，海馬におけるシナプス増強の長期持続や，マウスの長期記憶に必要な遺伝子の発現誘導を駆動する転写因子の中には，アメフラシやショウジョウバエの長期記憶においてはたらいている転写因子と相同なものがあることがわかっている。

QR コード

ナメクジの学習能力

参考文献

[1] ラリー・スクワイア，エリック・カンデル『記憶のしくみ（上）（下）』小西史朗，桐野豊・監修，講談社，2013

[2]『高等学校理科用　文部科学省検定済教科書　生物』東京書籍，2017

[3] 松尾亮太『考えるナメクジ：人間をしのぐ驚異の脳機能』さくら舎，2020

8　ヒトにおける視覚情報の流れと動物の光応答

松尾　亮太

《目標＆ポイント》 3章，4章で見たように，多くの動物は光受容タンパク質としてオプシンをもつ。発色団としてレチナールを結合したオプシンを視物質として用いることで，外界の光を細胞内シグナルへと変換している。眼には視物質を多く含む視細胞が存在し，光を受け取ることで視細胞の興奮状態（膜電位）が変わる。では，視細胞が光を受け取ったあと，その情報はどのように脳へと伝えられていくのであろうか？　本章ではまず，ヒトの眼の網膜における視覚情報処理について解説し，続いて網膜から脳へと視覚情報が伝達されていく様子について概説する。後半では，眼を用いない光感知機構をもつ様々な動物に目を向け，光感知機構の多様性について学ぶ。

《キーワード》 網膜，外側膝状体，レチノトピー，空間フィルタリング，非眼性光感知

8.1　はじめに

動物が光情報を利用するためには，眼において光を感知するニューロンと，その情報を受け取って上位の脳へと伝達するニューロンが必要である。また，発達した視覚を有した動物においては，光情報の伝達は単なる伝言ゲームのようなニューロン間の垂直な情報伝達ではなく，その過程で“見た”ものの時空間的な特徴（動きや形）が抽出されてゆく。本章前半では形態認識の最初の過程がヒトの網膜で行われていることを紹介する。また，動物を広く見渡すと，眼だけが光感知を行う器官では

ないことが近年次々と明らかになりつつある。様々な動物を用いた最近の研究をもとに，眼以外の器官で感知した光情報に基づく動物の行動や応答について紹介する。

8.2　ヒトにおける光情報処理

8.2.1　網膜から脳に至る情報の流れ

ヒトの眼に入射する光は角膜とレンズで屈折し，硝子体を経て網膜に達する（**図 1-2** を参照）。網膜にあるニューロンのうち，光を受けて興奮状態が変わるものは視細胞と呼ばれるニューロンである。視細胞は網膜を構成する細胞群の中では最も底に位置し，視物質を多く含む部位はその中でも外側（底側）を向いている（**図 8-1**）。網膜の視細胞は，約1億個もの桿体（かんたい）と呼ばれる細胞と，約600万個の錐体（すいたい）と呼ばれる細胞からなる。視細胞のさらに外側にはメラニン色素を含む色素上皮細胞が並んでおり，これらは光の乱反射を防ぐとともに，視細胞等への物質供給を担っている。

暗所においては，視細胞は常時神経伝達物質であるグルタミン酸を開口放出し続けている。しかし，視細胞中の視物質（オプシン＋レチナール）が光子を捕らえると膜は過分極し，電位依存性 Ca^{2+} チャネルからの Ca^{2+} 流入が低下するためにグルタミン酸の開口放出量が減少する。グルタミン酸の受け手側である双極細胞は，グルタミン酸の受容に対して興奮するタイプ（OFF 型）と，抑制されるタイプ（ON 型）がある。直上の視細胞に対する光照射に対しては逆にそれぞれ過分極応答と脱分極応答を示すため，OFF 型は hyperpolarizing 型（H 型），ON 型は depolarizing 型（D 型）と呼ぶこともできる。つまり，OFF 型双極細胞は光反応に伴う膜電位変化が視細胞と同じ過分極であるが，ON 型双極細胞は膜電位変化の極性が視細胞と比べて反転している。両者の違いは，

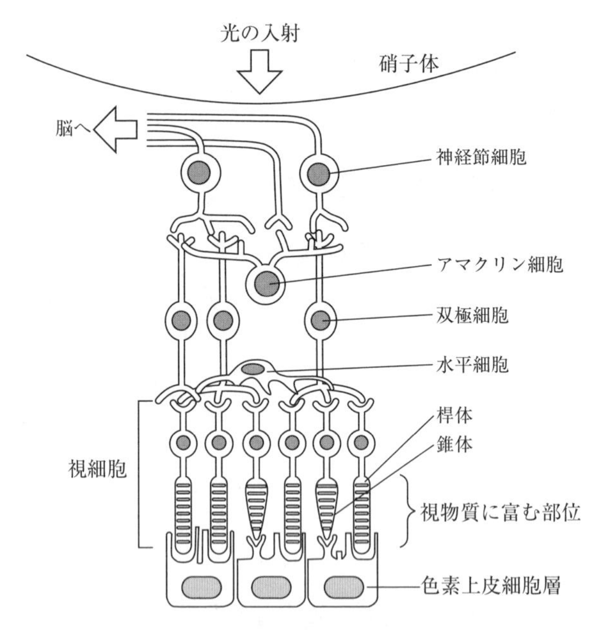

図 8-1　ヒトの眼の網膜の模式図
光情報は視細胞，双極細胞，神経節細胞の順に伝達されていく。

双極細胞に発現するグルタミン酸受容体の種類の違いに起因している。

入射する光軸中心が当たる網膜部位は**黄斑**と呼ばれるが，ここには錐体が高密度に並んでいる。一方，黄斑から離れた周辺部は錐体よりも桿体の方が圧倒的に多く存在する。錐体は色情報を担う役割をもつが，桿体は色情報ではなく高感度に光を感知する機能を担っている。黄斑に位置する錐体に対しては，小型の双極細胞が 1 対 1 の関係でシナプス接続しており，これによりシナプス伝達の過程で空間解像度が落ちないようになっている。一方，黄斑から離れた部位の双極細胞は，もっぱら複数の桿体から入力を受けており，これにより空間解像度は落ちるものの感度を向上させている。暗所では視野の周辺部でものを見た方が対象物が比較的よく見えるという経験があると思うが，その際，色彩感覚が乏しい上にくっきりとものが見えないのは，桿体がもっぱらはたらいていることと，視野周辺部では空間解像度を犠牲にしたシナプス結合が形成されているためである。

双極細胞は次に神経節細胞にシナプス接続しており，ここでは膜電位変化の極性は反転せず，双極細胞の興奮はそのまま神経節細胞の興奮となる。神経節細胞は，長い軸索を伸ばして脳の深部にある**外側膝状体**（がいそくしつじょうたい）と呼ばれる部位のニューロンへと入力する。その際，神経節細胞の細胞体が占める網膜上の位置によって，投射先が左右反対側の外側膝状体に投射するか，同側の外側膝状体に投射するかが異なる。右視野を担う（つまり網膜の左寄りにある）神経節細胞は，左脳にある外側膝状体に入力し，左視野を担う（つまり網膜の右寄りにある）神経節細胞は，右脳にある外側膝状体に入力する（**図 8-2**）。

外側膝状体の各ニューロンは，左右いずれかの網膜にある神経節細胞から入力を受けているが，その際，外側膝状体で近接した位置にあるニューロンは，網膜上でも近接した位置にある神経節細胞からの入力を受けている。つまり，網膜上に映った対象物中で近い位置にある2点に対応した光情報は，外側膝状体においても近い位置にある2つのニューロンによって担われることになる。こういった特徴は**レチノトピー**（retinotopy：網膜部位再現性）と呼ばれる。レチノトピーは，外側膝状体から大脳の後頭葉に位置するさらに上位の一次視覚野に向けた投射においても維持されている。

8.2.2　網膜における光の情報処理

網膜は，単に光情報を膜電位情報に変換してそのまま垂直に脳に伝えるだけの装置ではない。そこでは，早くも対象物の視覚的な特徴の抽出，

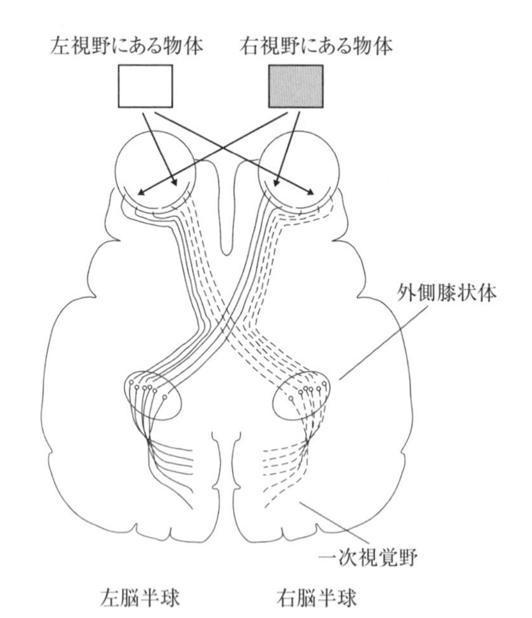

図 8-2　ヒトの大脳を頭頂側から見た模式図
右視野にある光情報は左脳半球にある外側膝状体のニューロンに入力し，左視野にある光情報は右脳半球にある外側膝状体のニューロンに入力する。

つまり情報処理が始まっている。対象物の視覚的特徴抽出のためには，網膜上の近接した2点からの光情報の比較が重要になってくる。そのために，近隣の視細胞からの光情報を比較する仕組みが網膜には存在する。

上述の通り，視細胞からの情報は，次に双極細胞へと伝えられるが，同時に水平細胞にも伝えられる（**図 8-1**）。水平細胞は複数の視細胞から入力を受けるため，広い受容野をもつ。水平細胞は視細胞との間で双方向性のシナプスを形成し，視細胞からのグルタミン酸性入力を受けて興奮し，抑制性神経伝達物質であるGABAを視細胞（および双極細胞）に向けて放出する。暗時は視細胞から常にグルタミン酸性の興奮性入力

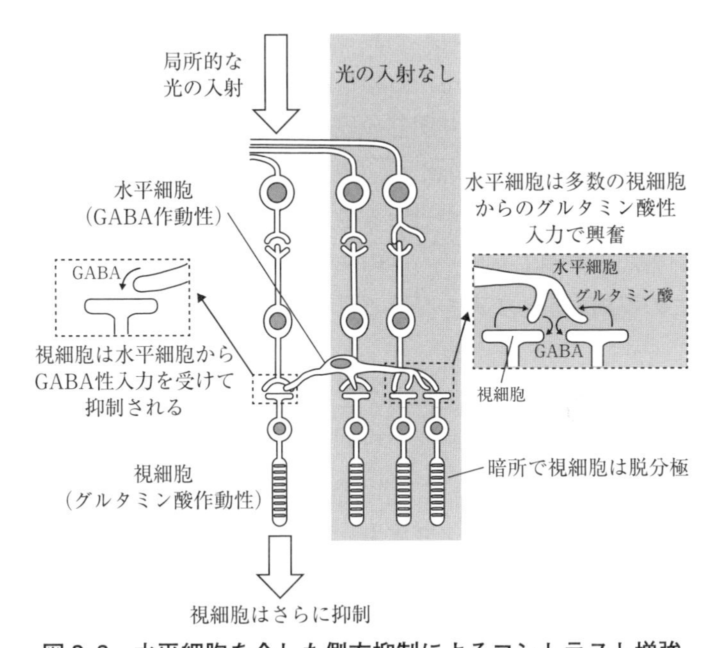

図 8-3　水平細胞を介した側方抑制によるコントラスト増強
双方向性シナプスでは，水平細胞は抑制性の出力を視細胞に返している。暗所に位置する多数の視細胞から興奮性入力を受けた水平細胞は，明所に位置する視細胞にも GABA 性の出力を行い，過分極を強めることになる。

を受けているため，水平細胞は GABA 性の出力を続けており，これにより視細胞は常に弱い抑制を拮抗的に受けていることになる。

しかし，水平細胞が関与する網膜領域（受容野）にある視細胞の一部が光を受け，大部分が光を受けないような明暗の境界部分に相当する光刺激が網膜に来た場合（**図 8-3**），視細胞からその水平細胞へのグルタミン酸性入力は暗時と比べておおむね変化なく入るため，興奮性入力を受けた水平細胞は視細胞に向けた GABA の放出を継続する。すると，光が当たった部分の視細胞への GABA 入力も継続され，明部に位置していた視細胞の過分極がさらに強められることになる。これは，暗部に位置している近接した視細胞からの情報が水平細胞を介して明部に伝わることに相当し，これにより明部の視細胞は，言わば“より明るい”場合の状態へと変化する。このため，明部にいるこの視細胞にとっては，自身も含めた近傍全体に光が当たる場合よりも，自身だけにピンポイントで光が当たる方がよりメリハリのある応答ができることになる。その結果，この視細胞から入力を受ける双極細胞もメリハリのある応答が可能になる。

逆に，視細胞の大分部が光入力を受け，一部分だけに光が当たらないような状況では，多くの視細胞からの興奮性入力が来なくなった水平細胞はGABAの放出を低下させ，光が当たらない箇所に位置する視細胞の興奮性（つまりグルタミン酸放出）はさらに高まる。このため，光が当たらなかった視細胞から入力を受ける双極細胞は，“より暗い”という信号を受けることになる。こういった水平細胞を介して近隣の視細胞間で抑制を掛け合う機構は**側方抑制**と呼ばれる。

したがって，OFF型双極細胞の受容野では，双極細胞はその直上の視細胞が光を受けると興奮が抑制されるが，なおかつその周囲の視細胞が光を受けない場合に最も強く抑制されるようデザインされていると言える。同様に，ON型双極細胞は，自身の直上は暗いが周辺部に位置する視細胞が光を受けた際に最も強く抑制される。このように，双極細胞にとっては，同心円状で中心部と周辺部に明暗差があるような光刺激が最適な刺激入力となる。逆に言えば，網膜に映り込んだ像がもつ「エッジ」のような明暗コントラストに着目した情報処理（空間フィルタリング）が，水平細胞を介した側方抑制により網膜の段階で早くも開始されていることになる。こういった空間的な情報処理は，さらに脳の視覚野においてもっと広い網膜領域からの情報を含む形で施される。その結果，線

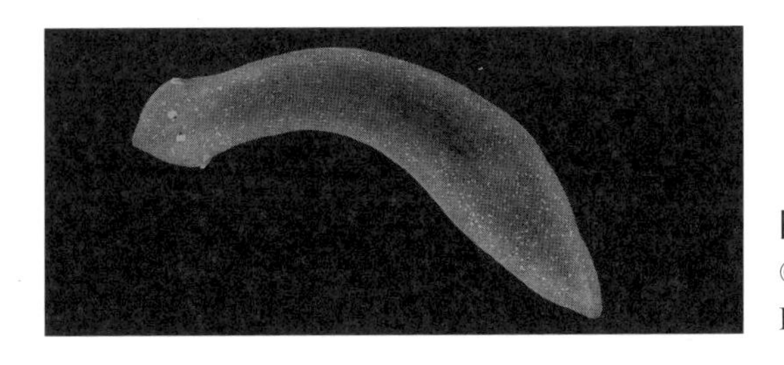

図 8-4　プラナリア
© matsuzawa yoji/Nature Production /amanaimages

分や輪郭の検出といった高次の形態認識が可能になると考えられている。

8.3　眼を用いない光感知機構

多くの動物がもつ眼は，光感知と視覚情報処理に特化した器官であるが，行動変化につながるような光感知が眼だけを用いて行われているわけではない。実際，様々な動物において，眼以外の組織に視物質を構成するオプシンが存在していることが報告されている。以下では，行動変化を伴うような光感知に関し，眼以外の器官がセンサーとしてはたらいている例を紹介する。

8.3.1　プラナリアの近紫外線忌避行動

優れた再生能力をもつことで有名なプラナリア（図 8-4）は扁形動物門に属し，頭部には脳がある。そして，脳の近くに眼が一対備わっている。この眼からの光入力に基づき，プラナリアは負の光走性行動（光から逃げる行動）を示す。しかしながら，頭部を切除されて眼を失ったプラナリアでも，近紫外線（UVA）の照射に対しては忌避行動を示す。切断されて下半身だけになったプラナリアに一方向から UVA を照射すると，光源から逃げる行動を示す★1。また，プラナリアは通常，局所的な刺激に

★1 —— Shettigar, N., et al., "Discovery of a body-wide photosensory array that matures in an adult-like animal and mediates eye-brain-independent movement and arousal", *PNAS*, 118:e2021426118, 2021. DOI: 10.1073/pnas.2021426118
以下の Web ページで動画（Movie S1）を閲覧できる（章末に QR コードも掲載）。
https://www.pnas.org/doi/10.1073/pnas.2021426118#sm01

対しては独特の応答を示すことが知られており，頭部への光刺激に対しては方向転換を，胴部への光刺激に対しては胴部の伸長を，そして尾部への光刺激に対しては体の収縮を示す。ところが，体を 3 分割された真ん中の部分（胴部）だけの断片でも同様の反応を示す★2。眼を含む上半身部分が再生するよりも前の段階で，UVA からは逃げることができるのである。こういった光に対する応答行動には，体表近くに散在する細胞が光センサーとしてはたらいていることが示唆されており，これらの細胞には 2 種類のオプシン分子が共発現していることが確認されている。

8.3.2 ナメクジにおける脳を用いた光感知

ナメクジは頭部に大小の触角をもち，このうち大触角の先端には眼が備わっている。この眼はレンズをもち，高感度に光を感知できるようになっている（ただし，ヒトの眼のように，網膜上の視細胞にきっちりと焦点が合っているとは考えられていない）。ナメクジは乾燥を嫌うため明るい場所を避ける負の光走性行動を示すが，その際，左右の眼から得られる光強度を比較し，より暗い側を判断して移動方向を決めている。

左右いずれかの大触角を切断されたナメクジは，明所に置かれると切断された方向への回転行動を示すことが知られている（**図 8-5**）。これは，切断された側の眼からの光強度が，残っている側の眼からの光強度よりも常に弱いためで，ナメクジとしては暗い側への移動を続けているつもりなのであろう。

さらに驚くべきことに，ナメクジは両眼を失った状態でも暗い場所へと移動することができる★3。その場合は，頭皮を通して入射してくる光を脳で感じている。移動しながら常に自分がいる場所の明るさをモニターし，暗い場所に入ることができたかどうかを判断するのである。実際，ナメクジの脳は青い光に対して高い感度で神経応答を示すのである

★ 2 —— Le, D., et al., "Planarian fragments behave as whole animals", *Curr Biol*, 31:5111–5117, 2021, Video S2. DOI: 10.1016/j.cub.2021.09.056

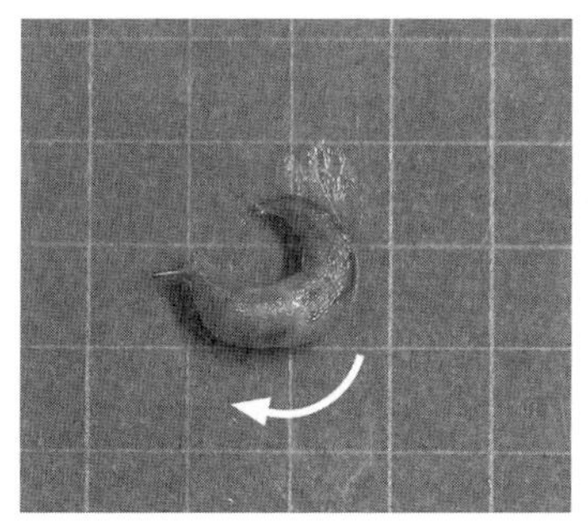

右の大触角を切断

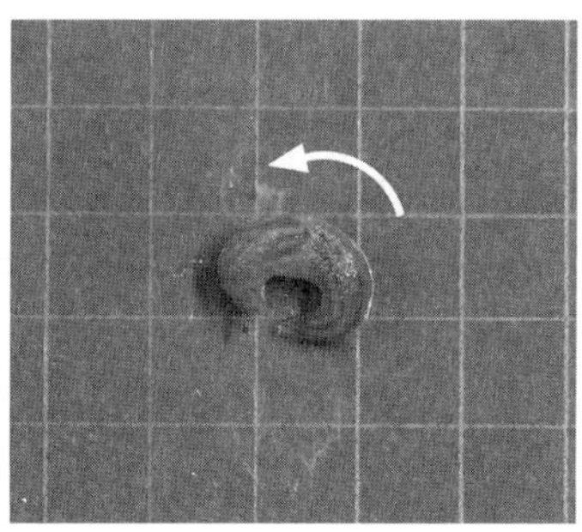

左の大触角を切断

図 8-5　片側の大触角を切断されたナメクジの回転行動

前日に右または左の大触角を切断されて眼を失ったナメクジは，明るい場所に置かれると切断を受けた側への回転行動を示す。

出典：Matsuo, Y., et al., "Photo-tropotaxis based on projection through the cerebral commissure in the terrestrial slug *Limax*", *J Comp Physiol A*, 200:1023-1032, 2014. DOI: 10.1007/s00359-014-0954-7

が，両眼を切除されたナメクジも赤い光よりも青い光から感度よく逃げる行動を示す。また，脳のニューロンの一部にも眼の網膜で使われているオプシン分子が発現していることがわかっており，こういったニューロンが光センサーとして機能しているものと考えられている。

8.3.3　イソアワモチにおける多重光感知機構

ナメクジと同じ軟体動物門腹足綱に属し，海の潮間帯に生息するイソアワモチは，頭部の触角先端にナメクジと同じようなレンズ眼を一対もっている。しかしながら，背中に多数存在する突起状構造の先端付近にも，レンズ眼をもっている。このため触角先端にある眼は柄眼，背中

★ 3 —— Nishiyama, H., et al., "Light avoidance by a non-ocular photosensing system in the terrestrial slug *Limax valentianus*", *J Exp Biol*, 222:jeb208595, 2019. DOI: 10.1242/jeb.208595

以下の Web ページで動画（Movie 1）を閲覧できる（章末に QR コードも掲載）。

https://journals.biologists.com/jeb/article/222/14/jeb208595/20819/Light-avoidance-by-a-non-ocular-photosensing

にある眼は背眼と呼ばれている（**図 8-6**）。両者の眼を構成する光感知細胞の性質はやや異なるものの，いずれの眼も光の入射方向を限定する色素層をもち（**図 8-7**），光に対する電気生理学的な応答が確認されている。この他に，背眼の近くの皮下にはレンズや色素層等の明確な構造をもたない光感知ニューロンも多く存在しており，これらは皮膚光覚細胞（dermal photoreceptor）と呼ばれている。さらに，脳自体にも光応答を示すニューロンの存在が報告されている。こういった様々な光センサー細胞のそれぞれが示す光感知能の分子機構はまだ不明であるが，そもそもイソアワモチが何のためにこれだけ多様な光感知器官を備えているのかについてもよくわかっていない。ただし，柄眼を引っ込めている状態でも全方位的に外の光環境をモニターできていることは間違いないであろう。

8.3.4 タコの足を用いた光感知

タコの体表には色素胞と呼ばれる収縮胞があり，この大きさは周囲の筋肉のはたらきで変化する。この大きさを調節することで，周囲の環境に合わせて自らの色を変えるというカモフラージュを行っている。色素胞の制御は主に眼から得られる情報に基づき，脳を通じて行われているのであるが，単離した足だけでも光に反応して色素胞の大きさを変えるという自律性も備えている。つまりこれは，脳を介さずに足の皮膚だけでも光に対する応答ができるということを意味している。実際，タコの足の皮膚には眼で用いられているオプシンと同じ遺伝子が発現している。

さらに，タコの足先だけに強い光を当てると，その光を避けるように足先を引っ込める反応を示す★4。この応答は単離した足だけにすると見

★ 4 —— Katz, I., et al., "Feel the light: sight-independent negative phototactic response in octopus arms", *J Exp Biol*, 224:jeb237529, 2021. DOI: 10.1242/jeb.237529
以下の Web ページで動画（Movie S1，S2）を閲覧できる（章末に QR コードも掲載）。
https://journals.biologists.com/jeb/article/224/5/jeb237529/237521/Feel-the-light-sight-independent-negative

図 8-6　イソアワモチ

頭部の触角にある柄眼の他，背中にある多数の突起上にはそれぞれ複数の背眼（右上の挿入写真）がある。背眼付近には皮膚光覚細胞もあるが，外観からは確認することができない。

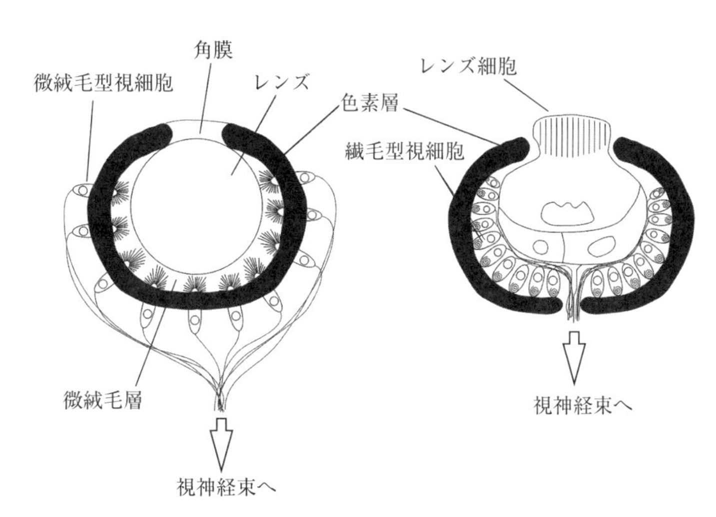

図 8-7　イソアワモチの柄眼（左）と背眼（右）の模式図

柄眼では視細胞自身と色素支持細胞に含まれる色素顆粒により色素層が構成されるが，背眼では繊毛型視細胞の外側にある別の細胞群が色素層を構成する。図には示していないが，柄眼には他に微絨毛層があまり発達していないタイプの視細胞も存在する。

られなくなり，また脳の一部分を切除されたタコでも消失することから，足先で感知した光情報に基づき，脳からの指令によって引っ込め反応を起こしているものと推察されている。足先で光を感知することの適応的な意味は不明であるが，暗い場所から明るい場所へとうっかりはみ出た足先が魚などにかじられることを防いでいる，という可能性が提唱されている。

8.3.5 シャコの光忌避行動

暗所に置かれたシャコに光を照射すると，光を避けるような動き（歩行，遊泳）を示すが，これは頭部の両眼を切除された個体でも見られる★5。シャコの脳には ventral eye と呼ばれる複数種類のオプシンを発現する構造体があり，光照射に対して電気生理学的な応答を示す。このため，眼を用いない場合，ventral eye が光センサーとしてはたらいている可能性が考えられる。しかし，中枢神経系の他の部位にもオプシンの発現が認められているため，ventral eye だけが眼を用いずに行う光忌避行動に重要であるのかは今のところ確定的ではない。

8.3.6 ハエの幼虫が示す光忌避行動

キイロショウジョウバエの幼虫は，明るい場所を避け，暗い場所を好む性質をもつが，眼（Bolwig's organ：幼虫の眼に相当する器官）を喪失した場合でも UV～青色の強い光から逃げる行動を示す★6。これは，全身に張り巡らされた機械感覚受容に関与するニューロンに光感受性が備わっており，このニューロンのはたらきに基づいた忌避行動であると考えられている。このセンサーニューロンにおいてはたらいている光受容体分子は通常のオプシンとは構造の異なる膜タンパクであり，その機能

★5 —— Donohue, M. W., et al., "Cerebral photoreception in mantis shrimp", *Scientific Reports*, 8:9689, 2018. DOI:10.1038/s41598-018-28004-w

★6 —— Xiang, Y., et al., "Light-avoidance-mediating photoreceptors tile the *Drosophila* larval body wall", *Nature*, 468:921-926, 2010, Movie S1. DOI: 10.1038/nature09576

の詳細についてはまだあまりわかっていない。

頭部付近に Bolwig's organ があるのに，全身にも光感知能力が備わっている意味は不明である。この光感知機構を発見した研究者は，幼虫が日中に果物等に頭を突っ込んで食べている際に，うっかり下半身が外に露出して乾燥や捕食の危険にさらされるのを防いでいるのではないか，と推察している。

8.3.7　ゼブラフィッシュ仔魚の体色変化

魚類の遺伝学モデルとして頻用されるゼブラフィッシュは，周囲の光環境に応じて体色を変化させることで自らを目立たなくさせている。明るい背景のところでは明るい体色に，暗い背景では暗い体色へと変化するのである。これらは眼からの光入力に依存し，それぞれ皮膚にあるメラニン細胞中にあるメラニン色素顆粒の凝集と分散によって引き起こされる。

ところが，孵化(ふか)直後の仔魚では，光に応答してメラニン色素顆粒は逆に分散し，体色は暗くなる。これは，移動性の低い幼弱期に紫外線から身を守るための応答であると考えられている。そして，この光に誘導されるメラニン色素顆粒の分散（皮膚の黒化）は，両眼を除去された場合や下半身だけの組織片でも認められることから，眼に依存しない光感知に基づく応答であると推察されている（**図 8-8**）。実際，ゼブラフィッシュの体表には実に 38 種類ものオプシン遺伝子の発現が認められている。眼から得られる光情報を脳で適切に情報処理できない幼弱期には，こういった局所的かつ自律的な体色制御機構が優勢にはたらいているのかもしれない。

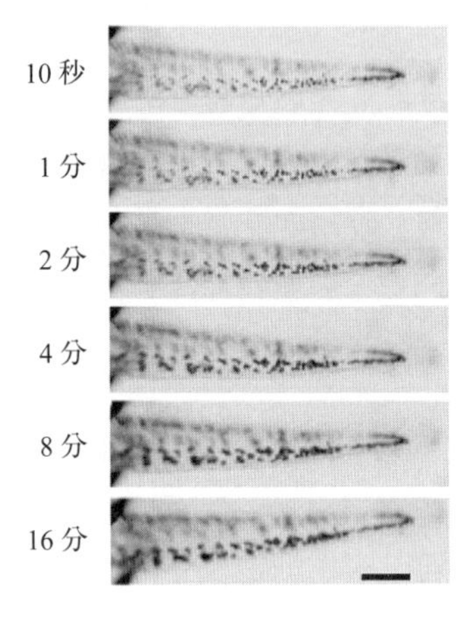

図 8-8　眼に依存しない光依存性の皮膚黒化
受精後 2 日目のゼブラフィッシュ仔魚の下半身だけにしたサンプルであっても，暗順応後に光を照射すると皮膚のメラニン色素（黒）の分散が起こる。スケールバーは 100 µm。
出典：Shiraki, T., et al., “Light-induced body color change in developing zebrafish”, *Photochem Photobiol Sci*, 9:1498–1504, 2010. DOI: 10.1039/c0pp00199f
Reprinted by permission from Royal Society of Chemistry: Springer. Copyright 2010.

8.3.8　オタマジャクシの間脳における光感知

発生生物学の実験等でよく用いられてきたアフリカツメガエルのオタマジャクシは，眼を取り除いて中枢神経系だけの状態にしても，そこから神経活動を電気生理学的に記録することができる。特に，短波長の光（紫色）を照射すると，脊髄前根から規則性のある活動パターンが記録される。これは遊泳の際に活動する運動ニューロンの発火を反映したものであると考えられる。つまり，中枢神経系だけの状態にしたサンプルでも，光照射に対して遊泳反応を示すのである。光センサーニューロンは間脳にあると予想されており，実際，ここにオプシン分子が発現していることも確認されている。この脳内光感知能力がどういった局面で役立つのかは不明であるが，我々ヒトと同じ脊椎動物であるカエルでも，脳内光感知による運動制御が行われうることを示唆している。

上に挙げた例のように，眼以外の器官で光を感知し，行動変化が引き起こされることが様々な動物において示されている。また鳥類では，日照時間（日長）の年内変化といった，ゆっくりとした光環境の変化に対する生殖腺発達等の内分泌システムレベルでの応答に，脳内でのオプシン分子を介した光受容が重要な役割を果たすこともわかってきている。したがって，動物において光を感知する器官はもはや眼に限らず，脳や体表を含むあらゆる体部位が光感知器官としてはたらきうることが近年，明らかになりつつある。

QR コード

プラナリアの負の光走性行動（Movie S1）

ナメクジの光回避行動（Movie 1）

タコの光回避行動（Movie 1）

参考文献

［1］工藤佳久『改訂版もっとよくわかる！　脳神経科学：やっぱり脳はとってもスゴイのだ！』羊土社，2021

［2］A. Robert Martin, et al., *From Neuron to Brain (6th edition)*, Oxford University Press, 2021

9 運動の発達

平田　普三

《目標&ポイント》 動物の発生が進み，神経系と筋が形成されると，外界の状況を感覚入力として受容し，動きとして運動出力する感覚運動が始まる。動物はどのように感覚運動を発達させるのだろうか。出産や孵化（ふか）の前という未熟な胎児期や胚期にありながら，感覚運動を始める生物学的な意義は何だろうか。動物が感覚運動を発達させる過程を熱帯魚ゼブラフィッシュを例に運動の発達を学ぶ。

《キーワード》 運動，神経，ゼブラフィッシュ

9.1 はじめに

古代ギリシャの哲学者アリストテレス（B.C. 384〜322 年）は，「哲学」と呼ばれていた当時の知識や知的探求行為を体系的に分類し，動物学，植物学，物理学，天文学，気象学，政治学，倫理学，論理学，詩学などをそれぞれ独立の学問分野として確立した。その業績からアリストテレスは「万学の祖」とも呼ばれる。アリストテレスは生物に特に高い関心をもち，栄養を摂取し感覚を有して動く生物を動物と定義し，生物を動物と植物とその他に分類した。現代における生物の分類は，アリストテレスの時代には知られていなかった，細菌や古細菌といった微生物を含めたものになっているが，アリストテレスの提唱した動物，植物という概念は現代にもおおむね通じている。

紀元前の時代から人々は動物を捕まえて飼育し，動いたり食べたり食

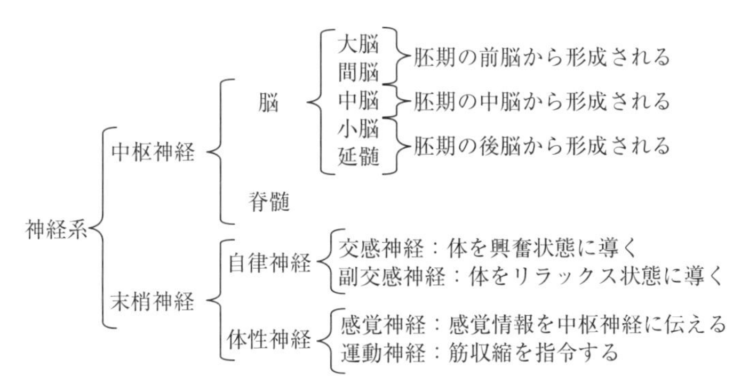

図 9-1　神経系の分類
中枢神経は部位に基づく分類を，末梢神経は機能に基づく分類を示している。

べられたりする様子を見て，また産卵させて卵から胚が孵化して成長する過程を観察してきた。それは動物の動きや成長が興味深いもので，人々を魅了してきたからにほかならない。その研究は現代の生物学にも続いている。動物は外界の情報を，五感（視覚，聴覚，触覚，味覚，嗅覚）に代表される様々な感覚への入力として受容し，脳で情報処理，つまり判断をした上で，近寄る，逃げるなどの動きとして運動出力する。本章ではマウスを代替する脊椎動物モデルとして近年多用される魚類のゼブラフィッシュを例に，胚期の動物が感覚と運動を発達させる過程を概説する。

9.2　神経系の構造と分類

動物の神経系は中枢神経と末梢神経からなる（**図 9-1**）。中枢神経とは頭部の脳と胴部の脊髄のことであり，胚期の脳は前方から前脳（大脳と間脳になる），中脳，後脳（小脳や延髄になる）に領域分けされる（**図 9-2**）。末梢神経とは中枢神経と体の各部をつなぐ神経のことで，内臓や血管を制御して呼吸や血液循環などの活動を指令する自律神経と，感覚と運動を司る体性神経に大別される。

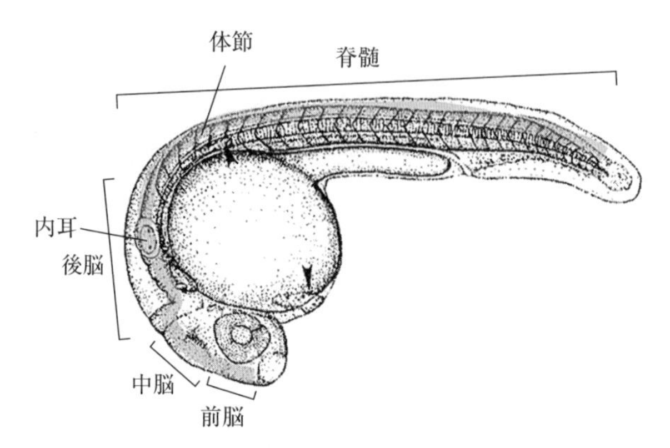

図 9-2　ゼブラフィッシュ胚の中枢神経系

胚期の中枢神経系は頭部の脳（前脳・中脳・後脳）と胴部の脊髄からなる。
出典：Kimmel, Charles B., Ballard, William W., Kimmel, Seth R., Ullmann, Bonnie, and Schilling, Thomas F., "Stages of Embryonic Development of the Zebrafish", *Developmental Dynamics*, 203: 253-310, 1995, Fig. 1 より抜粋

動物が外界の情報を知覚して動くときにはたらく神経系を機能における上流・下流という概念で分類すると，上流側から感覚神経（体性神経），介在神経（中枢神経），運動神経（体性神経）に分けられる。感覚神経は外界や体内の情報を視覚，聴覚，触覚などで捉え，それを介在神経に伝達する。介在神経は情報処理をしたあと，動きを作り出す目的で運動神経を活性化する。運動神経は筋を直接活性化し，筋収縮を引き起こす。

9.3　動物の類似性

ドイツの医師エルンスト・ヘッケル（1834～1919 年）はスケッチが上手な生物学者でもある。彼は発生学の教科書を書き，その中で様々な動物の胚期と出生時のイラストを描いた（**図 9-3**）。脊椎動物は魚類，両生類，爬虫類，鳥類，哺乳類に大別され，それぞれに多様な生物種が

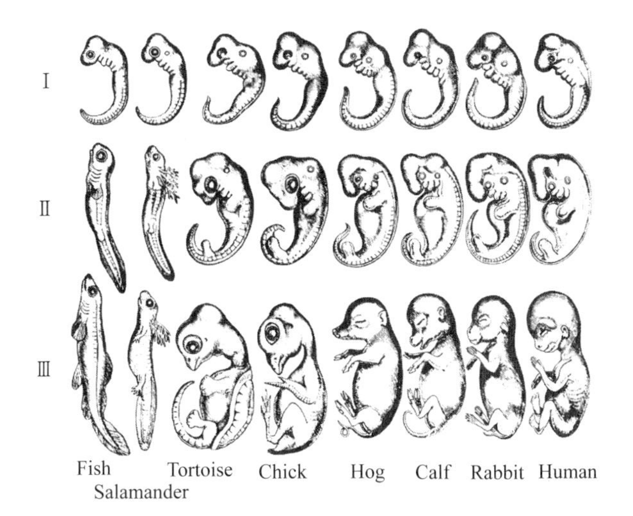

図9-3　ヘッケルが描いた胚や胎児のイラスト

左からサカナ（魚類），サンショウウオ（両生類），カメ（爬虫類），ニワトリ（鳥類），ブタ・ウシ・ウサギ・ヒト（哺乳類）。出生時の形態は異なるが，発生を遡った胚期の形態は似ている。発生はⅠ→Ⅱ→Ⅲの順に進む。

存在する。それらの出生時の大きさや形態は様々だが，発生を遡ると胚期には同じ姿形をしている。ヘッケルは，動物の発生過程は近縁生物種で類似していることを根拠に「個体発生は系統発生（進化による形態の複雑化）を繰り返す」という難解な表現で反復説を提唱した。ヘッケルの反復説は発生の前半部分である胚形成は脊椎動物で共通しており，後半部分の形態形成が生物種により多様化していることを主張している。反復説には賛否があるが，発生の後半部分の多様性が生物の進化であるという解釈で現在も一定の支持を得ている。

最終形態は違えども，発生過程は脊椎動物で保存されていることから，動物の発生の研究から，ヒトにも共通する発生の普遍的な知見が得られる。生物学や医学の研究によくマウスが使われるのは，マウスがヒトと同じ哺乳類，つまり近縁であり，さらに飼育が容易だからである。発生過程は哺乳類に限らず魚類でも保存されており，肺と鰓(えら)の違いを除き，ヒトに存在する臓器の多くは魚類にも存在する。近年，**ゼブラフィッシュ**という熱帯魚が，マウスを補完する脊椎動物モデルとして世界中で研究に使われるようになっている。

9.4 ゼブラフィッシュ

ゼブラフィッシュは，インドやネパール，バングラデシュなど南アジア熱帯地域の河川に生息するコイ目コイ科の淡水魚で，体表に紺色の鮮やかな縞模様があることを特徴とする（**図 9-4**）。この縞模様は頭部から尾部方向へ走行するので，横縞ではなく縦縞とされる。学名はかつては *Brachydanio rerio* だったが，1993 年に研究者の集う国際会議で学名変更の多数決が行われ，*Danio rerio* に改名されて現在に至る。数ある観賞用熱帯魚の中でも飼育や繁殖が最も簡単とされ，ペットショップやホームセンターに行くと，「ゼブラダニオ」の通称で 1 尾 100 円程度で購入できる。熱帯魚なので，冬が寒い日本の温帯気候の自然環境では生育できないが，亜熱帯気候の沖縄県では河川やため池でゼブラフィッシュの繁殖が確認されており，現在では環境省の「我が国の生態系等に被害を及ぼすおそれのある外来種リスト」に掲載されている。ペットとして飼育されていた個体が自然に放逐され，定着したものと考えられている。日本の在来種を守るためにも，外来種の放逐はいけないと改めて思う。

ゼブラフィッシュは 1960 年代に，米国オレゴン大学のジョージ・ストライジンガー（1927～1984 年）が脊椎動物で遺伝学を研究するために採用し，以下に挙げる長所を有することから，マウスを補完するモデル脊椎動物として使われるようになった。飼育繁殖システムや実験技術

図9-4　ゼブラフィッシュ

左がメス，右がオス。メスは卵を抱えているため腹が膨らんでおり，腹が白色。オスは腹が出ておらず，腹が黄色。

出典：Ogura, Y., et al., "Loss of αklotho causes reduced motor ability and short lifespan in zebrafish", *Scientific Reports*, 11:15090, 2021, Figure 2より抜粋

が確立され，遺伝子組換え体リソースなどの研究インフラも世界各国で整備されている。

①飼育にかかるコストが低い
②飼育や繁殖が容易で多産である
③卵生で母体外で受精する
④発生の速度が速い
⑤胚期や仔魚（しぎょ）期は体が透明なので，生きたまま体内の様子を観察できる
⑥色素欠損個体を用いると，稚魚期や成魚期の全身の体内可視化も可能
⑦鰓と肺の違いはあるが，ヒトと同じ器官をもつ
⑧突然変異体の作製が容易
⑨遺伝子をピンポイントで改変するゲノム編集が容易
⑩アンチセンスを用いた簡便な遺伝子の機能阻害も可能
⑪ゲノム解読が完了し，全遺伝情報が公開されている
⑫ヒト疾患のモデルになる

⑬薬剤処理が容易で，疾患治療薬の探索など化合物試験を行える
⑭様々な毒性試験を行える

生物学の研究に使われる魚類としては，ゼブラフィッシュとメダカの2つが主流である。世界的にはゼブラフィッシュの方が研究者人口が多く，多くの遺伝子の突然変異体や遺伝子組換え体を利用できることから，ゼブラフィッシュがより広範に使われているが，メダカの原産地である日本にはメダカ研究の歴史と蓄積があり，日本は世界で最もメダカの研究が進んだ国でもある。ここでゼブラフィッシュの有用性を示す具体的な数字を挙げるとともに，メダカとの比較を紹介する（**表9-1**）。

9.5　ゼブラフィッシュの発生

哺乳類は胎生，つまり受精から胎児形成までの胚発生過程が母胎内で進行し，胎児はある程度の自立が可能になった段階で母体外に産み出される。受精から出産までの胎生期間はヒトでは266日（38週），マウスでは19日である。一方，魚類の多くは卵生で，メスが放出した卵にオスが放精して体外受精をする。魚類の胚は卵膜と呼ばれる膜で保護されており，卵膜内で胚発生が進み，体の基本原基が形成されると，孵化，すなわち卵膜から出て，自立遊泳して採餌するようになる。受精から孵化までを胚と呼び，その後は鰭（ひれ）が生えそろうまでを仔魚，性成熟するまでを稚魚といい，性成熟すると成魚という。魚類の発生ステージや日齢は受精からの時間や日数で表現される。

ゼブラフィッシュを実験室環境（28.5℃）で飼育すると，胚発生は極めて速く3日齢で孵化して仔魚となり，30日齢で稚魚となり，90日齢で成魚に育ち，繁殖可能となる（**図9-5**）。野外の自然環境では水温がこれより低いため，成長がゆっくりになるが，本書では実験室環境での生育に基づく発生ステージで話を進める。ゼブラフィッシュは受精から

表 9-1　ゼブラフィッシュとメダカの比較

	ゼブラフィッシュ	メダカ
学名	*Danio rerio*	*Oryzias latipes*；ミナミメダカ *Oryzias sakaizumii*；キタノメダカ *Oryzias sinensis*；チュウゴクメダカ
分類	コイ目コイ科	ダツ目メダカ科
原産地	南アジア	東南アジア〜東アジア
生育温度	16〜30 ℃	4〜40 ℃
成魚の体長	3〜5 cm	3〜4 cm
寿命	3.5 年（Gerhard, et al., 2002）	4 年
性成熟	2〜3 カ月	2〜3 カ月
実験室での産卵周期	3〜5 日	毎日
産卵数	50〜200 個	10〜20 個
孵化日数	3 日（28.5 ℃）	9 日（25 ℃）または 7 日（30 ℃）
ゲノムサイズ	1,700 Mb	800 Mb
染色体数	$2n=50$	$2n=48$
性決定機構	不明 野生系統で ZZ-ZW 型の報告あり（Wilson, et al., 2014）	XX-XY 型 性決定遺伝子 *DMY* がオスを決定する（Matsuda, et al., 2007）
近交系統	IM，sjA など	Hd-rR，HNI など多数
温度感受性変異体	少ないが存在する	存在する
世界の研究者人口	1 万人	300 人
市場流通価格	100 円	20 円

メダカの性別は遺伝子で決まるが，ゼブラフィッシュでは性別を決定する性染色体が存在せず，性決定の仕組みが未解明であるなど，わからないことも多く残されている。
出典：平田普三・編著『ゼブラフィッシュ実験ガイド』朝倉書店，2020，表 1.1

9 時間後の 9 時間齢で神経分化が始まり，14 時間齢で筋分化が始まる。主要な内臓器官は，孵化が始まる 3 日齢までに形成される。孵化前のゼブラフィッシュ胚は卵膜内で尾部を丸めて窮屈そうにしているが，人工

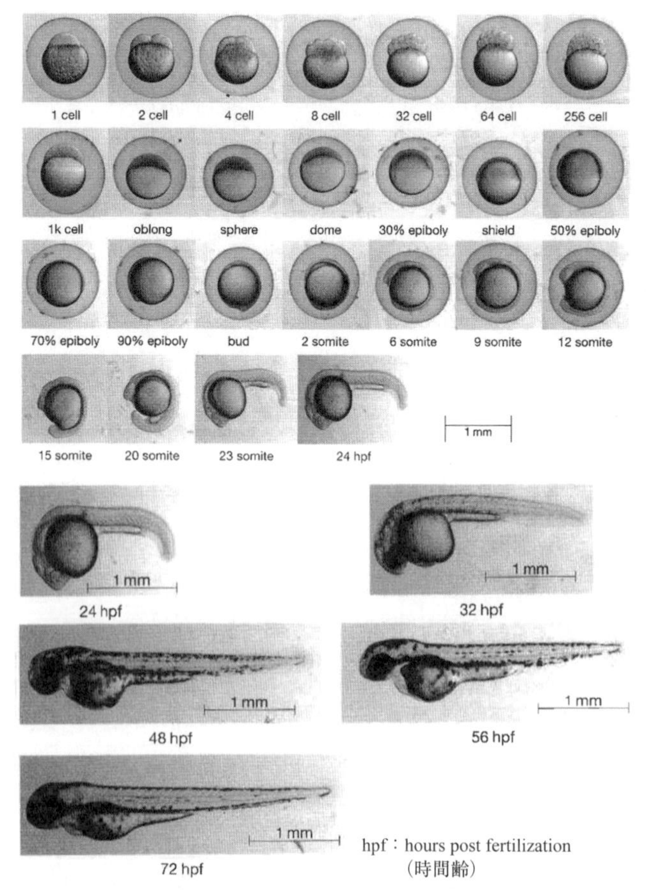

図 9-5　ゼブラフィッシュの発生

受精 72 時間齢で孵化する。
出典：平田普三・編著『ゼブラフィッシュ実験ガイド』朝倉書店，2020，図 5.1 ～図 5.2

的に卵膜を破って外に取り出しても正常な速度で発生を続ける。卵膜外に出すと，形態の経時変化を，尾部を伸ばした状態で観察できる。

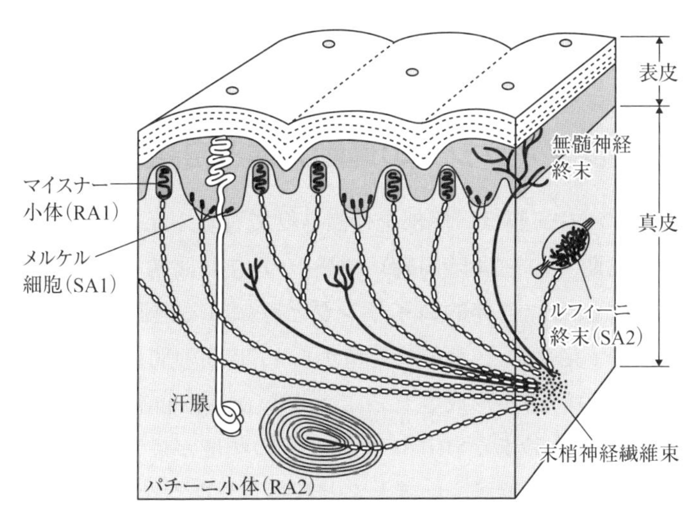

図 9-6　ヒトの触覚の機械受容器

出典：Eric R. Kandel, James H. Schwartz, Thomas M. Jessell, Steven A. Siegelbaum, A. J. Hudspeth『カンデル神経科学』金澤一郎，宮下保司・監修，メディカル・サイエンス・インターナショナル，2014，図 23-1

9.6　ヒトの触覚受容

ゼブラフィッシュの動きや触覚受容を話す前に，ヒトの触覚について説明しよう。ヒトの皮膚はものに接触すると圧力を感じ，これを触覚として受容することができる。皮膚は表面から 1 mm が表皮，それより深い部分が真皮であり，構造的に異なる（**図 9-6**）。触覚を受容する受容器は皮膚に 4 種類あり，そのうちメルケル細胞と**マイスナー小体**は表皮と真皮の境界あたりに存在する。残りの 2 つはルフィーニ終末と**パチーニ小体**で，これらは真皮に存在する。いずれも末梢の感覚神経を経由して中枢に感覚情報を伝える。触覚を受容する分子は長らく不明だったが，アーデム・パタプティアン（1967 年～）が 2010 年にピエゾと呼ばれるタンパク質が受容体分子であることを発見し，パタプティアンは 2021 年にノーベル生理学・医学賞を受賞した。

9.7 ゼブラフィッシュの運動発達と自発的コイリング

ゼブラフィッシュ胚は，尾部を伸長させて背骨の元となる体節を形成する体節形成期（10〜24 時間齢）の最中の 17 時間齢で，突然尾部を左右に周期的に振る，**自発的コイリング**と呼ばれる運動を開始する（**図 9-7**，**図 9-8**）。このことから，受精から 17 時間の間に運動に必要な神経から筋までの回路が形成されることがわかる。自発的コイリングは 19〜20 時間齢で 1 秒あたり 0.3〜1 回とその頻度が最大化するが，その後は減少し，27 時間齢以降はほとんど観察されなくなる。

ゼブラフィッシュ胚を後脳と脊髄の境界で切断して胴体だけにしても，胴体が自発的コイリングをすることから，自発的コイリングを作り出す神経回路は脊髄にあることがわかる。神経細胞間の化学シナプスで神経伝達物質として使われるグルタミン酸の受容体の阻害剤をゼブラフィッシュ胚に作用させても自発的コイリングが続く一方で，電気シナプスの阻害剤を作用させると自発的コイリングが消失することから，自発的コイリングには神経細胞間の電気的同調性が重要であるとされるが，その神経メカニズムは解明されていない。哺乳動物の骨格筋には，持久力に優れるマラソン用の筋である遅筋と瞬発力に優れる短距離走用の筋である速筋があり，魚類にもこれら 2 種類の筋が存在するが，ゼブラフィッシュが自発的コイリングをする 17〜24 時間齢は速筋が未発達で，自発的コイリングは遅筋によって駆動される。自発的コイリングはヒトで見られる胎動と同じものと考えられる。ヒトの胎動は母性愛の確立に寄与するとされるが，母体外で発生するゼブラフィッシュで自発的コイリングが母性愛に寄与するはずはなく，その生物学的意義は不明で

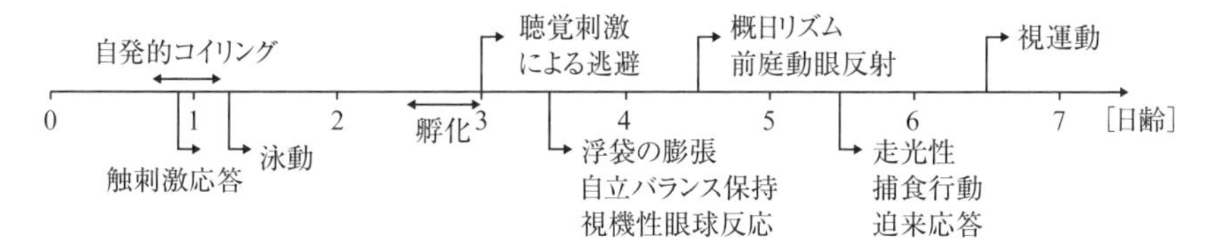

図 9-7　ゼブラフィッシュの発生と運動の発達

受精後 17 時間で始まる自発的コイリングを皮切りに様々な運動が発達する。

出典：Fero, K., et al., "The Behavioral Repertoire of Larval Zebrafish", *Zebrafish Models in Neurobehavioral Research*, Allan V. Kalueff and Jonathan M. Cachat (ed.), *Neuromethods*, vol. 52, Humana Press, Totowa, NJ, 2011, Fig. 12.4 をもとに改変

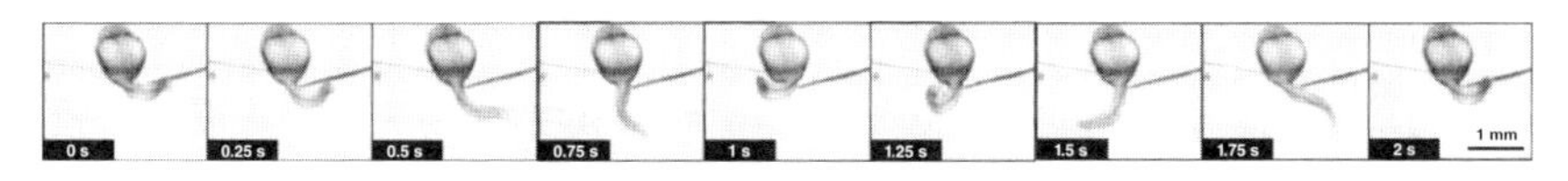

図 9-8　自発的コイリング

ゼブラフィッシュの 19 時間胚を卵膜から出し，頭部を寒天に包埋し，尾部だけが自由に動くようにして自発的コイリングを背側から観察したもの。自発的コイリングは外部からの刺激がなくても起こる。

出典：Saint-Amant, Louis, and Drapeau, Pierre, "Time course of the development of motor behaviors in the zebrafish embryo", *Developmental Neurobiology*, 37: 622-632, 1998, Figure 1 をもとに改変

ある。また，ゼブラフィッシュのメスは産卵したことを忘れてしまうのか，自分が産んだ卵を見つけると食べてしまうので，母性愛には乏しいようである。

9.8　触刺激応答

自発的コイリングは感覚入力なしで引き起こされる自発的な運動だ

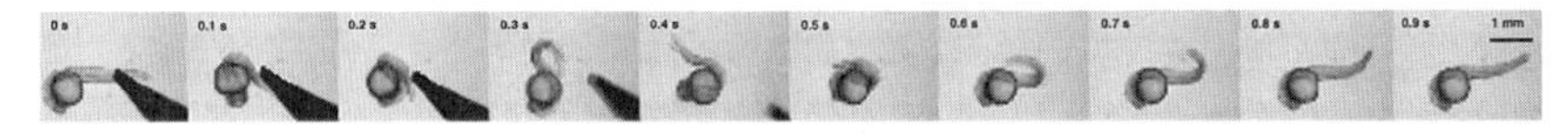

図 9-9　触刺激応答

ゼブラフィッシュの 24 時間胚。ピンセットでつつくと，尾を左右に振る触刺激応答が見られる。

出典：Hirata, H., et al., “Zebrafish *bandoneon* mutants display behavioral defects due to a mutation in the glycine receptor β-subunit”, *Proc Natl Acad Sci USA*, 102:8345–8350, 2005, Fig. 1 をもとに改変

が，それ以降は感覚入力に依存して引き起こされる感覚運動が発達する。ゼブラフィッシュで最も早くに見られる感覚運動は触刺激に対する応答である。

卵膜から外に出したゼブラフィッシュ胚をピンセットでつついて触刺激を与えても，21 時間齢までは何の応答も示さないが，21 時間齢を過ぎると，尾部を左右に振る**触刺激応答**が観察される（**図 9-9**）。頭部への刺激は三叉神経の感覚神経細胞が受容するのに対し，胴部への刺激は胚期の脊髄に一過的に存在する感覚神経細胞であるローハン・ベアード（Rohon–Beard）細胞が受容する。ローハン・ベアード細胞は仔魚期に入るとプログラム細胞死で消滅し，胴部の感覚受容機能は別の感覚神経細胞に引き継がれる。触刺激に応答して動くためには，感覚神経細胞から介在神経，運動神経細胞を経て骨格筋に至るまでの神経回路が必要で，ゼブラフィッシュはこれを 21 時間齢で完成させていることがわかる。ゼブラフィッシュ胚を後脳と脊髄の境界で切断して胴体だけにしても触刺激応答は見られるが，脊髄の第 1〜10 体節領域で切断すると段階的に触刺激応答が低下するので，この時期の触刺激応答を作り出す神経回路は神経分化が早く進む頭部側の脊髄領域にあるとされる。触刺激応答はグルタミン酸の受容体を阻害すると消失するが，細胞間の電気的同調性

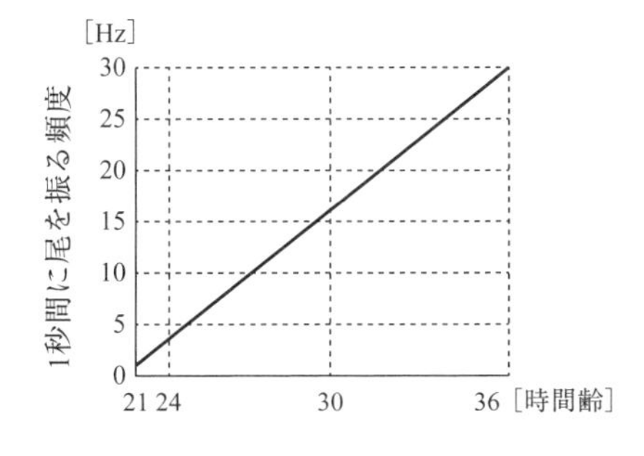

図 9-10　ゼブラフィッシュの触刺激応答の発達
受精後 21 時間から触刺激に応答する。尾を振る回数と速さは発生の進行に伴い増加する。

を阻害しても影響を受けないことから，触刺激応答の獲得に際して運動を制御する主要なシナプス伝達は電気シナプス型から化学シナプス型に移行すると考えられる。

触刺激に対する尾部の振りは 21 時間齢では 1 回だが，振りの回数と速さは発生が進むにつれて増加し，27 時間齢で 1 秒で 7 回に達し，1 回の触刺激で体長 1 つ分前方へ移動できるようになる。これは**泳動**の開始と定義されており，その後も尾部の振りの回数と速さは増大し，36 時間齢で 1 秒あたり 30 回尾を振って泳ぐようになる（**図 9-10**）。ゼブラフィッシュの成魚はゆっくり泳ぐときには 1 秒あたり 1 回尾を振り，速く泳ぐときには 1 秒あたり 20〜30 回尾を振ることから，ゼブラフィッシュは受精から 36 時間の胚期に成魚の運動能力の基本原理を獲得すると言える。ゼブラフィッシュ胚を後脳と脊髄の境界で切断して胴体だけにしても泳動は見られるので，触刺激による泳動を作り出す神経回路は脊髄領域にある。骨格筋に注目すると，24 時間齢の触刺激応答は遅筋のみで行うが，その後に速筋が形成されて泳動に寄与するようになり，48 時間齢の触刺激による泳動は主に速筋で駆動する。ゼブラフィッシュ胚が孵化するのは 72 時間齢なので，それよりも前に触刺激に応答して泳動する能力をもっていても，卵膜の中でそれを発揮する機会はないが，胚期のうちに感覚運動の回路を構築しておき，孵化後に敵が接触してきたらすぐに逃げられるようにしているのだろう。

9.9　光応答と視覚運動

ゼブラフィッシュ胚は触刺激以外にも様々な感覚入力に応答した運動を発達させる。視覚を機能させるためには眼から中脳視蓋領域への情報伝達経路，いわゆる視神経を形成する必要があり，これはゼブラフィッシュでは3日齢で起こり，視覚に基づく運動は3日齢以降で観察される。

しかし，光に応答した感覚運動はもっと早い時期から，つまり視覚を獲得する前から始まる。22時間齢のゼブラフィッシュ胚は自発的コイリングを行うが，これに緑色光を照射すると自発的コイリングは消失する。これには脊髄ニューロンに発現して緑色光で活性化される特殊なオプシンタンパク質が関与する。また，ゼブラフィッシュの30時間胚は自発的コイリングをしないので，触刺激を与えられない限り動くことはないが，明るい光を照射すると泳動が誘発される。これには後脳に存在する光応答性細胞が関与する。ここでも光照射で活性化されるオプシンタンパク質が関与すると予想されるが，分子同定はされていない。孵化前のゼブラフィッシュが光に応答して卵膜内で動くことに生物学的意義を見出すことはできないが，孵化後に明るい光で泳動が誘導されることは明るいところを避けて暗いところに移動する習性を意味しており，捕食者に見つからない行動を孵化後早々にとれるようにしているのである。

3日齢からは対象物に合わせて眼球を動かす視機性眼球反応が見られ，ゼブラフィッシュが3日齢で視覚を獲得することがわかる。5日齢までには影が迫ってきたことに反応して泳動する迫来応答をするようになる。これは上方に捕食者が来たときに逃避するための行動と考えられる。

水槽底面にモニターを置いてゼブラフィッシュに動く縞模様を見せると，6日齢仔魚は縞模様を追って泳ぐ視運動反応を示す。これは自分が水流で流されていると勘違いし，水流に流されないように泳ごうとして縞模様を追いかける運動である。

9.10　聴覚応答

ゼブラフィッシュは聴覚刺激に対しても逃避を示す。聴覚刺激とは振動であり，内耳に存在する有毛細胞がもつ感覚毛が振動で動くことで受容される。内耳における振動受容や，逃避を駆動する神経細胞であるマウスナー細胞の神経回路形成は2日齢で起こるが，聴覚刺激に応答してゼブラフィッシュが逃避するようになるのは3日齢からである。聴覚応答については次章で詳述する。

9.11　様々な運動

ゼブラフィッシュは3日齢を過ぎると，水面まで泳いで移動して空気を吸い込み，浮袋に空気を満たして膨張させる。そうすると背中を上にしてバランスを保つ姿勢が安定し，自立遊泳するようになる。4日齢までには口が開き，摂食もできるようになる。5日齢になると状況に合わせた多様な運動が見られる。例えば，水槽にゾウリムシを入れると，これをエサとして捕食するが，その際にはゾウリムシが正面に来るように尾部を小刻みに振って体の向きを整え，次いでゾウリムシに向かって突進する採餌が観察される。このようにゼブラフィッシュは成長するにつれて複雑な動きを発達させ，適切な行動をとれるようになる。

参考文献

[1] Westerfield, M., *The Zebrafish Book: A Guide for the Laboratory Use of Zebrafish* (*Danio rerio*), 5th ed., Univ. of Oregon Press, 2007

[2] Eric R. Kandel, James H. Schwartz, Thomas M. Jessell, Steven A. Siegelbaum, A. J. Hudspeth『カンデル神経科学』金澤一郎, 宮下保司・監修, メディカル・サイエンス・インターナショナル, 2014

[3] 平田普三・編著『ゼブラフィッシュ実験ガイド』朝倉書店, 2020

[4] Fero, K., et al., "The Behavioral Repertoire of Larval Zebrafish", *Zebrafish Models in Neurobehavioral Research*, Allan V. Kalueff and Jonathan M. Cachat (ed.), *Neuromethods*, vol. 52, Humana Press, Totowa, NJ, 2011

[5] Hirata, H., et al., "Zebrafish *bandoneon* mutants display behavioral defects due to a mutation in the glycine receptor β-subunit", *Proc Natl Acad Sci USA*, 102：8345-8350, 2005

[6] Saint-Amant, Louis, and Drapeau, Pierre, "Time course of the development of motor behaviors in the zebrafish embryo", *Developmental Neurobiology*, 37: 622-632, 1998

10 聴覚応答とその可塑性

平田　普三

《目標&ポイント》 聴覚とは音を聞く感覚である。音とは空気の振動であり，それを受容する原理を学ぶ。また，ゼブラフィッシュをモデルに，音に応答した行動に関わる神経メカニズムを学ぶ。さらに，周囲がうるさいと動物が環境に適応して行動を変化させることがあるが，その神経回路の可塑性を学ぶ。

《キーワード》 聴覚，可塑性，ゼブラフィッシュ

10.1 聴覚

音とは空気の圧力変化，すなわち振動である。空気が1秒間に振動する回数を音の周波数といい，その単位にはHz（ヘルツ）が使われる。低音とは周波数の低い音であり，高音とは周波数の高い音である。ヒトが聞くことのできる音は20 Hzから20,000 Hzの音とされる。健康診断で聴力検査を受けると，ヘッドフォンを着けてピーピーという音を聞くが，あれは1,000 Hzや4,000 Hzといった特定周波数の音（トーン音）である。我々が日常生活で耳にする音声には，会話，歓声，音楽など様々なものがあるが，それらは様々な周波数の混合音，つまり周波数の変化する音である。音を受容する器官である内耳は20 Hzから20,000 Hzの音を周波数別に異なる領域で受容して神経情報に変換し，我々は脳で音を再構成することで，それを音声として捉えることができる。

10.2 ヒトの耳

ヒトの耳は外耳，中耳，内耳からなる（**図 10-1**）。外耳とは耳介（耳たぶ）と外耳道（耳の穴）のことであり，耳介はパラボラアンテナのように反射体として機能して音を外耳道へ集める。中耳は主に鼓膜と耳小骨からなる。鼓膜に到達した音はその周波数通りに鼓膜を振動させる。鼓膜はツチ骨・キヌタ骨・アブミ骨という 3 つの耳小骨を介して，振動を内耳に伝える。内耳は平衡感覚を司る前庭（半規管・卵形嚢（らんけいのう）・球形嚢（きゅうけいのう））と聴覚を受容する**蝸牛**からなる。蝸牛はカタツムリの殻のような形をしており，内部にはコルチ器と呼ばれる音の受容装置が，鼓膜に近い周辺部から鼓膜から遠い頂端部まで渦巻状に配置されている。コルチ器には有毛細胞があり，基底板に載っている。

音で基底板が振動すると，その上にある有毛細胞も振動することになる。有毛細胞には感覚毛が生えており，感覚毛は上方で蓋膜と接しているため，有毛細胞が音で振動すると，感覚毛が蓋膜に引っ張られて有毛細胞は活性化されて電位変化を起こす。鼓膜に近い周辺部では蝸牛は太く，基底板は高周波数の音で大きく振動する。鼓膜から遠い頂端部では蝸牛は細く，低周波数の音で大きく振動する。したがって，蝸牛の周辺部の有毛細胞は高周波数の音で活性化され，頂端部の有毛細胞は低周波数の音で活性化される。このように音の周波数に応じて活性化される有毛細胞が異なるので，我々は混合音を周波数の変化として受容することができる。音情報は，有毛細胞から蝸牛のらせん神経節細胞とその軸索である内耳神経（第Ⅷ脳神経）を経て脳幹の蝸牛神経核へ伝えられる。

10.3 魚類の聴覚（成魚）

魚類にも聴覚があり，魚は音を水の振動として内耳で受容する。魚類

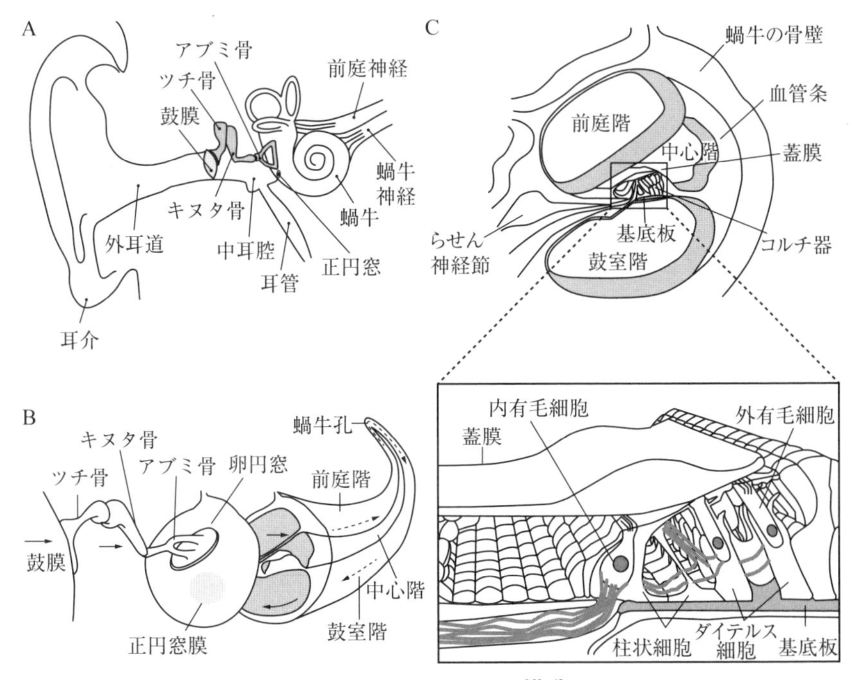

図 10-1　ヒトの耳の構造

A：外耳は耳介（耳たぶ）と外耳道（耳の穴）からなる。中耳には鼓膜と耳小骨（ツチ骨・キヌタ骨・アブミ骨）があり，音を内耳に伝える。内耳の蝸牛で音を受容し，蝸牛神経を介して音情報を脳へ伝える。

B：鼓膜から蝸牛への振動の伝達

C：コルチ器の構造

出典：Eric R. Kandel, James H. Schwartz, Thomas M. Jessell, Steven A. Siegelbaum, A. J. Hudspeth『カンデル神経科学』金澤一郎，宮下保司・監修，メディカル・サイエンス・インターナショナル，2014，図 30-1，図 30-3A，図 30-4

の中でもコイ目やナマズ目などの骨鰾類（こっぴょうるい）はウェーバー器官（ドイツの生理学者エルンスト・ウェーバーが発見した聴覚器官）を発達させていることから特に聴覚に優れており，ゼブラフィッシュもこれに含まれる。

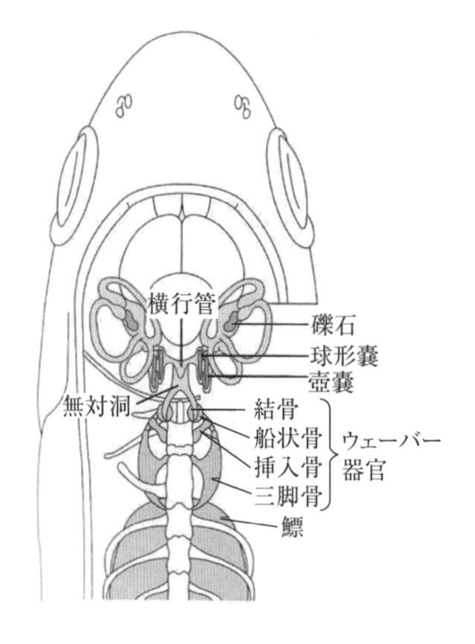

図 10-2　魚類のウェーバー器官
鰾は音を水の振動としてとらえ，ウェーバー器官を通して内耳に伝える。
出典：会田勝美，金子豊二・編『増補改訂版　魚類生理学の基礎』恒星社厚生閣，2013，図 4-25 をもとに改変

魚類は哺乳動物と違い，外耳と中耳がなく，内耳だけがある。哺乳動物の鼓膜と耳小骨の代わりとなるものは，骨鰾類では鰾とそれに接する四対のウェーバー小骨である（**図 10-2**）。鰾に伝わる水の振動をウェーバー小骨が効率よく内耳に伝える。内耳の中でも球形嚢と壺嚢と呼ばれる領域には有毛細胞があり，炭酸カルシウムとタンパク質からなる耳石に接している。有毛細胞が音で振動するたびに感覚毛が引っ張られて有毛細胞は活動する。音情報は内耳の有毛細胞から内耳神経（第Ⅷ脳神経）を経て脳幹へ伝えられる。ウェーバー器官をもたないニシン目のような魚類では，鰾を内耳に直接接触させることで水の振動を内耳に伝えるなどして聴覚を受容するが，その感度は骨鰾類と比べると低い。魚類の内耳には主に平衡感覚を司る前庭器官として機能する半規管や卵形嚢もある。

魚類は水流や水圧を感知するための感覚器官である側線も有しており，これが水の振動を受容できることから，側線を使った聴覚受容もで

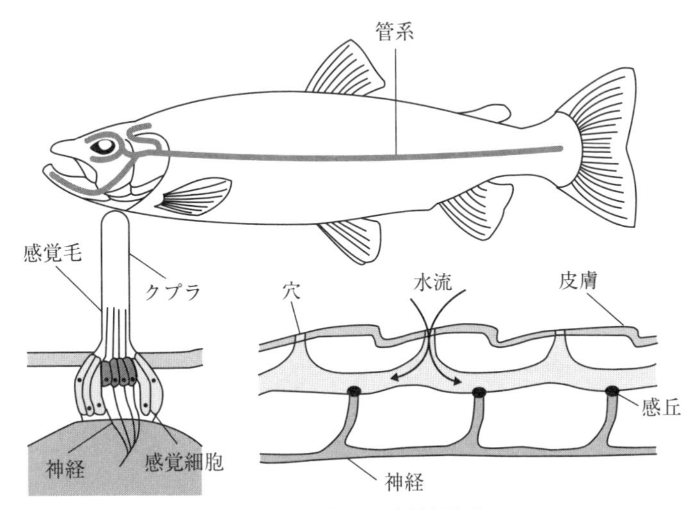

図 10-3　魚類の側線器官

側線の有毛細胞は水の振動としてとらえる。

出典：Izadi, N., et al., "Fabrication of dense flow sensor arrays on flexible membranes", *Transducers 2009*, 2009, Figure 1

きるとされる。側線は鰓(えら)から尾鰭(おひれ)にかけての体側のくぼみの部分に並んだ穴状の組織で，内部に有毛細胞があり，水の動きを検出している（**図 10-3**）。側線からの情報は有毛細胞から側線神経節を経て脳幹へ伝えられる。

10.4　ゼブラフィッシュ仔魚の聴覚応答

魚類のウェーバー器官は仔魚(しぎょ)期に発達するが，魚類はウェーバー器官が発達する前から，将来内耳になる耳胞を使って聴覚を受容することができる。ゼブラフィッシュの仔魚期の耳胞には耳石が2つあり，頭部側

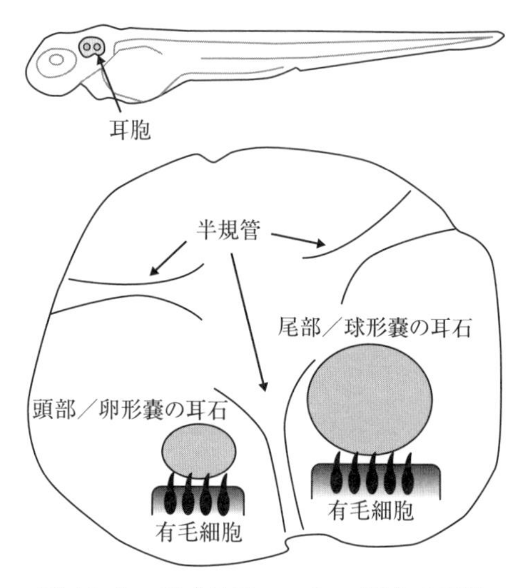

図 10-4　ゼブラフィッシュ仔魚の耳胞
頭部側にあるのが平衡感覚を司る卵形嚢。尾部側にあるのが聴覚を司る球形嚢。どちらも有毛細胞が耳石に接している。
出典：Pais-Roldán, P., et al., "High magnetic field induced otolith fusion in the zebrafish larvae", *Scientific Reports*, 6:24151, 2016, Figure 1（b）

の耳石は平衡感覚に，尾部側の耳石は聴覚に寄与する。尾部側の耳石は耳胞の有毛細胞に接しており，音で有毛細胞が振動すると感覚毛が耳石に引っ張られ，音が受容される（**図 10-4**）。

ゼブラフィッシュの場合，音に応答した感覚運動として，聴覚刺激による逃避行動が受精から 3 日の仔魚で見られ，音を聞かせると，音源から遠ざかる方向へ泳いで逃げる。この方向性のある逃避は，音源から正反対の方向に体を反らせる「方向転換」と尾を左右に振って前進する「泳動」の 2 つの要素からなり，初めの方向転換については，マウスナー細胞を中心とした神経回路が精力的に研究されている。

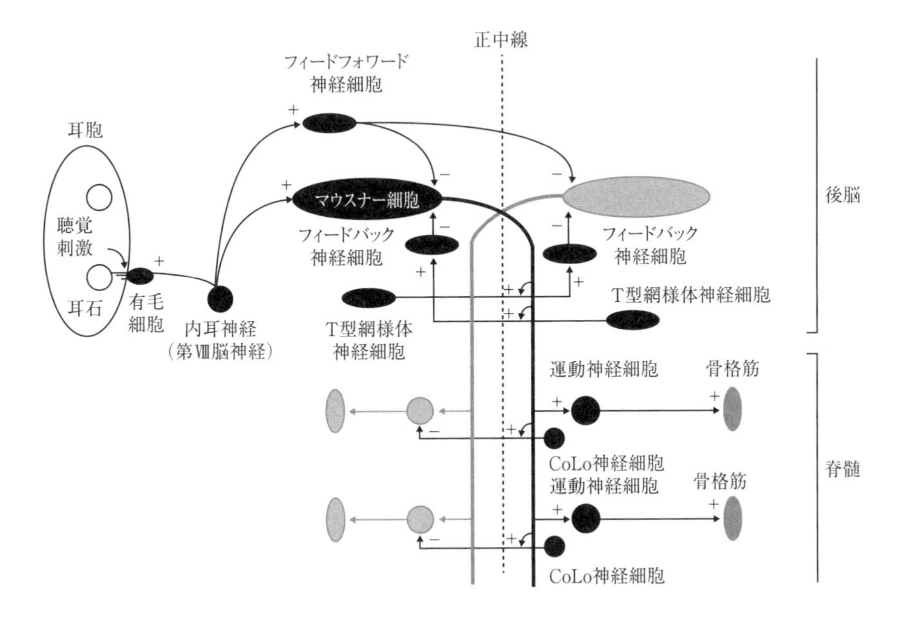

図 10-5　マウスナー細胞を中心とする聴覚応答回路
音を受容した有毛細胞は内耳神経を興奮させる。内耳神経はマウスナー細胞を直接活性化し，マウスナー細胞は反対側の運動神経細胞を興奮させ，筋収縮を引き起こし，逃避をトリガーする。内耳神経は同時にフィードフォワード神経細胞を興奮させ，これは左右両方のマウスナー細胞を抑制する。また，活動したマウスナー細胞は，反対側のT型網様体神経細胞を興奮させ，フィードバック神経細胞を介して反回抑制を受ける。マウスナー細胞は，同側のT型網様体神経細胞も興奮させ，反対側のマウスナー細胞に相反抑制を入れる。さらに，マウスナー細胞は脊髄のCoLo神経細胞を興奮させ，これは反対側の運動神経細胞を抑制する。図の＋は興奮性入力を，－は抑制性入力を表す。

マウスナー細胞は魚類と両生類の後脳に左右一対，つまり1個体に2個だけ存在する大きな神経細胞であり，有毛細胞から内耳神経を経て聴覚情報を受ける（**図 10-5**）。マウスナー細胞は視覚，聴覚，触覚，側線感覚など，様々な感覚入力を受けて活性化するが，とりわけ聴覚に敏感に反応する。音は耳胞球形嚢の有毛細胞が受容し，内耳神経を介してマウスナー細胞に伝達されるが，内耳神経とマウスナー細胞の間のシナプスは電気シナプスと化学シナプスの混合型を採用しているため伝達は速く，聴覚刺激から4ミリ秒後にはマウスナー細胞が活動する。マウスナー細胞の軸索は正中線を越えて反対側を脊髄尾部まで下行し，多くの運動神経細胞を興奮させる。運動神経細胞は胴体部分の骨格筋の収縮を指令して運動を作り出す。したがって，音刺激により音源に近い側のマウスナー細胞が活動すると，音源の反対側にある運動神経細胞が一斉に活動して骨格筋を収縮させるので，音源の反対側の筋が一斉に収縮し，音源から遠ざかる向きに体を大きくひねる動きができる。聴覚刺激から逃避開始までの時間はゼブラフィッシュ仔魚ではわずか6ミリ秒と速い。この逃避の様子を魚の背側から観察すると，魚がアルファベットのCの字に体をひねるように見えることから，マウスナー細胞を用いた方向転換はCスタートとも呼ばれる（**図10-6**）。少ない数の神経細胞で方向性のある行動を作り出しており，神経回路の合目的性を理解するための代表的なモデルとされる。有毛細胞から骨格筋までのシナプス接続は受精から2日以内に形成されるが，聴覚刺激に対して有毛細胞が応答するようになるのに時間が必要で，ゼブラフィッシュが音に応答して逃避行動をとるのは受精から3日してからである。

聴覚刺激を受けると音源に近い側のマウスナー細胞が活動するとしたが，実際には音は左右両方の耳胞に届き，左右両方の有毛細胞が活動する。それであるにもかかわらず，マウスナー細胞は音源に近い方だけがはたらくように，何重にもわたる制御機構が存在する。有毛細胞は同側の内耳神経を活性化し，内耳神経は同側のマウスナー細胞を興奮させるが，このとき，内耳神経は後脳にあるフィードフォワード神経細胞を介

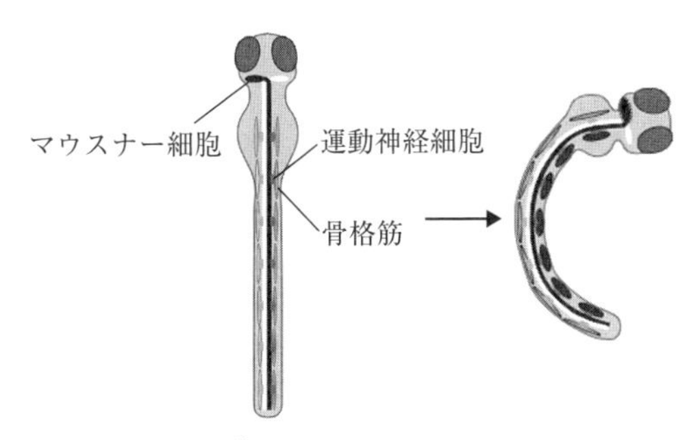

図 10-6　ゼブラフィッシュの C スタート

左側から来た聴覚刺激に応答して左側のマウスナー細胞が活動すると，右側の運動神経細胞が一斉に活動し，右側の骨格筋が一斉に収縮する。その結果，音源から遠ざかるように体をひねる動きが作り出され，逃避の初めのステップである方向転換を実行できる。

して，両側のマウスナー細胞に抑制性入力を送る抑制性伝達を行う。これにより反対側のマウスナー細胞の活動を抑制できるが，その一方で肝心の同側のマウスナー細胞にも抑制性入力を入れてしまうことになる。内耳神経からマウスナー細胞への直接の興奮性入力は混合型シナプスが使われるので伝達速度が速いのに対し，フィードフォワード神経細胞を介する抑制性入力は化学シナプスで行い，しかも 2 つの化学シナプスを介することから伝達速度は遅い。マウスナー細胞は，抑制性入力が到達する前に内耳神経から直接来る興奮性入力で活動できる。また，マウスナー細胞はその下流として運動神経細胞を活動させるだけでなく，左右の後脳に存在する**T 型網様体神経細胞**を左右両方とも活動させる。T 型網様体神経細胞はそれぞれ反対側にあるフィードバック神経細胞を活動させ，フィードバック神経細胞はそれぞれ同側のマウスナー細胞に抑制性入力を入れる。したがって，活動したマウスナー細胞は T 型網様体神経細胞およびフィードバック神経細胞を介して，自身には反回抑制をかけ，反対側のマウスナー細胞には相反抑制をかけることができる。これら後脳の神経細胞群のはたらきにより，マウスナー細胞は活動直後に強い抑制を受けるので，活動するとしても片側だけ，しかも 1 回しか活動しない。

それでも左右のマウスナー細胞がほぼ同時に発火してしまったときのために，魚類は脊髄に CoLo という神経細胞をもっている。マウスナー細胞は電気シナプスを介して CoLo 神経細胞を興奮させ，CoLo 神経細胞は反対側の運動ニューロンを抑制する。これにより，左右のマウスナー細胞がほぼ同時に活動したとしても，僅差で先に活動した方のマウスナー細胞が，あとから活動した方のマウスナー細胞による運動神経細胞活性化を脊髄のレベルでキャンセルし，音源と反対側の運動神経細胞だけを活動させ，C スタートを可能にする。C スタートのあとは泳動を行う。体の胴部には左右対称に筋があり，泳動は体の左右の筋を交互に収縮させる動きで形成されるが，前後方向にずれもあり，これが滑らかな尾の振りを可能にする。マウスナー細胞は活動後に抑制を受けるために活動は 1 回のみで，泳動中は活動しない。もし，泳動中にマウスナー細胞が活動してしまうと，片側の筋を一斉に収縮させて C の字に大きく体を曲げる動きをすることになり，滑らかな動きを止めてしまうことになる。マウスナー細胞が 1 回しか活動しないように抑制を受けることも理にかなっているのである。

10.5　運動における抑制性伝達の重要性

上述の逃避に関わる神経細胞のうち，マウスナー細胞と運動神経細胞は神経伝達物質としてアセチルコリンを使うコリン作動性神経細胞で，その他の興奮性神経細胞は神経伝達物質としてグルタミン酸を使うグルタミン酸作動性神経細胞である。一方，抑制性神経細胞については，ほ

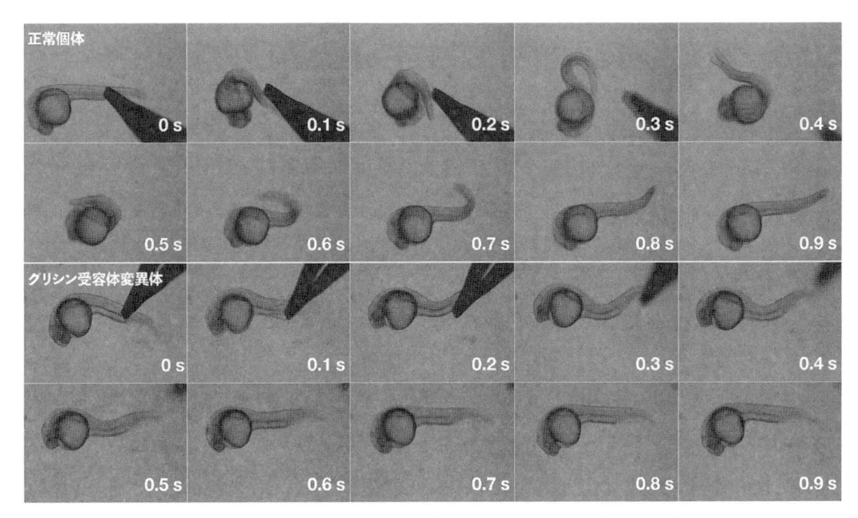

図 10-7　抑制性伝達の欠損で起こる異常な運動
正常なゼブラフィッシュ胚をピンセットでつつくと，尾を左右交互に振る逃避運動が見られる。グリシン受容体遺伝子に変異があり，抑制性グリシン作動性伝達が起こらない変異体は刺激に応答して全身の筋を一斉に収縮させ，背側に反る動きをする。

とんどが神経伝達物質としてグリシンを使うグリシン作動性神経細胞である。実際にグリシン受容体の阻害剤であるストリキニーネをゼブラフィッシュ胚に作用させて抑制性の神経伝達を阻害すると異常な動きをする。同様にグリシン受容体をコードする遺伝子に変異をもつゼブラフィッシュ個体でも異常な動きが見られる。後脳での抑制機構がはたらかなくなり，マウスナー細胞が左右両方で活動し，脊髄における CoLo 神経細胞による抑制も機能せず，それぞれのマウスナー細胞が反対側の運動神経細胞を活性化して筋を収縮させるので，全身の筋が一斉に収縮することになり，過剰に身をすくめて頭尾軸方向に体が縮む動きになる。これは聴覚応答でも触刺激応答でも見られる（**図 10-7**）。

10.6　聴覚応答回路の可塑性による逃避の変化

魚類は音に敏感で，音を聞くとすぐに逃避行動をとる。キンギョの成魚（体長 15 cm）を水槽に入れ，水槽の上方から球を落とすと，球は水面に当たりバシャという水音が立つ。キンギョは水音を聞くと大きく体をひねり，球から遠ざかる方向に泳いで逃げる。ここでもキンギョは水音という聴覚刺激に応答して，音源側のマウスナー細胞を活動させ，C スタートによる逃避を行っているのである。

魚類に小さな音を聞かせると，それを学習して行動を変化させるという実験がある。水中スピーカーを用いてキンギョにプープーという 500 Hz のトーン音を聞かせる。このトーン音は音量が小さく，それ自体がキンギョの逃避を引き起こすことはない。しばらくトーン音を聞かせたあとに水槽に球を落とす実験をすると，バシャという同じ水音を聞かせているにもかかわらず，マウスナー細胞は活動しなくなり，キンギョの逃避も見られなくなる。その後しばらく時間をおくと，キンギョは再びバシャという水音に応答して逃避するようになる。ここでキンギョは小音量の音を聞くことで行動を一時的に変化させたのである。このような現象を，プラスチックに力を加えると一過的に変形させられることにたとえて可塑性（plasticity）と表現する。神経の可塑性あるいはシナプスの可塑性により行動に可塑性が表れたと言える。シナプス可塑性は学習や記憶の動作原理とされるが，はたらく神経回路がまったく別物になって起こるのではなく，同じ神経回路を使いながら，特定のシナプスにおけるシナプス伝達の効率が一時的に変化することによって起こる。

魚類が小音量の音を聞いたあとだとバシャという水音を聞いても逃避をしなくなるメカニズムとしては，キンギョ成魚やゼブラフィッシュ仔魚を用いた研究から，小音量の音でグリシン作動性シナプスが強化され

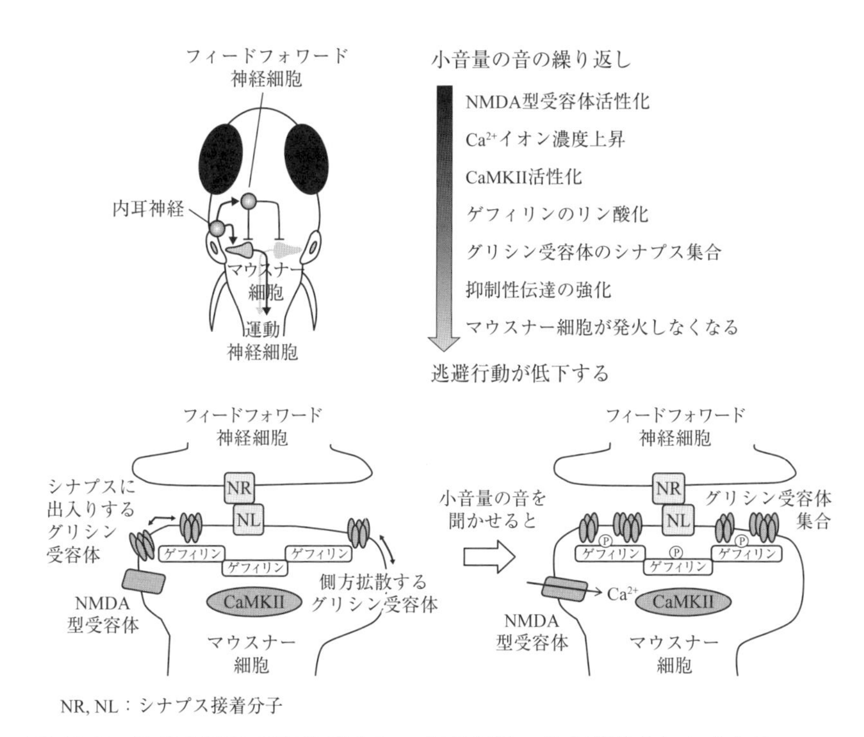

図 10-8　魚が小音量の音を聞くと，水音を聞いても逃避をしなくなるメカニズム

小音量の音を聞くと，グリシン受容体がシナプス後膜に集合し，抑制性シナプス伝達が強化される。

るシナプス可塑性が解明されている（**図 10-8**）。前述の通り，音は有毛細胞，次いで内耳神経を興奮させ，内耳神経はマウスナー細胞に向けて直接の興奮性伝達とフィードフォワード神経細胞を介した抑制性伝達の両方を入れる。小音量の音はボリュームが小さいゆえ，マウスナー細胞の発火を引き起こすことはないが，これを繰り返し聞くと音が発せられるたびにマウスナー細胞は小さいながらも興奮性伝達と抑制性伝達の両方を受ける。神経細胞は興奮性伝達を繰り返し受けると，通常ははたらかない NMDA 型受容体というイオンチャネルがはたらくようになり，Ca^{2+} イオンを流入させる。そうすると細胞質で Ca^{2+} イオン濃度が高まり，CaMKII と呼ばれるタンパク質リン酸化酵素が活性化される。マウスナー細胞では活性化した CaMKII は，抑制性シナプスのシナプス後膜直下に存在するゲフィリンというタンパク質をリン酸化する。ゲフィリンは抑制性シナプスの足場タンパク質であり，グリシン受容体と結合するので，グリシン受容体を抑制性シナプスのシナプス後膜に集めることができる。グリシン受容体には，細胞膜上をランダムに動いている（側方拡散する）ものと，ゲフィリンに結合してシナプス後膜に集合するものがある。CaMKII がゲフィリンをリン酸化するのはグリシン受容体との結合に関わる部位であり，ゲフィリンはリン酸化されるとグリシン受容体との結合が強くなる。その結果，細胞膜上を側方拡散していたグリシン受容体の一部がゲフィリンと結合してシナプス後膜にとどまるようになり，通常状態よりも多くのグリシン受容体がシナプス後膜に集合する。その状態でグリシン作動性シナプス伝達が行われると，神経伝達物質グリシンの放出量が同じだとしても，受け手側の受容体の量が多いので，抑制性伝達は通常よりも強化されたものになる。魚がバシャという水音を聞くとマウスナー細胞に興奮性伝達と抑制性伝達の両方が入るが，通常だと先に入る興奮性が勝り，マウスナー細胞は発火し，逃避が引き起こされる。しかし，抑制性伝達が強化された状態では，遅れて入る抑制性伝達が先に入った興奮性伝達を抑えることが可能で，マウスナー細胞は発火しなくなり，逃避も起こらなくなる。このように，小音量の音でも繰り返し聞いていると，グリシン受容体タンパク質のシナプス集合を変化させてシナプスを強化し，ひいては行動を変化させることができるのである。

図 10-9　鳥襲撃仮説

鳥は晴れの日には水面にダイブして魚を捕まえる。魚は水音を聞くとすぐに逃避する。雨が降ると鳥は狩りをしないので，魚は水音を聞いても逃げなくてよい。

10.7　聴覚応答回路の可塑性による動物の環境適応

上記の行動可塑性を引き起こすための小音量の音としては特定周波数のトーン音も有効だが，すべての周波数の音をまんべんなく含む音であるホワイトノイズが最も有効とされる。ホワイトノイズはシャーという雑音で，雨の音そのものでもある。魚類が小音量の雨の音を聞いて行動を変化させることにどういう意味があるのだろうか。魚は聴覚刺激でマウスナー細胞を活動させて，わずか数ミリ秒で逃避を行うが，そもそもどうしてそんなに音に敏感なのだろうか。この生物学的意義を説明するのに，鳥襲撃仮説が提唱されている（**図 10-9**）。

鳥の中には川や海に飛び込んで魚を捕獲するものがいる。天気のいい日には上空を飛ぶ鳥からは川や海にいる魚は丸見えで，魚はいつも鳥の襲撃という危険にさらされ，おびえて暮らしている。例えば，ゼブラフィッシュはインド原産の魚であり，その天敵とされるアオカワセミは熱帯地域に生息し，川面にダイブして瞬時にゼブラフィッシュを捕食する。しかし，魚側も打つ手がないわけではない。鳥が水面に突入するとき，必ずバシャという水音が発生する。この水音は鳥そのものよりも早く水中を伝わる。魚が水音を聞いたら，音の方向に視線を向けて，何が水面に落ちたのかを視認してから対処（逃げるか，近寄るか，無視するか）を考えてもいいが，実際にはそんな悠長なことをしている余裕はない。水音を聞いたら，鳥の襲撃かもしれないという最悪のケースを想定し，とりあえず襲撃をかわすのが賢明である。小さな鳥は小さな魚を襲い，大きな鳥は大きな魚を狙うだろうから，襲ってくる鳥のくちばし一つ分体をひねり，水面ダイブで突進してくるファーストコンタクトをかわせばよい。それにはマウスナー細胞を使った速いCスタートが効果的である。したがって，魚は鳥の襲撃を察知するために常々音に敏感になっており，水音を聞いて数ミリ秒でCスタートをして，鳥の襲撃をくちばし一つ分かわしているのだろう。

一方で，雨が降ると雨粒が水面に無数の波紋を作り，上空の鳥からは水面下の魚が見えなくなり，鳥が魚を襲撃することはなくなる。魚は水音に反応していちいちCスタートをしなくていいのである。それゆえ，魚は雨の音をしばらく聞いたら，マウスナー細胞でCaMKIIを活性化し，ゲフィリンをリン酸化してグリシン受容体をシナプスに集合させ，抑制性入力を強化することでマウスナー細胞の活動を抑制し，不必要な逃避をしないようにしているのだろう。そう考えると，上記のシナプス可塑性とその分子機構は魚類が天候の変化に適応するための環境適応のメカニズムと言える。

魚が音に敏感に反応して逃避することは昔から知られており，日本人は漁にそれを取り入れてきた。福井県の三方湖では，青竹で水面を叩いてコイやフナを仕掛け網に追い込む「たたき網漁」が冬の風物詩として有名である。沖縄の「パンタタカー」あるいは「あみじけ」も，漁師がバシャバシャとおおげさに水音を立てながら泳いで魚を網に追い込む伝統漁法である。興味深いことに，これらの漁は晴日に行うとよいとされる。先人たちは，晴天では魚は音に敏感で水音を使った追い込み漁がうまくいくが，雨天では追い込み漁の成果がよくないことを知っていたのだろう。

10.8　おわりに

本章ではマウスナー細胞を中心とした聴覚回路に注目して，魚類の聴覚刺激による逃避行動とその可塑性を概説した。マウスナー細胞はオーストリアの解剖学者で眼科医のルドビッヒ・マウスナー（1840～1894年）が1859年に発見して以来，160年以上研究されてきた神経細胞である。哺乳類を除く脊椎動物で最も理解が進んでいる神経細胞だが，今でも新しい発見が続いている。マウスナー細胞以外にも同定可能な，つまり名前のついた神経細胞は数多くあり，その回路と生理機能の理解が進むと，動物の神経回路がいかに合目的に機能するかが明らかになるだろう。

参考文献

[1] Eric R. Kandel，James H. Schwartz，Thomas M. Jessell，Steven A. Siegelbaum，A. J. Hudspeth『カンデル神経科学』金澤一郎，宮下保司・監修，メディカル・サイエンス・インターナショナル，2014
[2] 平田普三・編著『ゼブラフィッシュ実験ガイド』朝倉書店，2020
[3] 会田勝美，金子豊二・編『増補改訂版　魚類生理学の基礎』恒星社厚生閣，2013
[4] Oda, Y., et al., “Inhibitory long-term potentiation underlies auditory conditioning of

goldfish escape behaviour", *Nature*, 394: 182−185, 1998

[5] Korn, H., Faber, D. S., "The Mauthner cell half a century later: A neurobiological model for decision-making?", *Neuron*, 47: 13−28, 2005

[6] Satou, C., et al., "Functional role of a specialized class of spinal commissural inhibitory neurons during fast escapes in zebrafish", *Journal of Neuroscience*, 29: 6780−6793, 2009

[7] Hirata, H., et al., "Zebrafish *bandoneon* mutants display behavioral defects due to a mutation in the glycine receptor β-subunit", *Proc Natl Acad Sci USA*, 102 : 8345−8350, 2005

[8] Shimazaki, T., et al., "Behavioral role of the reciprocal inhibition between a pair of Mauthner cells during fast escapes in zebrafish", *Journal of Neuroscience*, 39: 1182−1194, 2019

[9] Ogino, K., et al., "Phosphorylation of gephyrin in zebrafish Mauthner cells governs glycine receptor clustering and behavioral desensitization to sound", *Journal of Neuroscience*, 39: 8988−8997, 2019

11　社会性とコミュニケーション

二河　成男

《目標＆ポイント》 動物の中には高度な社会性を示すものがある。それらは協同して暮らしている個体の間で何らかのコミュニケーションを行っている。このようなコミュニケーションを行うために，動物は様々な感覚や応答を利用している。本章では，このような生物間の情報伝達について学ぶ。
《キーワード》 社会性，コミュニケーション，フェロモン，ミツバチ，群れ

11.1　はじめに

生物は様々な形で自身の体の外側にあるものと関係をもっている。光，音，種々の物質などに加えて，自身以外の生物もその一つと言える。動物であれば，様々な他の動物を捕食したり，被食されたりといった関係にある。このような環境におかれた動物にとって，速やかに他の動物を発見することが生きていく上で欠かせないものとなる。そのための視覚，聴覚，嗅覚，中には熱への感覚，電気への感覚などが，その動物に応じて発達している。植物でも根で菌根菌や根粒菌と共生するものは，それらが出す化学物質を識別する能力をもつ。寄生植物は，寄生される植物（寄主）が放出している何らかの物質を識別していると考えられている。さらに，自身と同種の生物を識別することが，生物が次世代を残す上で欠かせない。特に雌雄の識別や，配偶子が受精する段階での識別などがよく知られている。

このような生物と生物の関わりにおいて，社会性を示す生物における

同種の個体間でのコミュニケーションは，興味深いものが多い。それらについて紹介する。

11.2　社会性とは

社会性とは，生物が生きていく上で，同種の他個体とどのように相互作用するか，例えば，群れを作るか，協力するかといったことをどの程度行うかの度合いのことをいう。ただし，一般に社会性昆虫などといった場合は，その昆虫がある程度の社会性を示す，具体的には群れを形成したり，その間で協力的な行動をとったり，何らかの情報伝達をしたりといった関係があることを意味している。逆に，群れ形成や協力的な行動をとらない生物を**単独性**という。

昆虫類では多様な社会性があるため，社会性の程度によって何段階かに分かれている（**図 11-1**）。例えば，親は卵を産むだけでそのまま放置し，子の世話をしないような場合は，先ほど示した単独性に相当する。単独性は最も社会性の程度が低い状態になる。一方，最も発達した社会性を**真社会性**という。真社会性では，同じ巣の中で，親子といった異なる世代が暮らし（世代の重なり），他の個体が産んだ子を育て（共同育児），繁殖に関わる個体とそうでない個体が存在（繁殖の分業）している。この 3 つの要素が揃った場合を真社会性といい，これらの性質の有無によって，社会性の程度を分類している。

ただし，社会性の程度は生物によって異なり，社会性の程度が高いから繁栄するという単純なことではないので，どのような種類の社会性を示すかという分類の一つとして，ここでは使う。

11.3　社会性とコミュニケーション

生物における**コミュニケーション**とは，同種の生物間での情報伝達に

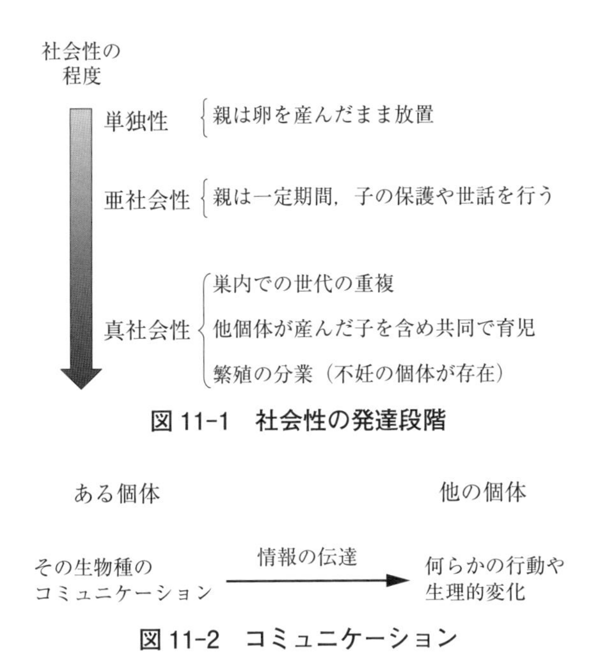

図 11-1　社会性の発達段階

図 11-2　コミュニケーション

よって，他の個体に影響を与えることをいう（**図 11-2**）。ヒトであれば，声，身振り，表情，文字といったものを利用して個体から個体へと，あるいは個体から集団へと情報を伝え，それを受け取った個体が有益な情報を得る，あるいは何らかの行動を起こすことをいう。イヌであれば，鳴き声，身振り，表情に加えて，においも情報の伝達に利用している。フェロモンを利用して異性の個体を引き寄せることも，多くの動物で知られている。ヒトを含む霊長類であれば，毛づくろいなどの個体間の接触もコミュニケーションの大切な位置を占めている。あるいは，魚類の中には自ら電気の流れを作り出し，コミュニケーションに利用する例もある。

単独性の動物であっても，これらのコミュニケーションが発達しているものもたくさんいる。カイコの成熟した雌は，その腹部の末端にある分泌腺から雄を引き寄せるためのフェロモンを分泌する。雄はそのフェロモンを触覚で受容する。そうすると，ただ引き寄せられるだけでなく様々な特徴的な行動を示す。その一つは翅を激しくばたつかせることである。

カイコは野生のクワコを人が飼育しやすいように家畜化した昆虫である。クワコは飛翔できるが，カイコは飛翔できない。したがって，翅を動かしても雌の方向に移動できるわけではない。カイコが翅を動かすのは飛翔が目的ではなく，その翅の動きによって自身の頭部から尾部，つまり前から後ろへの風の流れを作っている。その状態で進む方向を変えながらその場をゆっくりと徘徊するように歩き回り，フェロモンが流れてくる方向を探索する。そして，その方向を見極めるとそちらへ向かって移動を開始する。そして雌との接触に成功するとその横に入り込み自身の尾部を曲げて交尾を行う。

このように，フェロモンに誘引され，さらに雌と接触することによって，交尾の行動が起こる，つまり，フェロモンと，接触への感覚に対して，ある決まった行動を順番に実行することによって交尾に到る（**図11-3**）。この説明は実際の現象をかなり単純化したものだが，感覚受容と応答によって，異なる個体との共同作業がうまく成立しており，一つのコミュニケーションと言える。この過程でどのような中枢神経系がはたらいているかも調べられているので，今後はその情報処理の仕組みも明らかになってくるだろう。

11.4　ミツバチのコミュニケーション

11.4.1　8の字ダンス

人間の言語と比較的よく似た動物のコミュニケーションの1例として

①雌：尾部よりフェロモン放出

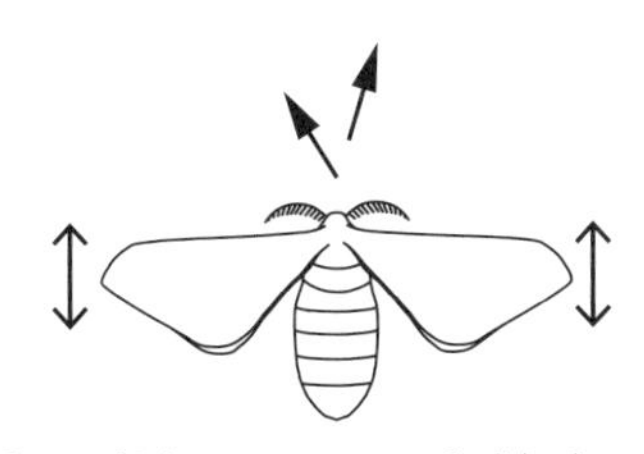

②雄：触角でフェロモンを感知すると翅を激しくばたつかせ，盛んに歩き回る

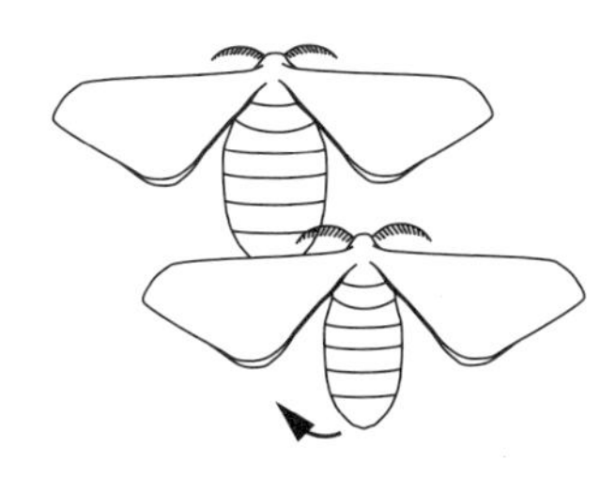

③雄：フェロモンの方向に移動し，雌の体に脚や触角が触れると尾部を曲げ，交尾を試みる

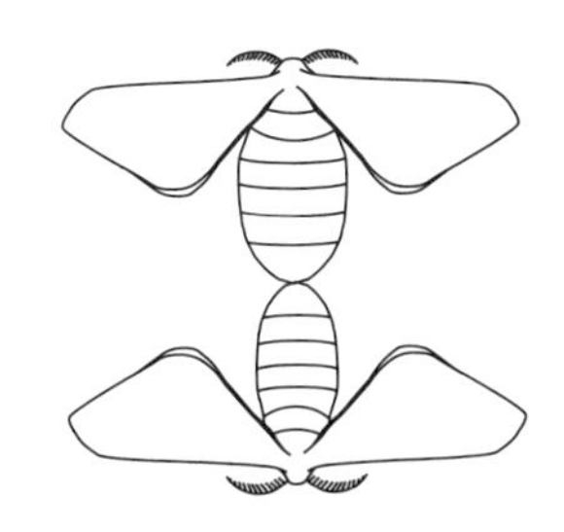

④雄：交尾できると移動を停止し，翅のばたつきも落ち着く

図 11-3　カイコの雌雄間のコミュニケーション
フェロモンへの感覚や触覚によって行動が変化する。

よく示されるのが，ミツバチに見られるダンスによる情報伝達である。ミツバチは自身が発見した花蜜や花粉を巣に持って帰るだけでなく，その場所を巣にいる他の個体に伝達するために一連の行動をとる。この蜜あるいは花の在り処を伝達する行動をダンスという。この情報伝達の特徴は，情報を発信するミツバチが過去の経験から得た記憶をもとに，今いる場所とは異なる場所の状況を伝達している点にある。これは極めて単純な言語と捉えることもできる。先に示したカイコのフェロモンや接触でのコミュニケーションの場合，信号であるフェロモンや接触の意味を解釈するという情報処理を行う必要はない。一方，ミツバチのダンス

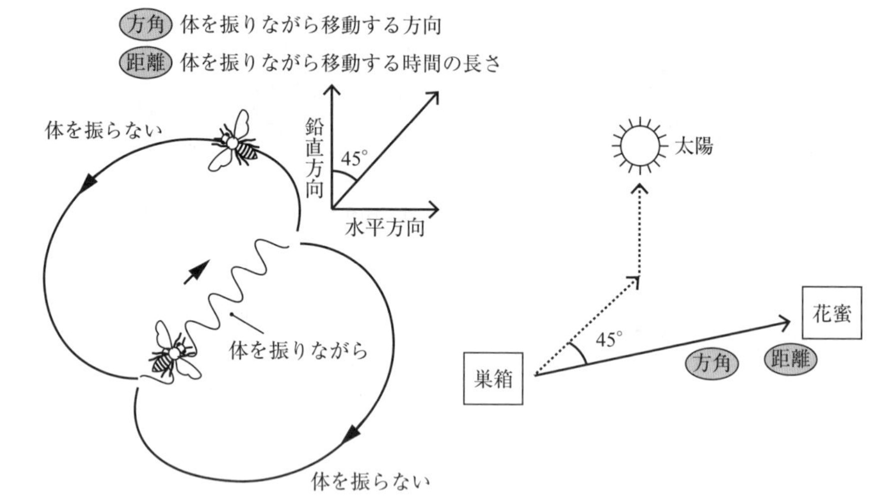

図 11-4　ミツバチの 8 の字ダンス（左）と花までの方角と距離（右）

では，意味を解釈する必要がある点で言語と類似する。

このミツバチのダンスの意味を解読したのが，オーストリアのカール・フォン・フリッシュである。後にこの成果を含む動物行動学への貢献により，ノーベル生理学・医学賞も受賞している。

ミツバチのダンスは 8 の字ダンスとも呼ばれ，採蜜から戻ってきたミツバチが巣の中で行う（**図 11-4**）。ミツバチでは，基本的に図のようにアラビア数字の 8 の字を描くようにぐるぐる回る。ただし，蜜のある場所によって，その向きや長さが異なる。

まず蜜がある方角をどのようにダンスで表現しているのかを確認しよう。ハチの巣内部でミツバチが動き回る面は垂直な壁であり，ダンスにおいては真上が太陽の方角を意味する。蜜の在り処を発信しているミツバチはその面で 8 の字を描くように歩き回ることを繰り返す。このとき，8 の字の上と下の丸が重なる部分を常に一定の方向に移動する。この移動の方向に対する，鉛直方向の下から上への方向の角度が，ちょうど巣から出て太陽と正対したときに，蜜のある方角とがなす角度と一致している。つまり，このダンスでは巣の上を太陽の方向と見立てて，ぐるっと回ってまっすぐ進んで，逆に回ってまっすぐ進むを繰り返し，そのまっすぐ進むときの方向が，太陽の方角と実際の蜜の場所に向かう方角とのずれになる。

また，このダンスには距離の情報も含まれている。方角を示すために8の字の丸と丸が重なる部分ではまっすぐに進むと説明した。その際ミツバチは腹部を左右に揺らしながら移動する。この揺らしている時間の長さが巣から蜜の場所までの距離となる。おおよそ500 mの距離で1秒くらい揺らしている。また，距離が短くなると8の字がくずれるが，それでも揺らしながら動く向きと長さで，蜜の在り処を伝達する。

この情報を受信するミツバチは一体どのようにして方角や距離の情報を受け取っているのだろうか。送信側も受信側も同じ平面上にいるため，ダンスを俯瞰的に見ることはできない。その代わり、受信側のミツバチはダンスをしているミツバチに自身の触角を側面から当てるように接触しながら，ダンスをしているミツバチとともに移動していく。また，腹部を振る際に音も出している。これら接触や音，あるいはその両方からダンスが示す情報を取得していると考えられる。情報を受け取ったミツバチたちは，各々独立に蜜の場所に向かい，蜜を集めて戻ってくる。それらもまた，戻ってくるとダンスを示すことになる。よって，蜜がたくさん集められる場所ほどその場所を示すダンスが多く行われ，より多くのミツバチが蜜をその場所へ取りに行くことになる。

このダンスは蜜の在り処だけでなく，新たな場所への引っ越し場所を決める場合にも使われる。ミツバチが引っ越す場合，まず巣の外で女王バチを中心に集合する。そして，新しい巣の場所を調べる役割のハチがその場所を探す。新しい巣の候補地を見つけると，他の個体が集まっている場所に戻り，蜜の在り処を示す場合と同様のダンスを行う。それに基づいて同様の役割を担う別のミツバチもその場所に行き，また戻ってきてダンスを行う。巣の設営に適した場合ほど，多くの働きバチがその場所を示すダンスを行うようになる。やがて何らかの方法で合意形成が行われ，最終的に移動する場所が決定され，新たな巣となる場所へ皆で移動すると考えられている。

11.4.2 フェロモンによるコミュニケーション

ミツバチは他にもコミュニケーションの手段をもち，特にフェロモンによるものが発達している。**フェロモン**とは，同種の他の個体の行動や生理的な反応を引き起こすために動物が分泌する化学物質である。カイコのところで示したように異性を引き寄せる性フェロモンが様々な動物でコミュニケーションに利用されている。異性を引き寄せる以外でもフェロモンは利用されており，ミツバチの場合，主に同じ巣にいる個体に対して様々な効果を発揮する，種々のフェロモンが知られている。

ミツバチの巣は，女王，働きバチ，オスバチ，未成熟個体からなる。女王以外は女王の子か，女王の母親の子になり，いずれも血縁関係がある。ただし，働きバチが採蜜，保育，巣の清掃などを行うのは，女王や未成熟個体と血縁関係にあるからではない。このような献身的な行動は，フェロモンを介して調節されている（**図 11-5**）。

ミツバチの女王にはフェロモンを分泌するための分泌腺が，複数箇所あることが知られている。その中でも，大顎腺フェロモンという大顎腺から分泌されるフェロモンが，女王からの信号として主な役割を担っていると考えられている。このフェロモンを受容した個体では様々な効果が表れる。まず，結婚飛行の際に雄の個体を誘引する性フェロモンとし

特定の行動を引き起こす効果（フェロモンがあるときに生じる）	生理作用に関わる効果（比較的効果が持続）
・巣内での“従者”行動の促進 ・巣の移転時の集合の促進 ・結婚飛行時の雄の誘引	・働きバチによる女王養育の抑制 ・働きバチによる産卵の抑制 ・働きバチの活動の促進 養育行動　採蜜行動 掃除行動　巣形成行動 巣の防衛行動

図 11-5　女王バチが出すフェロモンによる効果
文献［3］をもとに作成。

ての役割をもつ。また，巣の働きバチに対しては，その卵巣の発達や新女王の養育を抑制する。その他，**図 11-5** に示したようなことがフェロモンを受容した個体に生じる。

働きバチもフェロモンを利用したコミュニケーションを行っている。捕食者に対して攻撃するとき，働きバチは腹部末端に収納している針を外に出し，攻撃に利用する。その際に警報フェロモンが放出される。このフェロモンを受容した働きバチは，巣を防御したり，積極的に捕食者を攻撃したりする行動をとるようになる。

また，未成熟個体もフェロモンを分泌している。このフェロモンには，働きバチの卵巣の発達を抑制したり，女王の産卵活動や働きバチの採蜜・保育活動を調節して巣の成長を制御したりする効果があるとの報告もある。

ここに示した以外にも，フェロモンや，フェロモンに制御される行動や生理的変化がある。これらの化学物質を介したコミュニケーションにより，ミツバチの巣全体が制御されている。このようなフェロモンによるコミュニケーションを介した巣の制御は，アリやシロアリなどの他の真社会性昆虫にも見られる。

11.5 群れとコミュニケーション

ミツバチの場合，巣で共同生活を営む個体は親子や姉妹であったが，動物はそのような血縁関係が強い社会ばかり形成しているわけではない。群れを例に，違ったタイプの社会におけるコミュニケーションを群れの役割との関連に着目して見ていこう。

動物が**群れ**を形成する理由は，生態学では，個体に生存や繁殖上の利点があるためと考える。では，その利点はどのようなものであろうか（**図 11-6**）。一つは，捕食される危険性を下げることにある。いくつかの観察から，捕食者が群れを形成している餌動物（被食者）を捕食しようとする際，群れに含まれる被食者の個体数が多いほど，被食者個体の捕食される確率は低くなることがわかっている。つまり，大きい（個体数が多い）群れにいる方が，より生き残りやすいということになる。同様に被食者の群れが大きいほど，1 回の捕食行動で捕食者が捕獲に成功する確率は小さくなる，という実験結果もある。群れが大きいほどその中のどれかを捕まえられそうなので，成功確率は高いように思われるが，実際にはそうではないという結果が得られている。

群れが大きいことにより捕食を避けられる理由の中で，わかりやすいものは，捕食者を発見する確率が高まる点である。危険を察知すると，声を使って群れの他の個体にそのことを伝達する行動は，霊長類などではよく知られている。また，捕食者が近づいてきたとき，ある個体が逃げ出すと，他の個体もそれをきっかけに一定の方向に走り出す。このように逃げ出すことが信号となって，それが他の個体に伝わり，さらに別の個体も逃げ出すといったことが起こる。いずれにしろ群れの一部で察知されたことが速やかに他の個体に伝わることも大切になる。このような条件であれば，群れが大きいほど，個々の個体が危険を察知する確率

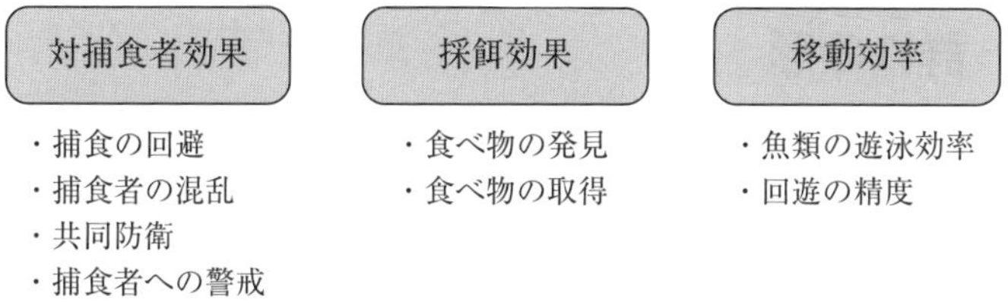

対捕食者効果	採餌効果	移動効率
・捕食の回避 ・捕食者の混乱 ・共同防衛 ・捕食者への警戒	・食べ物の発見 ・食べ物の取得	・魚類の遊泳効率 ・回遊の精度

図 11-6　群れの効果
文献［1］［2］をもとに作成。

は高まり，察知するまでの時間も短くなる。そうすれば，捕食される確率も下がるであろう。

群れることで捕食される可能性が減ることは，群れを形成する一つの利点となる。一方で，欠点としては食物の競争が起こることが挙げられる。発見した食物を他の個体に取られてしまっては栄養を得ることができない。しかし，エサの発見，取得の効率が群れによって逆に高まるのであれば，この問題は回避され，群れに加わることが利点となる。例えば，草原に生息する草食獣の場合，食べられる草がある場所を他の個体が発見すれば，自分で探すことなく栄養を得ることができる。また，群れで共同して狩りを行うことで，単独で行う場合よりも効率よく食物を得られるのであれば，群れにいることが効果的である。

このような群れからの利益を得るためには，単に群れにいればよいわけではなく，個体間でコミュニケーションをとることが重要である。他の個体が発見した捕食者や餌場の情報が伝わってこなければ，群れに属する利益は得られない。共同での狩りにおいても，集団で狩りをする，あるいは得られた獲物を分配するといった高度な社会的な関係を必要とし，そのためのコミュニケーションも必要になる。

11.6　群れの形

魚の群れの形成には視覚が大きな役割を担っている。様々な実験を行うと，視覚を遮った個体は群れに入ることができない，あるいは群れの泳ぎについていけないといったことが起こる。また，照明の明るさを変えることが，群れの集まり具合にどのような影響を及ぼすかを調べた研究もある。これらによると，照明を暗くした場合，群れていた個体が分散して分布すること，あるいは，群れが何かの拍子に分散したあとに集まるまでの時間は明るいときほど素早いことが知られている。実際に野外で見た場合，魚が群れを作っているのは昼間と薄明かりの時間帯である。それ以外では群れを形成せず，実際に個体間の距離を測定してみると，群れの個体は分散しているという。ただし，これらは，夜になると群れを離れてどこかに泳いでいくわけではなく，野外であれば，岩陰や底にとどまっているので，完全に群れがなくなるわけではない。実験の例でも，個体間の距離は昼間に比べて2倍程度になる。

一方で，暗くしたからといって，完全に群れが分散しない場合もある。あるいは回遊魚などは，夜だからといって，どこかで休むことができないので，群れで泳ぎ続けている。そういう場合は，視覚以外の感覚も利用しているに違いない。実際，側線感覚を利用している種類があり，こうした魚は，視覚を遮っても群れを形成するのに対して，視覚と側線感覚の両方を遮断すると群れを形成できない。

魚の群れの形はいくつかのタイプに分けられる。全体が一定の方向を向き，同じ方向に遊泳するもの，個々の個体の向きが定まらず同じ場所にとどまるもの，その中間的なもので体の向きは定まらないが徐々にある一定の方向に進むものや，ある場所を周回するものなどがある。これらは数値シミュレーションでも再現することができる。モデルは簡単で，

周囲と移動の方向を同調する設定

多くの個体が同じ向きで，
群れは移動する

各個体の移動速度に
ランダムな変化が生じる設定

群れを形成するが，
各個体の向きは異なり，
群れ自体の移動は少ない

図 11-7　鳥の群れのシミュレーション

反発する距離（近づきすぎると離れる距離），定位を行う距離（近づいてきた個体と同じ動き［向きを揃える］をする距離），誘引の距離（ある一定範囲だけ離れた個体により近づこうとする距離）という 3 つの要素で説明する。そして，個々の個体は全体ではなく，自身の周囲の個体に対して，この距離や向きを保てばよい。このモデルは現実とよく一致する。それは，魚が何らかの感覚で周りの魚と距離を測り，その向かう先を修正していることを意味している。これはコミュニケーションではないかもしれないが，他の個体の存在を視覚や側線感覚で把握し，自らの遊泳方向や遊泳速度を制御している。群れで泳ぐ魚は側面や尾部に特徴的な模様や色を示しているものがあり，それを見て，同調しているのではと考えられている。飛翔中の鳥の群れも似たような簡単なルールで，様々な大きさや形の群れを形成することができるモデルがある（**図 11-7**）。このモデルでは，視野範囲，近づきすぎた時に離れる距離，移動速度のランダムな変化の頻度といった要素の設定が群れの形成に影響を与えるため，実際の群れであっても視覚や翼などの位置の感覚が影響を与えている可能性がある。

11.7 まとめ

社会性の発達を見る上では，コミュニケーションの手段が大切である。それに加えて，移動方向の決定など集団を維持する仕組みも新たな視点であろう。ミツバチの例では，フェロモンやダンスを介してコミュニケーションが行われ，新しい巣を作る引っ越し先の探索を女王ではなく働きバチが行う点も興味深い。こうしたコミュニケーションや意思決定の仕組み，およびそこでの中枢神経系の仕組みが今後明らかになっていけば，私たちの生活にも利用できることがあるかもしれない。

参考文献

［1］N. B. Davies・他『デイビス・クレブス・ウェスト　行動生態学　原著第 4 版』共立出版，2015
［2］一般社団法人日本魚類学会・編『魚類学の百科事典』丸善出版，2018
［3］Laura Bortolotti and Cecilia Costa, "Chemical communication in the honey bee society", *Neurobiology of Chemical Communication*, Carla Mucignat-Caretta, ed., CRC Press/Taylor & Francis, 2014
［4］Uri Wilensky, "NetLogo", http://ccl.northwestern.edu/netlogo/. Center for Connected Learning and Computer-Based Modeling, Northwestern University. Evanston, IL., USA 1999

12 植物の環境応答

二河　成男

《目標＆ポイント》 植物も環境の変化を受容し，その情報を伝達し，適切な応答を行うことによって生きている。本章では，植物が光や外部環境をどのように受容して，それに応答するのか，そしてどのようにして体の中での情報伝達を行っているのかを学ぶ。

《キーワード》 光屈性，フォトトロピン，植物ホルモン，オーキシン，気孔，アブシシン酸

12.1 はじめに

植物も生物であり，外部の環境を感じ，適切な応答を行っている。また，種子の状態から出芽し，地上部と地下部にそれぞれ成長していく。したがって，体の部位によってもその置かれている環境が違っている点が，植物の特徴とも言える。地上部と地下部の間の情報伝達も生きていく上では欠かせないものである。ここでは，植物の成長に伴う環境の変化，1日の間に起こる周期的な変化，他の生物との関わりとこれらに対する応答など，植物の感覚と応答について見てみよう。

12.2 光の感知と応答

植物は様々な色素をもっている。色素は植物自身が合成する物質であり，可視光のうち，特定の波長の光を吸収すると同時にそれ以外の波長の可視光を反射する機能を有する。したがって，光の吸収を利用して，

何らかの応答を行うことが可能である。植物の場合，色素の典型的な例として，**クロロフィル**という（葉緑素とも呼ばれる）色素がよく知られている。植物はクロロフィルを用いて，太陽光を受け，そのエネルギーを使って光合成を行っている。

このような“色素”を利用して環境の変化を細胞に伝えるものがある。その一つが**フォトトロピン**というタンパク質である。このタンパク質は，FMN（フラビンモノヌクレオチド，リボフラビン-5′-リン酸と同義）という色素をもつ。この色素は黄色の色素であり，食品にも使われる。黄色に見える理由は青色光を吸収する性質をもつためである。フォトトロピンはこの色素に青色光を受けると，自身のリン酸化酵素としての機能が活性化される。そして，自身，あるいは周りの他のタンパク質にリン酸を付加し，それらを活性化する。このような青色光の受容能とリン酸化を介した細胞内へのシグナル伝達能を備えるフォトトロピンは，光の受容体と言える。

フォトトロピンは，植物の光に対する様々な応答に関与していることが知られている。まずは，そのタンパク質名の由来にもなっている**光屈性**（phototropism）を紹介しよう。光屈性は，太陽光や白色光などを特定の方向からのみ成長中の植物に光を当てると，その光の方向に植物が屈曲する現象である（**図 12-1**）。植物はその生存に光が必要なので，現代的な生物学を学んだ人であれば，このような性質をもっていることは理にかなっていると，違和感なく受け入れられるかもしれない。しかし，このような考えは，光屈性が知られた当初からあったわけではない。まずは歴史を振り返ってみよう。

植物と光との関係はすでに古代ギリシャ時代の文献にも見られるが，生物に関わる書物を残したアリストテレスやテオプラストスは，植物には感覚のようなものはないと考えていたため，植物が光を感知して曲

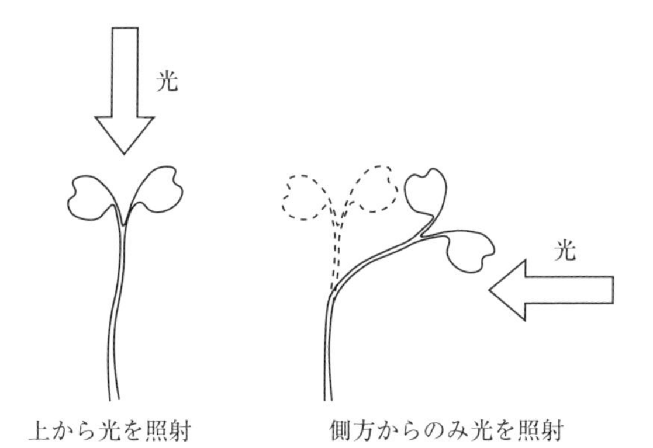

図 12-1　光屈性

がっているとは考えなかった。16 世紀末にオジギソウがヨーロッパで広く知れ渡ると，植物も環境や光を感知できることが受け入れられるようになった。一方で，16〜17 世紀にかけて光屈性の実験も行われてきたが，屈性の原因が光であるという説の記述は見られず，風や温度を感じているという説が一般的であった。植物には動物のような様々な感覚器官を有する頭部はない。そのため，動物の皮膚にあるような圧覚や温度感覚があると考えたのかもしれない。ようやく 18 世紀半ばにフランスの植物学者のデュ・モンソーが，植物は光の刺激を受けて光屈性が生じると結論づけた。

次に，光をどこでどのように感知しているのか，そして，その感知した情報をどこからどのように伝達して，最終的に光屈性を示すのかが問題になった。これを明らかにする上で，いくつかの興味深い実験が行われてきたので，先人の工夫を見てみよう。

1880 年にダーウィンとその息子のフランシス・ダーウィンが草葦（くさよし）を使った実験を行っている。若い子葉に，無処理（**図 12-2A**），上部切断（**図 12-2B**），裏を黒く塗ったガラス管などをかぶせて上部を遮光（**図**

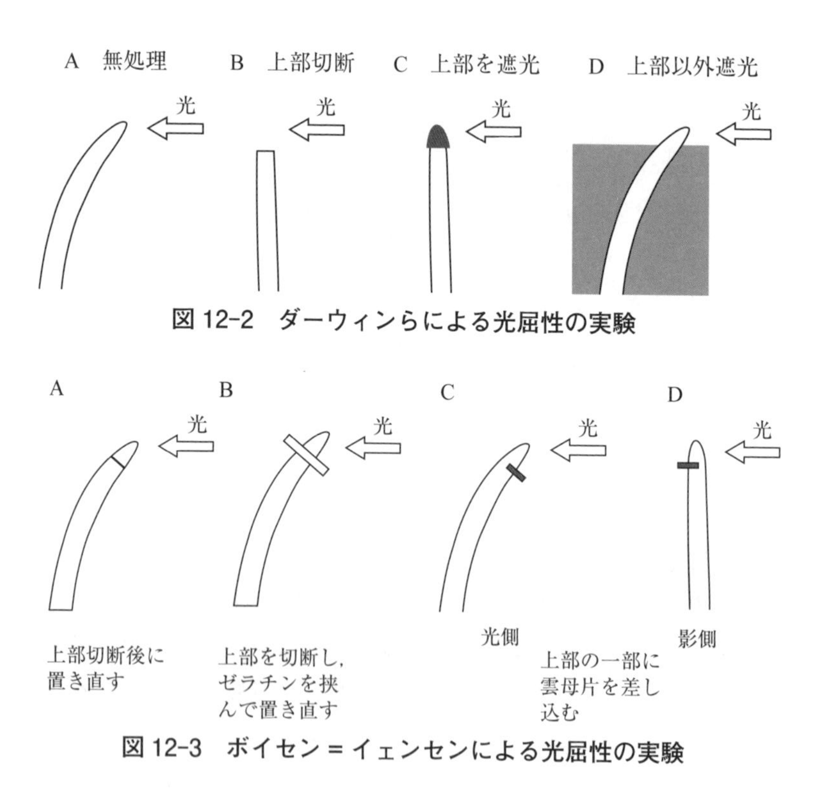

図 12-2　ダーウィンらによる光屈性の実験

図 12-3　ボイセン＝イェンセンによる光屈性の実験

12-2C），砂で上部以外遮光（図 12-2D）といった操作を行い，横からのみ光を当てた。その結果，上部切断，あるいは上部が遮光されると子葉はまっすぐ上に伸び，光屈性が生じないことがわかった。つまり，上部に光が当たることが重要であることが明らかになった。

1910 年には，ボイセン＝イェンセンがえん麦を用いた実験により，子葉内部での物質の移動が大切なことを示した。この実験では子葉に対して，上部を切断して置き直す（図 12-3A），上部を切断してゼラチンを挟んで置き直す（図 12-3B），上部に雲母片を照明側半分に差し込む（図 12-3C），上部に雲母片を影側（照明と反対側半分）に差し込む（図

12-3D）操作を行い，横からのみ光を当てた。その結果，照明と反対側に雲母片を差し込んだもののみ，屈曲が起こらなかった。この結果は，①ゼラチンは通り抜けるが，雲母は通り抜けられない物質が屈曲に関与していること，②この物質は光と反対の影側で移動し，それが妨げられると光屈性が生じないことを示した。

1919年にパールは，光を当てることなく屈曲を起こす条件を見出した。その方法では子葉の上端を切断し，それを横にずらして置き直す。そうすると光を横から当てなくとも上端がない側（ずらした方向と反対側）に屈曲することを明らかにした。これにより，何らかの成長促進物質が偏ることによって屈曲が生じることが推測された。

このようにして，何らかの成長促進物質が上端から下に向かって流れており，光を受けるとその分布に偏りが生じ，その結果影の側の成長が促進され，屈曲することが明らかになった。そして，1931年にこの成長促進物質が同定された。これは現在では**オーキシン**と呼ばれる**植物ホルモン**である。つまり，光によってオーキシンの分布に偏りが生じるため，光屈性が起こる（**図12-4**）。

光屈性におけるオーキシンの役割は，応答する（影側で細胞を大きくする）領域に移動し，応答のために必要な情報を伝達することである。オーキシン自体は光を受容することができないので，何らかの光を受容する役割を担う物質が必要である。それが先に述べたフォトトロピンになる。では，フォトトロピンはどのように光を受容して，その結果オーキシンの偏りが生じるのだろうか。

先ほど説明したように，フォトトロピンは青色光を受けると自身だけでなく，リン酸化を介して他のタンパク質も活性化する。これらの活性化されたタンパク質は，オーキシンの輸送機構を操作していると考えられている。この仮説ではオーキシンを細胞外に輸送するタンパク質は，

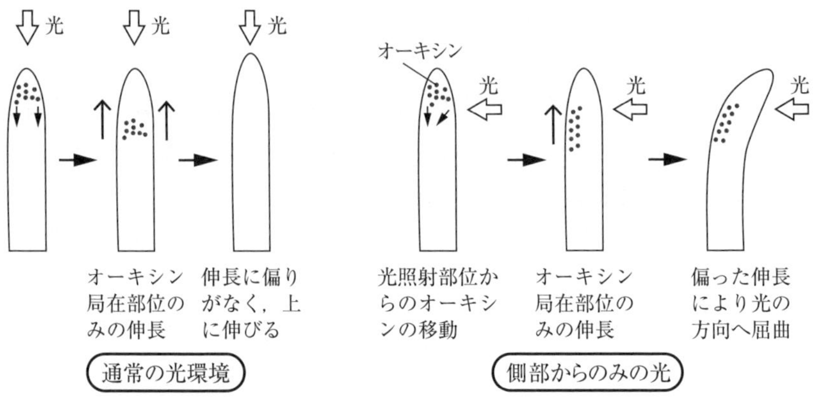

図 12-4　光屈性におけるオーキシン分布の仮説

光が上から当たる通常の状態では細胞の上部に少なく，下部に多く存在する。この状態ではオーキシンは徐々に下に流れる。一方，光が側部から当たる光屈性が生じる条件下では，光によって活性化されたフォトトロピンが細胞内の何らかの仕組みを制御して，オーキシンを細胞外に輸送するタンパク質を細胞内で光が当たった面とは逆の面により多く配置し，光が強く当たった細胞ほどこの偏りが大きくなると仮定する。このようなことが実際に起これば，オーキシンは影の部分に偏ることになる(**図 12-5**)。こうしてオーキシンが増えた部分，つまり影の側の細胞において細胞が伸長して大きくなるので，屈曲が生じる，という筋書きである。現時点ではフォトトロピンの光受容と活性化が光屈性に関与すること，オーキシンの分布が偏ることはわかっているが，その他の仕組みは明確になっていない部分がある。

そしてもう一つ，光屈性が生じるには影側の組織が光側の組織より長くなる必要がある。これは影側の細胞が伸長するためである。このオーキシンによる細胞伸長の仕組みを**酸成長説**という（**図 12-6**)。この細胞

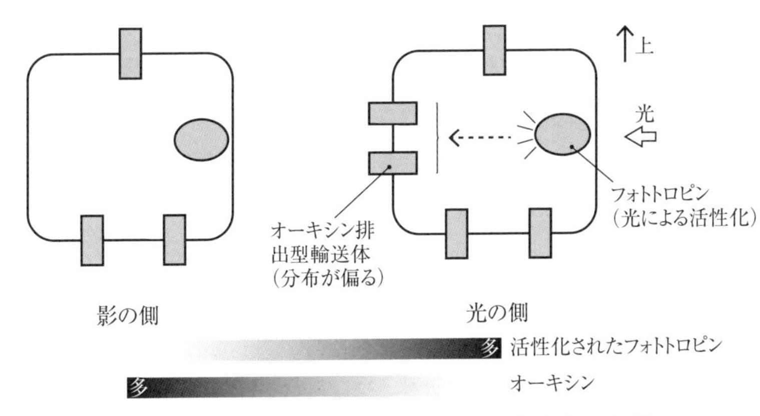

図 12-5　光によるオーキシンの分布変化の仮説
光を受けた側の細胞でフォトトロピンが活性化される。その結果何らかの仕組みで，オーキシン排出型輸送体の分布が水平面において，光の当たる細胞では光と反対側への偏りが生じる。こうして影側にオーキシンが輸送され，その濃度が影側で高まる。

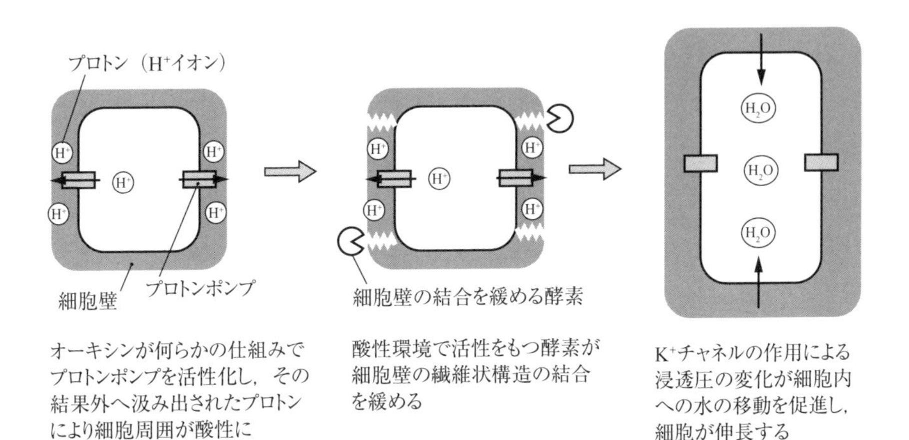

図 12-6　光屈性時の細胞伸長の仕組み

伸長では，まずオーキシンが間接的に細胞膜の**プロトンポンプ**を活性化する。プロトンポンプは細胞内のプロトン（水素イオン）を細胞外に排出するタンパク質である。プロトンが細胞外へ輸送されると細胞外は酸性の状態になる。その状態になると細胞壁の結合を緩める酵素群が活性化され，細胞壁が緩み，細胞が大きくなることが可能になる。

12.3　気孔の開閉

12.3.1　気孔の役割

植物の中で動く構造の一つに**気孔**がある（**図 12-7**）。数個の細胞が集まった小さな構造なので裸眼では見えないが，気孔が多くある葉の裏面を薄くはぐことができる植物材料と顕微鏡があれば，観察することができる。気孔は葉に多数存在し，いくつかの役割を担っている。一つは**二酸化炭素**の取り込みと**酸素**の放出である。また，水を蒸散することによって根から水分や栄養の取り込みを活発にする，あるいは葉などの温度を下げるなどの役割もある。

気孔は基本的に太陽が昇ると開き，太陽が沈むと閉じる。このような開閉を行う理由は，気孔のはたらきが光合成と密接な関係にあるためである。**光合成**は日が昇れば行われるため，速やかに二酸化炭素を取り込む必要がある。また，光合成によって生じる酸素を速やかに外に出す必要もある。したがって，多くの植物では日が昇れば気孔が開くようになっている。

一方，夜になれば光合成を行うことはできない。植物は夜も呼吸をするため酸素が必要だが，それは気孔からではなく，葉などの表面からの吸収で十分足りる。よって，日が落ちれば，水分の放出を防ぐ上でも気孔を閉じることが適している。ただし，乾燥地域の植物には，昼間に乾燥を防ぐために気孔を閉じて，夜に気孔を開いて二酸化炭素だけを取り

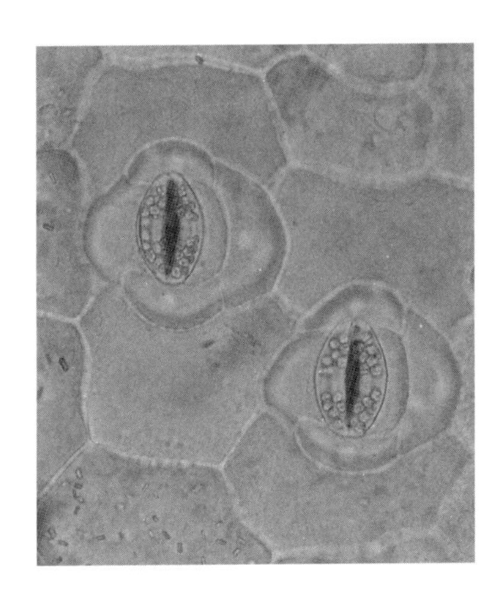

図 12-7　ムラサキツユクサの気孔
長径が 0.05 mm 程度。

込んでおき，日中にその二酸化炭素を利用して光合成を行うものもある。

また，水を根から吸うことができない状態で水を蒸散すると体内の水分が欠如するため，水分が不足している場合も気孔を閉じる。したがって，光や水に関連して気孔の開閉は制御され，その感知や信号の伝達の仕組みがいくつか明らかになっている。特に動物でよく利用されている，電位差の形成とそれによって開く電位依存性チャネルや，ペプチドホルモン様の分子を使っているので，生物の共通点にも注目してもらいたい。

12.3.2　気孔の開口

気孔はその開口部が**孔辺細胞**という 2 つの細胞で囲まれている（**図 12-8**）。この細胞が膨張すると気孔が開いて，収縮すると気孔が閉じる仕組みになっている。膨張する仕組みは浸透圧を利用したものである。最終的にカリウムイオン（K^+），あるいは糖分を孔辺細胞に取り込むこ

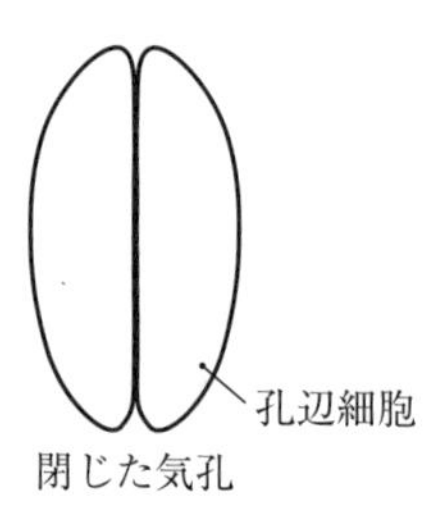

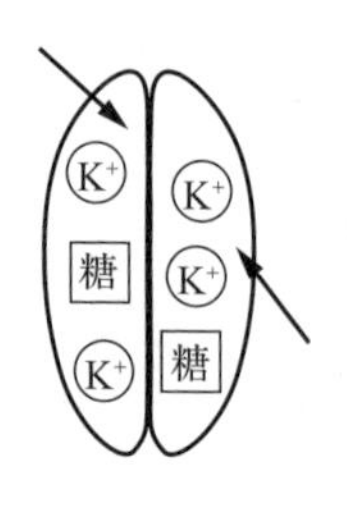

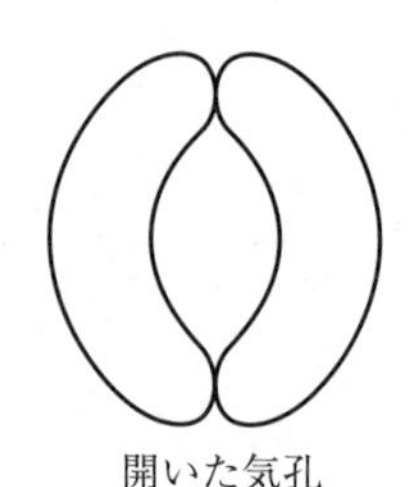

K^+イオンの取り込み，糖の取り込みや合成により，細胞内での量が増える

浸透圧が高まり，内部に水が入ると，細胞が大きくなり気孔が開く

図 12-8　気孔は浸透圧を利用して開く

とによって，浸透圧により水も孔辺細胞内に入り込む。そうすると孔辺細胞は膨張し，気孔が開く（**図 12-8**）。逆にこれらの物質を細胞の外に出せば，水も外に出ていくので，細胞は収縮し，気孔は閉じる。さて，このような応答を行うために，植物はどのように光や水不足を感知しているのだろうか。

気孔の開口は，青色光や赤色光で促進される。青色光を受容する受容体は孔辺細胞自身にあり，それは光屈性と同じく**フォトトロピン**である。そして，光を受けてフォトトロピンが活性化されると，それがきっかけとなり**プロトンポンプ**が活性化される（**図 12-9**）。そうすると，陽イオンであるプロトンが細胞の外に輸送され，細胞膜はイオンに対して半透膜となっているので，内外に電位差が生じる。孔辺細胞の細胞膜には，電位差に応答して開くカリウムチャネルが存在する。一定の電位差が生じるとこのイオンチャネルは開くので，電位差を利用して孔辺細胞内にカリウムイオンが流れ込む。これによって，細胞内のカリウムイオンの濃度が高まり，それを打ち消すように細胞内に水が入り込む。その結果孔辺細胞が膨張し，気孔が開く（**図 12-9**）。

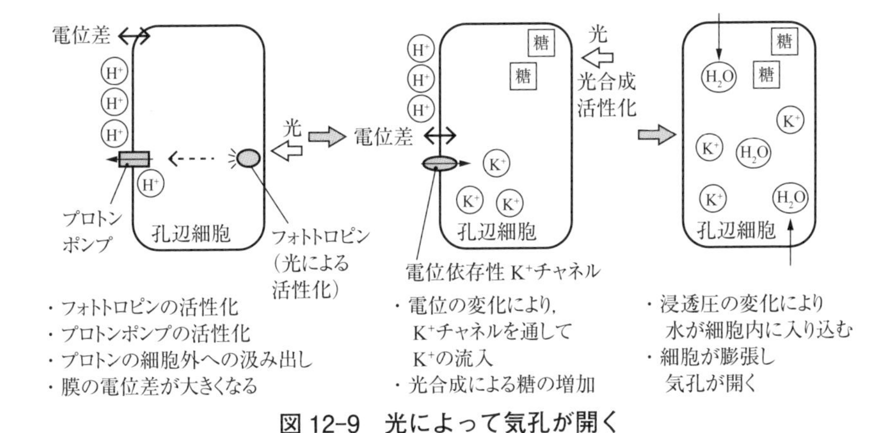

図 12-9　光によって気孔が開く

赤色光に関しては，気孔の開閉に関わる明確な受容体が発見されておらず，現時点では以下のように，光合成自体のはたらきによって生じていると考えられている。赤色光を受けると，植物では光合成が促される。その結果，葉や孔辺細胞内の二酸化炭素濃度が減少し，光合成産物に由来するスクロース（糖）の量が増える。これによって，孔辺細胞への浸透圧が高まり，細胞内への水の流入が起こり，青色光によって生じた一連の孔辺細胞の膨張をサポートすると考えられている。

12.3.3　気孔の閉鎖

気孔の閉鎖は孔辺細胞の収縮による。したがって，開口とは逆の変化が必要になる。これが**アブシシン酸**という植物ホルモンのはたらきによることは知られていた。しかし，どのようにして水分不足などの環境の変化を感知するのかはよくわかっていなかった。

最近シロイヌナズナにおいて，水分不足の情報を細胞間で伝達する際に，ペプチドホルモン様の分子が利用されていることが明らかになった。

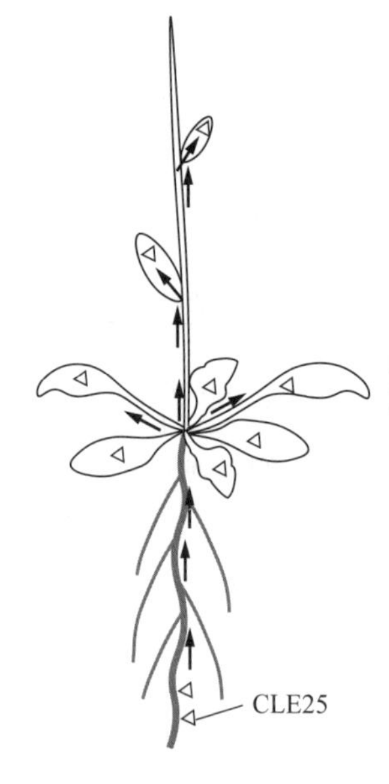

図 12-10　CLE25 ペプチドは根から葉に運ばれる
乾燥状態を感知した根は CLE25 を合成し，道管に放出する。

このペプチドホルモン様のタンパク質は CLE25 ペプチドという。シロイヌナズナでは乾燥ストレスにさらされると，根の細胞でこの遺伝子の発現が促進され，CLE25 ペプチドが合成される。その後，CLE25 ペプチドは道管を通って根から葉に移動して，葉にある CLE25 ペプチドの受容体に結合して，情報伝達を行う（**図 12-10**）。

この信号を受容した葉の細胞では，アブシシン酸の合成や蓄積が行われる。合成されたアブシシン酸は孔辺細胞にはたらきかける。その結果，開口のときとは逆にプロトンポンプと内向きカリウムチャネルの機能が抑制され，陰イオンチャネルや孔辺細胞内部から外にカリウムイオンを輸送するイオンチャネルが活性化される。これによって，中にあったカリウムイオンは外に放出され，細胞内にあった水は外に出ていき，細胞は収縮し，気孔を閉じる（**図 12-11**）。

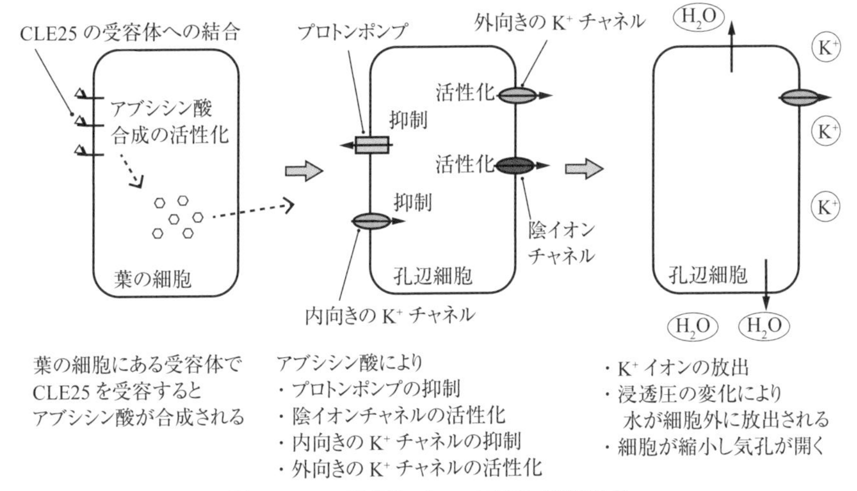

図 12-11　乾燥によって気孔が閉じる

12.3.4　電位差とペプチドホルモン

このように気孔の開閉の調節において，動物と同じような仕組みも利用している点は興味深い。細胞膜に電位差を作り，それによって活性化するイオンチャネルは，動物の細胞での情報伝達でもよく知られた仕組みである。また，ペプチドホルモンを用いて，異なる部位にある器官や組織の間で情報伝達を行う点も似ている。

12.4　植物と動物のコミュニケーション

植物は子孫の分布を広げるために，自ら移動したり，体に付着したものを自ら取り除いたりすることができない。しかし，このような問題点を他の生物，特に動物を利用して行うことが知られている。例えば，被子植物の花が，赤，青，黄といった目立つ色をしていたり，香りや蜜をもっているのは，花粉を動物に運搬してもらうためである。あるいは，

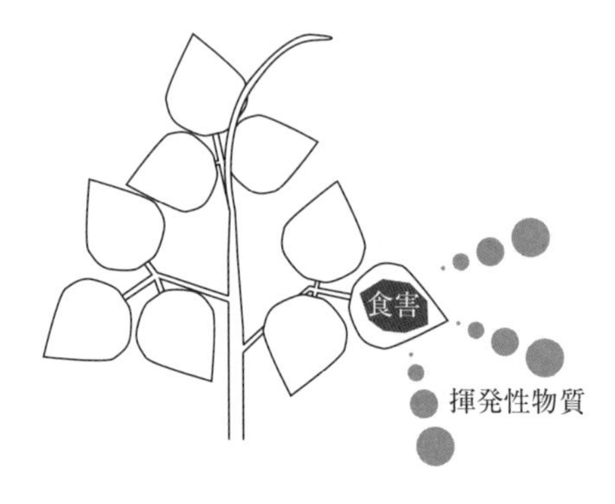

図 12-12　植物の食害に対する応答
ライマメはナミハダニに食害されると，リナロールなどの揮発性物質を放出し，ナミハダニの天敵であるチリカブリダニを誘引する。

実った果実が赤や橙といった色になるのは，それを鳥や哺乳類に食べてもらって，中身の種子を散布してもらうためである。このように被子植物は動物の視覚，嗅覚，味覚にとって魅力あるものを提供して，自身の繁殖の成功率を高めている。

上記の例は繁殖であったが，自身の生存しやすい環境を作るためにも，動物を利用している。その一つは，捕食性の昆虫を呼び寄せるという方法である。植物は自身の葉を食べられたとき，揮発性物質の合成を行い，それを散布する。そうすると，そのにおいをかぎつけた捕食者が来て，植物を食害している植食者を食べるという戦略である（**図 12-12**）。このような揮発性の物質を植食者誘導性植物揮発性物質（HIPV）という。HIPV となるのは，揮発性で，捕食者が好む香りである。例えば，ナミハダニの天敵のチリカブリダニの場合，リナロール，サリチル酸メチルなどを含む 6 種類の物質からなっている。ライマメがナミハダニに食害されると，ライマメはナミハダニの天敵であるチリカブリダニが好む HIPV を放出する。

コミュニケーションとしては興味深いが，植物はどのような植食者に食べられたのかをわかっているのだろうか。例えばキャベツは，食害した昆虫によって，異なる組み合わせのHIPVを放出していると考えられている。したがって，何らかの仕組みで植食者を区別している可能性がある。その候補として挙げられるのは食害する昆虫の唾液成分で，植物はその違いを識別しているのではないかと考えられている。

12.5　まとめ

植物の環境応答として，光屈性と気孔の開閉について，その受容体，情報を伝達する仕組みを説明してきた。植物も，その体を曲げたり，気孔を開閉させたりといった，種々の応答を行う。つまり，植物も外部環境を感知し，体内の離れた部分に情報の伝達を行い，特定の細胞を動かすといった応答が可能である。20世紀初め頃から多くの実験がなされてきたが，その実態が明らかになってきたのは比較的最近である。現在では，細胞や分子のレベルで現象を理解できるようになってきた。

植物は，化学物質を介して，他の生物を利用することもできる。昆虫や鳥による花粉の送粉や種子の散布も動物の感覚と応答を利用したものである。

参考文献

[1] Irene Ridge, ed., *Plants*, Oxford University Press, 2002
[2] 水谷正治，士反伸和，杉山暁史・編『基礎から学ぶ植物代謝生化学』羊土社，2018

13　免疫系による認識と応答

二河　成男

《目標＆ポイント》 様々な生物において，自己と非自己を識別して，非自己に対して防御応答を行う生体防御反応が発達している。その中でも動物に見られる，体内に入り込む非自己への生体防御系を免疫系という。本章では，自己と非自己の識別，非自己の認識や，非自己に対する応答に関わる免疫機構について学ぶ。
《キーワード》 自然免疫，適応免疫，パターン認識受容体，B 細胞，T 細胞，免疫グロブリン，T 細胞受容体，遺伝子再構成，MHC

13.1　はじめに

生物は感染性の細菌やウイルスに対応するために，様々な生体防御の仕組みを保持している。免疫系では，病原性の細菌やウイルスなどの非自己を認識して，それを最終的に無害な状態へと分解する（図 13-1）。これは動物の感覚と応答の仕組みと類似する部分が多い。視覚では，光の刺激を受容して，それを中枢神経系に伝え，そこで処理をし，応答する。ヒトの場合であれば，視覚で見えたものが何かを判断して，それに応じた応答を行う。免疫系では，非自己が入ってきたことを探知して，様々な方法で非自己に対抗できる細胞にその情報を伝達する。そして，非自己への対抗手段を備えた細胞が，情報伝達を受けて非自己を無害な状態にする。つまり，非自己を受容し，その情報を伝達し，分解という応答を行う。免疫系には，複数の情報を処理して認知や判断をする脳のような機構，あるいは

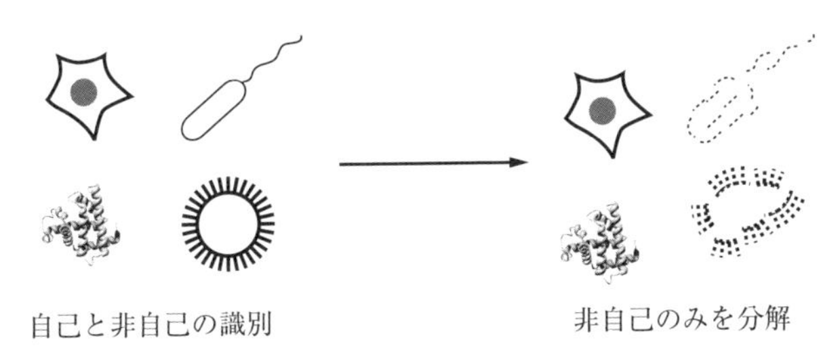

図 13-1　免疫系の感知と応答

素早い伝達を行う神経系はないが，それらの点を除けば，仕組みとしては似た部分がある。まずは，生物が非自己をどのように認識するのかを示す。そして後半部分では，認識した情報の伝達方法や，免疫応答の中で非自己を体内からどのように除去するのかを解説する。

13.2　非自己の認識

免疫における**非自己**を認識する成否の鍵は非自己に由来する分子を認識することにあると言える。病原性微生物やウイルスの構造全体からそれらを非自己として認識する方法はなく，それらを構成する特徴的な分子などと特異的に結合するタンパク質（**抗体**や**受容体**）によって非自己の認識が行われている。この点では味覚や嗅覚の受容と類似する部分がある。味覚や嗅覚では，様々な分子と特異的に結合するタンパク質である**受容体**を介して感覚受容が行われ，分子の種類の違いをにおいや味として知覚している。免疫と味覚や嗅覚では，受容に用いる受容体も認識できる物質も異なる。その一方で，物質という手がかりから特定の生物や物体を感知する点は類似している。

非自己を受容体で認識するこのような方法において問題となることは，非自己の多様性である。細菌やウイルス，あるいはその他の体内に入ってくる異物は極めて多様である。ほとんどが有機化合物という点は同じだが，自己である生物自体も有機化合物からなるので，自己と非自己を区別するには分子の構造の微小な差異を識別することが必要になる。ただし，細菌やウイルスの種類ごとにも構成している分子の構造に違いがあり，膨大な種類の受容体が必要になる。

この問題に対処するために，哺乳類では**自然免疫**と**適応免疫**（獲得免疫）という2種類の免疫機構が発達している（**表 13-1**）。自然免疫は，生まれたときから非自己を認識できる免疫である。一方，適応免疫は生まれたあとに細菌やウイルスに感染することによって，それらを非自己として認識し除去できるようになる免疫である。

自然免疫の受容体は，細菌やウイルスが共通にもつ構造をその認識に利用している。例えば，細菌の表面は異なる細菌でも類似の物質で覆われている。一方，動物の細胞の表面にある物質は細菌の表面にある物質とは異なるので，細菌の表面に共通に見られる分子（物質）をもとに細菌を認識することができる。このような事前準備型の免疫は，すべての非自己を除去するには不十分な仕組みであるが，少ない種類の受容体で効率よく非自己に対処できる。

適応免疫の受容体は，主なものが2種類ある。どちらも，免疫細胞が分化して成熟していく過程で，細胞ごとにその受容体の遺伝子情報の再構成が起こる。その結果，細胞ごとに少しずつ違った構造をもつ受容体を作ることができる。したがって，細胞の数だけ多様な受容体ができるとも言える。このように大量の種類を準備しておいて，いざ非自己が入ってきたとき，非自己を認識できる受容体はほんの少しだが，この少しを手がかりとして，時間をかけて未知の非自己を確実に捕捉していく仕組みは，生物に見られる洗練された分子機構の一つと言える。以下では，これら2つの哺乳類に見られる免疫機構について説明する。

表 13-1　自然免疫と適応免疫

	自然免疫	適応免疫（獲得免疫）
特徴	感染前から準備（先天的）	感染後に作り出す（後天的）
標的となる非自己の範囲	細菌の細胞壁の構成分子などの特徴的な物質	あらゆる非自己の物質に対応
主な細胞や分泌物質	マクロファージ，好中球，抗菌ペプチド	B 細胞，T 細胞，抗体
応答までの時間	体内への侵入直後	1 回目の感染であれば 1～2 週間かかる

表 13-2　自然免疫が認識する主な物質

微生物に共通する構造	細菌の細胞壁	リポ多糖（LPS） リポタイコ酸 ペプチドグリカン
	細菌の鞭毛構造	フラジェリン
	ウイルスの遺伝情報	1 本鎖 RNA 2 本鎖 RNA
	細菌やウイルスの DNA	CpG DNA
自己の損傷部位に由来する物質	ミトコンドリア	ホルミル化ペプチド
	細胞外マトリックス	プロテオグリカン
	尿酸	結晶化した尿酸

13.3　自然免疫の受容体による認識

非自己で体内に入ってきて困るものの一つは病原性の細菌である。細菌は細菌特有の分子をもつため，それを特異的に検出できれば，体内に細菌が入ってきたことを認識できる。細菌特有の分子としては，リポ多糖，ペプチドグリカン，鞭毛（べんもう）を構成するフラジェリンといった分子が代表的なものとなる（**表 13-2**）。自然免疫に関わる免疫細胞は，これらの分子と特異的に結合できる受容体を備えており，体内に入ってきた細菌を非自己として認識することができる。

自然免疫によって認識可能な分子にはいくつかの特徴がある。一つは，細菌や真菌（カビや酵母）の表面を構成する物質である。動物の細胞にはそれらに類似する物質はないので，非自己を特異的に認識できる。また，ウイルスの中にはRNAを遺伝情報とするものがあり，このRNAを認識する受容体もある。動物の細胞にも1本鎖RNAはあるが，自身のものは特定の分子が付加されており，ウイルス由来のRNAとは区別可能である。また，哺乳類のDNAは，メチル化というメチル基の修飾がなされていることが多い。一方，細菌やウイルスではそのような修飾は見られないので，非自己としての認識に利用できる。

動物では，これらの自然免疫に関わる非自己を認識する受容体を，他の受容体と区別するために**パターン認識受容体**ともいう。その中でも有名なものに**Toll様受容体**がある（**図13-2**）。もともとはショウジョウバエの発生に関わる遺伝子として発見された。哺乳類のToll様受容体は複数の種類があり，いずれも主にマクロファージ，樹状細胞という自然免疫に関わる細胞や，適応免疫にも関わるB細胞で発現し，細胞膜やエンドソームという細胞小器官の膜に存在する。

パターン認識受容体において非自己を認識するパターン認識部位は，細胞外やエンドソーム内に向いている。細胞外の細菌や，エンドサイトーシスにより細胞外からエンドソームに取り込んだウイルスなどを構成する分子と，このパターン認識受容体が結合することによって，細胞は非自己の存在を感知して，免疫応答反応を行う。

エンドソームは細胞外の分子の取り込みやその加水分解を行う細胞小器官として知られてきたが，上記のようなことが明らかになり，エンドソームは自然免疫による非自己の認識とその情報伝達の場としてのはたらきも注目されている。

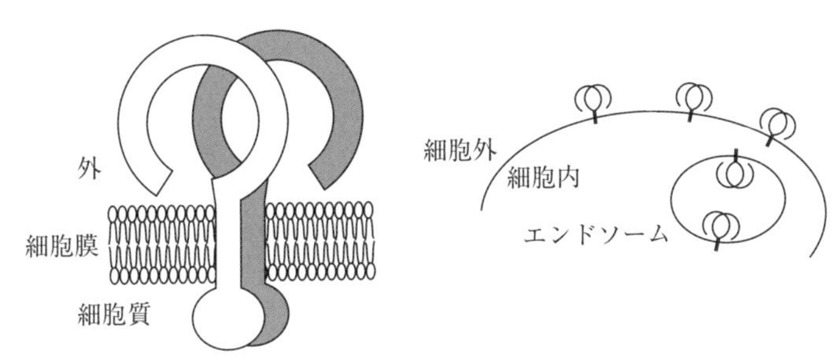

図 13-2　Toll 様受容体（左）とその細胞内の局在（右）
2 つの受容体の細胞外ドメインで挟むようにして様々な微生物成分を認識する。

13.4　適応免疫による認識

13.4.1　B 細胞と T 細胞

適応免疫に関わる主な免疫細胞は B 細胞と T 細胞である。B 細胞と T 細胞は幹細胞から分化して，成熟した免疫細胞になる過程で，非自己を認識するための受容体遺伝子に**遺伝子再構成**（後述）という特別な現象が起こる。これらの細胞だけに起こる現象で，非自己やその分解物と接する以前に生じる。遺伝子再構成によって，感染したことがないウイルスや細菌も非自己と認識できる受容体遺伝子が生じる。

適応免疫に関わる B 細胞と T 細胞で非自己を認識する受容体を**抗原受容体**という。抗原とは，B 細胞や T 細胞の抗原受容体が特異的に結合（認識）する分子のことをいう。B 細胞と T 細胞では，その個体自身がもつ分子を認識する（自己に応答する）細胞は成熟途中で取り除かれるため，抗原となるのは非自己由来の分子になる。

B 細胞の抗原受容体は **B 細胞受容体**（BCR；B cell receptor）といい，T 細胞の抗原受容体は **T 細胞受容体**（TCR）という（**図 13-3**）。ただし，

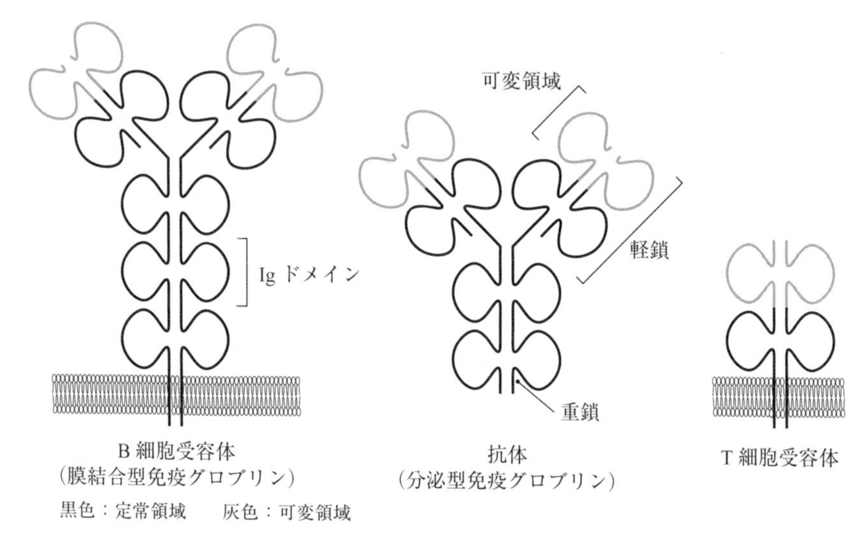

図 13-3　B 細胞と T 細胞の抗原受容体

B 細胞受容体は，B 細胞の発達の段階に応じて適応免疫での役割が少しずつ異なるため，様々な名称が使われている。B 細胞の初期の段階では B 細胞受容体という。そして，B 細胞が抗原を認識したあと，免疫応答を行うために増殖，分化すると，B 細胞受容体は分泌型として細胞から分泌されるようになる。これは**抗体**という。ただし，どちらも免疫グロブリン（Ig；Immunoglobulin）と名づけられた同じ遺伝子から細胞内で合成されるので，免疫グロブリンと両者を区別せずに使うことも多い。また，より詳細に IgM，IgG，IgA などと抗体の種類の違いを説明する場合もある。

13.4.2　抗原受容体遺伝子の再構成

どちらのリンパ球の抗原受容体も基本構造やその多様化の仕組みは似

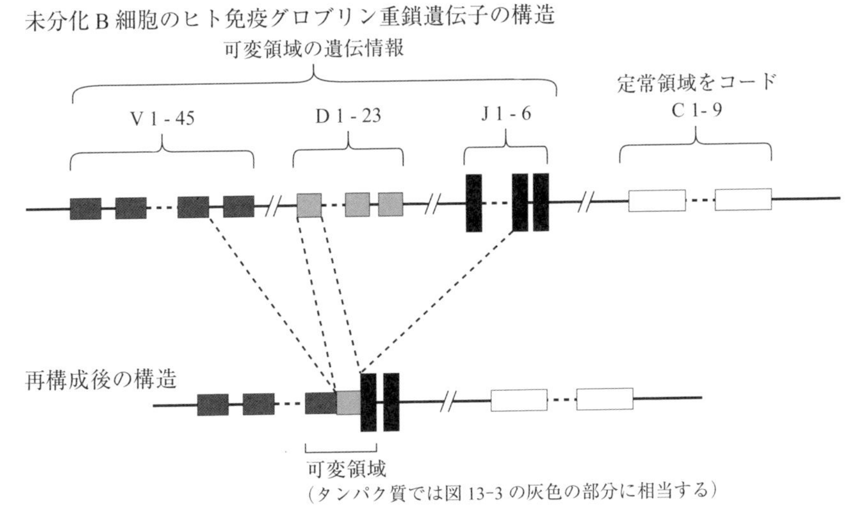

図13-4　免疫グロブリン遺伝子の再構成

ているので，ここではB細胞受容体である免疫グロブリンを例に説明する。B細胞受容体には，**定常領域**と**可変領域**がある（**図13-3**）。定常領域は同じ種類のB細胞であればどれも同じであるが，可変領域は成熟過程でB細胞ごとに異なるものとなる。この細胞ごとに異なる抗原受容体を作り出す**遺伝子再構成**の仕組みを図に示した（**図13-4**）。

免疫グロブリン遺伝子では，そのタンパク質のアミノ酸配列の情報は4つの部分に分けてDNA上に記されている。このように遺伝情報が分割されていることは動物や植物の遺伝子では一般的なことである。免疫グロブリン遺伝子の特徴的な点は，その一つひとつの部分に，多数の類似のコピーが並んで存在する点にある。そして，B細胞から免疫グロブリンを産生する細胞に分化していく途中で，免疫グロブリン遺伝子の再構成が生じ，V，D，Jの各部分で，たくさんある中からそれぞれ1つずつが選ばれる。このような仕組みで，一つひとつの細胞が少しずつ異

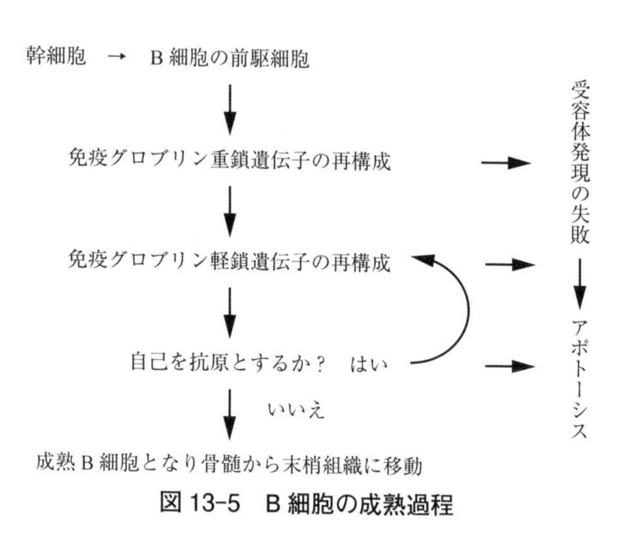

図 13-5　B 細胞の成熟過程

なる塩基配列をもつ免疫グロブリン遺伝子をもつことになる。そして，この遺伝子再構成の過程で免疫グロブリン遺伝子の一部がゲノム中から失われることになる。

免疫グロブリンは重鎖と軽鎖の 2 つが必要なので，重鎖，軽鎖の順で遺伝子の再構成が起こる（**図 13-5**）。そして遺伝子再構成に成功し，機能的な免疫グロブリンを発現できる B 細胞のみが成熟していく。

この再構成時にはその継ぎ目（V と D，D と J の間）に塩基配列の挿入が起こるので，さらに多様性が高まる。このような細胞ごとに塩基配列が異なる領域は，免疫グロブリン遺伝子の中でも抗原を認識する部分（可変領域）に集中している。このように免疫グロブリン遺伝子の再構成を B 細胞ごとに行うことによって，抗原受容体である免疫グロブリンの多様性を作り出し，極めて多様な非自己由来の抗原を認識することが可能となる。

13.4.3　B 細胞の成熟

免疫グロブリンの遺伝子再構成が完了したからといって，B 細胞の免疫細胞としての準備が整ったわけではない。さらなる関門をくぐり抜ける必要がある。それは自身の組織や細胞の分子を抗原とするかどうかのチェックである。自己を抗原とする免疫グロブリンをもつ細胞は自己を攻撃することになる。自己への攻撃は回避する必要があるため，再構成後に，自己を抗原とする免疫グロブリンを発現している B 細胞では，再び免疫グロブリン軽鎖遺伝子の再構成が行われる（**図 13-5**）。遺伝子の再構成を完了しても自己を抗原と認識し免疫応答を行う B 細胞には，**アポトーシス**というプログラムされた細胞死が誘導され，体内から取り除かれる（負の選択）。

ほとんどの B 細胞は骨髄中で成熟するので，このようなことも骨髄で行われる。免疫グロブリンが正しく機能し，自己を抗原として結合しない B 細胞は骨髄から末梢に移行し，リンパ節などで免疫グロブリンが結合できる物質が体内に入ってくるのを待つことになる。待つ期間は 1〜3 カ月とされており，その間に自身の細胞表面上に発現している抗原受容体に抗原が結合しなければ，細胞の寿命となり，細胞死を起こして分解される。

一方，抗原と結合できた B 細胞は活性化され，免疫応答を行う。応答の方法はいくつかあり，一つは短期生存型の抗体産生細胞（形質細胞）へと分化し，分泌型の免疫グロブリンを産生する。ただし，免疫グロブリンの抗原に対する親和性は通常低い。抗原と出合ったあとに末梢リンパ組織で T 細胞から刺激を受けた B 細胞は増殖し，中には**親和性成熟**という応答を起こすものが出てくる（**図 13-6**）。これは，免疫グロブリン遺伝子の中でも抗原を認識する部分に，複数の突然変異が新たに生じる現象である。その結果，自身が出合った抗原に対して，より高い親和

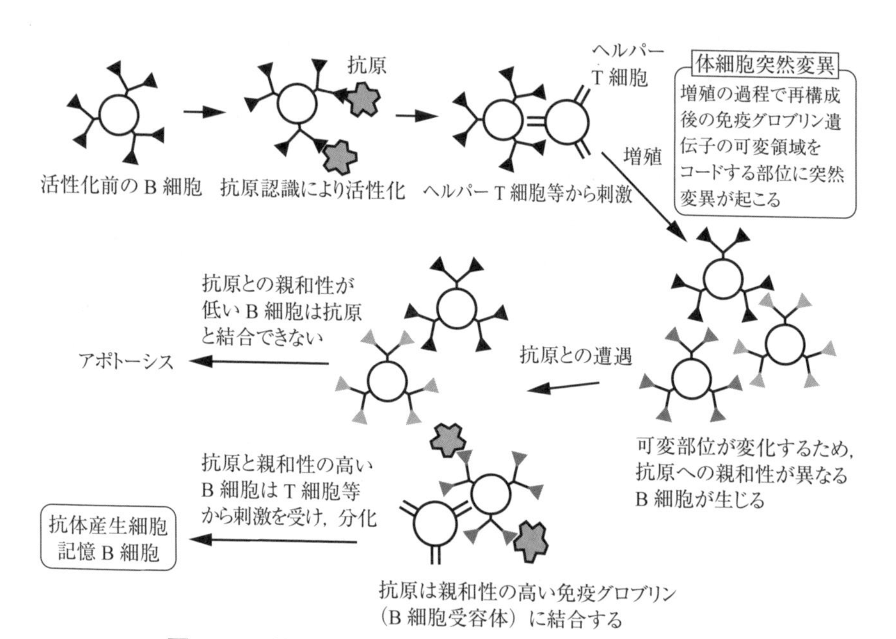

図 13-6　体細胞突然変異を伴う B 細胞の親和性成熟

性（特異的に強く結合する）を示す免疫グロブリンをもつ B 細胞が生じる。こうした B 細胞が T 細胞のはたらきで選抜され，より抗原に親和性の高い抗体を作る抗体産生細胞が生じる。抗原が継続して体内にあると，親和性成熟も継続され，より親和性の高い免疫グロブリンをもつ B 細胞が選抜され続ける。そして，この中に記憶 B 細胞と呼ばれる，抗原の刺激がなくても生存し続ける B 細胞が現れる。この記憶 B 細胞が存在することにより，次に抗原に出合ったとき，上記の段階を経ずに抗原に対して高い親和性を示す免疫グロブリンを備えた B 細胞が素早く活性化され，効率のよい免疫応答が行われ，非自己を速やかに除去することができる。

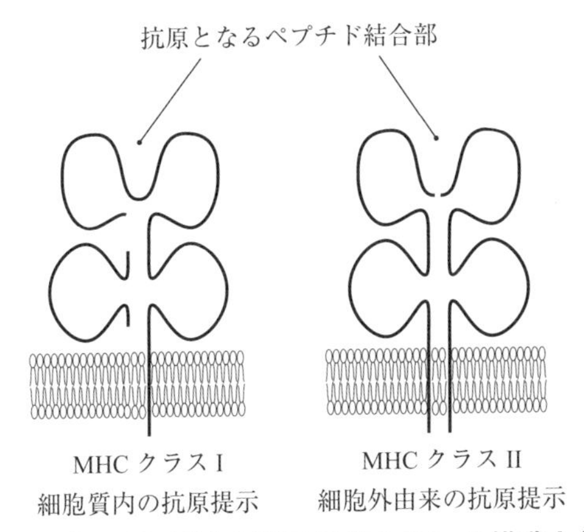

図 13-7　MHC（主要組織適合遺伝子複合体）の構造と抗原結合部位
T 細胞受容体は，MHC に結合している抗原を認識する。

13.4.4　T 細胞の抗原受容体

T 細胞の抗原受容体は T 細胞受容体という。T 細胞受容体は，単独では抗原を認識することができない。他の細胞が表面にもつ **MHC**（**主要組織適合遺伝子複合体**）分子と結合している抗原であれば認識することが可能である（**図 13-7**）。

T 細胞も B 細胞と同様に，成熟した免疫細胞になる過程で T 細胞の抗原受容体である T 細胞受容体遺伝子の遺伝子再構成が起こり，細胞ごとに異なる抗原受容体を発現する。T 細胞の遺伝子再構成は主に胸腺で起こる。そして，MHC を介した抗原の認識ができない，あるいは自身を抗原と認識する T 細胞受容体を発現している T 細胞も，自ら細胞死を起こして体内から取り除かれる。

13.5　自然免疫の免疫応答

自然免疫による免疫応答にはいくつかの方法がある。一つは，マクロ

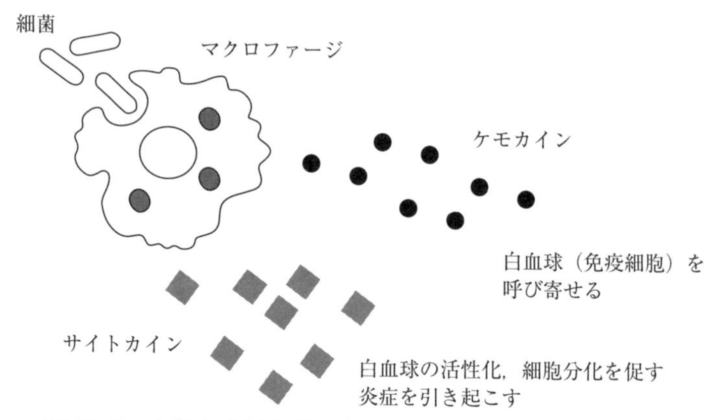

図 13-8　自然免疫系細胞の免疫応答：サイトカインの放出
ケモカインもサイトカインに含まれる。

ファージなどに見られる，食作用によって細菌やウイルスを細胞内部に取り込み分解する方法である。また，マクロファージや樹状細胞ではパターン認識受容体に非自己由来の物質が結合すると，細胞が活性化され，**サイトカイン**という物質を合成し分泌する（**図 13-8**）。その結果，急性炎症が生じ，免疫細胞が誘引され，血管の透過性の亢進が起こる。さらに多くのサイトカインが分泌されれば，脳への作用を通して体温が上昇し，一部の免疫細胞の分化や増殖が促進される。また，適応免疫の活性化にも関わっている。非自己を細胞内に取り込み分解した樹状細胞はリンパ節に移動して，非自己由来の抗原を提示する。これは樹状細胞から T 細胞や B 細胞への，抗原情報の伝達とも言える。そしてリンパ節で樹状細胞が MHC を使って提示する非自己抗原を認識できる T 細胞は活性化され，増殖などの免疫応答を開始する。

　このように，自然免疫は適応免疫の活性化に有効である。そのためにはまず，マクロファージや樹状細胞が非自己を認識し，サイトカインという情報伝達物質を分泌したり，その非自己を認識可能な免疫細胞を直接活性化したりする。これらの免疫応答により，体内の様々な免疫系の非自己の除去機構がはたらきはじめる。

13.6　適応免疫の免疫応答

13.6.1　B 細胞と T 細胞の活性化

B 細胞や T 細胞が成熟する過程は抗原受容体遺伝子の成熟過程と見ることもできる。ただし，この段階ではまだ不十分であり，他の免疫細胞からの刺激を受けることでより活発な応答を行う免疫細胞となる。

B 細胞の場合は，抗原の認識とヘルパーT 細胞（後述）による活性化である。B 細胞は B 細胞受容体で認識した抗原をいったん細胞内に取り込み MHC を用いて抗原提示を行う。その提示抗原を認識するヘルパーT 細胞によって活性化される（**図 13-6**）。

T 細胞の場合は，自然免疫に関わる樹状細胞が提示する抗原を T 細胞受容体で認識することがさらなる分化と活性化を促進する。これは自然免疫が適応免疫を活性化する役割も担っていることを示している。

13.6.2　B 細胞の免疫応答

B 細胞の免疫応答での主な役割は，**抗体**（免疫グロブリン）の分泌にある。待機状態の B 細胞は基本的に抗原を抗原受容体で受容することによって活性化され，最終的に抗体の分泌に到る。抗体の多様性は個体あたり 10^{11} にもなるとされており，多様な抗原を特異的に認識できる系をもつことになる。B 細胞から分泌された抗体は抗原に結合する。抗体が結合した抗原は，細胞などへの感染性や毒性が阻害されたり（**中和**），マクロファージなどの食細胞による食作用が促進されたりする（**オプソニン化**）ことによって，体内から除去される。あるいは IgE のよう

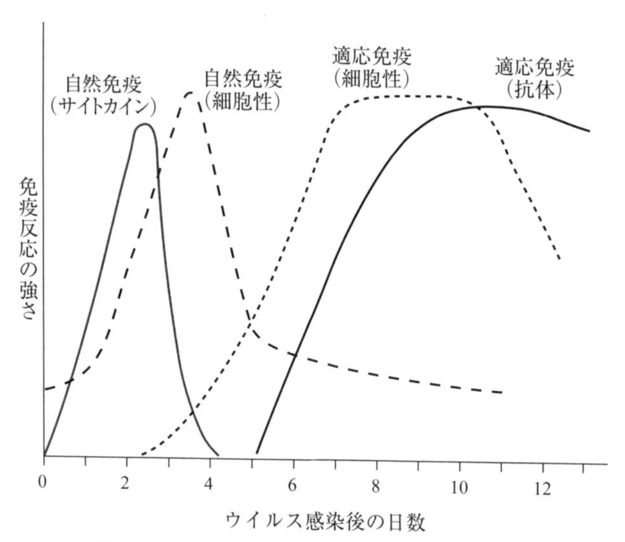

図 13-9　ウイルス感染に対する免疫応答

ウイルス量は 5 日後から低下し，12 日後に消失する。

出典：Sego, T. J., et al., "A modular framework for multiscale, multicellular, spatiotemporal modeling of acute primary viral infection and immune response in epithelial tissues and its application to drug therapy timing and effectiveness", *PLoS Comput Biol*, 16（12）:e1008451, 2020, Fig 1 より改変

にマスト細胞や好塩基球を介して，炎症反応を引き起こす場合もある。

未知の抗原が体内に入ってきた場合，B 細胞が成熟し，抗体の分泌を開始するまでには 1～2 週間かかる（**図 13-9**）。さらに 1 週間から 10 日程度で最大量に達する。そして，分泌開始から 1 カ月ぐらい経過したあとにもう一度同じ抗原が体内に入ってくると，最初のときと比べると半分ぐらいの期間で抗体の分泌が起こり，その量も格段に増える。また，すでに説明したように，抗原への親和性も 1 回目より 2 回目の方がより高いと考えられるので，一定の時間を空けて 2 度予防接種を受けることは，特に感染したことがないウイルスや細菌に対しては有効である。

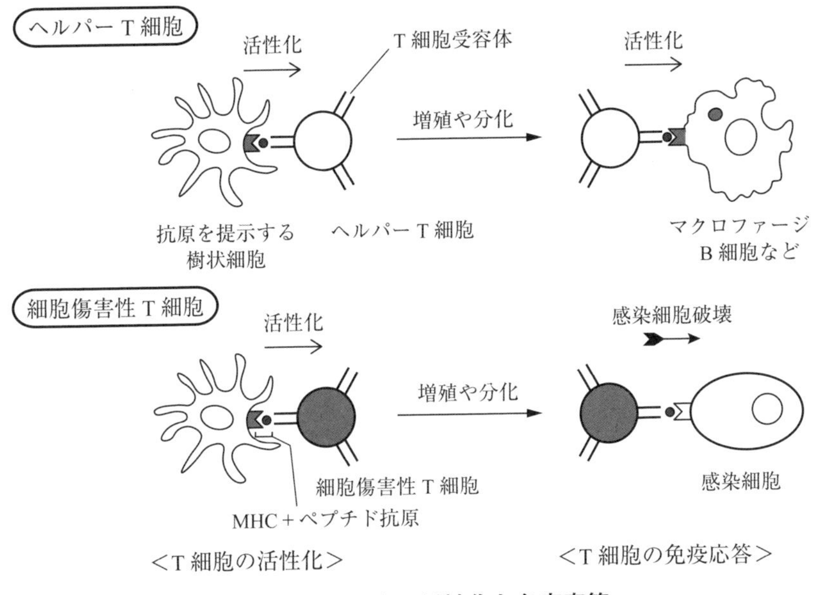

図 13-10　T細胞の活性化と免疫応答

13.6.3　T細胞の免疫応答

T細胞は，他の免疫細胞を活性化する上で欠かせない役割を担っている。T細胞は，他の細胞がMHCを用いて提示している抗原を認識することによって活性化され，まずは増殖する。そして，いくつかの種類のT細胞への分化が生じ，活発に免疫応答を行うT細胞となる（**図 13-10**）。T細胞の役割の一つは，他の免疫細胞の制御である。このようなT細胞を**ヘルパーT細胞**ともいう。この制御において，T細胞は活性化する細胞と直に接することによって，接触した免疫細胞などを活性化すべきかどうかを判別する。この判別は，T細胞受容体が認識できる抗原をMHCを介して提示しているかどうかによって判断している（**図 13-10**）。提示していた場合，ヘルパーT細胞はサイトカインを分泌する。

抗原を提示している細胞がそのサイトカインを受け取ることによって，情報が伝達される。情報を受け取った細胞がマクロファージなどの食細胞であれば食作用が促進され，末梢リンパにいるB細胞に対しては増殖と分化を引き起こす。

もう一つの役割は，ウイルスなどが感染した細胞の破壊である。これを行うT細胞は**細胞傷害性T細胞**という。これもヘルパーT細胞と同様に，自身のT細胞受容体が認識できる抗原をMHCを介して提示している細胞だけを標的にする（**図13-10**）。標的となった細胞とは，接触している部位で免疫シナプスという一過性の接触した領域を形成し，標的細胞にアポトーシスを引き起こすための物質を開口放出する。その物質を標的細胞は飲作用で取り込む。T細胞は標的細胞から離れ，標的細胞はアポトーシスによる細胞死を起こす。標的細胞となるのは，感染した細胞や腫瘍細胞などの異常をきたした自己由来の細胞である。感染後に細胞を破壊せずに細胞内にとどまる細菌やウイルスを根絶する上でも，有効な仕組みである。

このように，T細胞はMHCを介して抗原を提示する細胞と接触し，サイトカインによる活性化や，アポトーシスへの誘導を行い，感染した細菌やウイルスの除去を行っている。

13.7 まとめ

免疫細胞は，パターン認識受容体や抗原受容体によって，非自己を認識している。多様な非自己に対応するため，抗原受容体遺伝子では遺伝子の再構成が行われる。また，免疫応答においては，最終的には細胞の内部に非自己を取り込んで分解するが，そこに至るルートは多様である。パターン認識受容体で直接認識して食細胞が細胞内に取り込んだり，抗体を分泌してそれが結合することによって印をつけたり，あるいは感染した細胞にアポトーシスを引き起こすなどである。サイトカインといった情報伝達物質を利用した免疫細胞の誘引や，抗原受容体を介した細胞同士の接着など，細胞間の情報伝達も免疫応答には欠かせない。

参考文献

[1] Abul K. Abbas，Andrew H. Lichtman，Shiv Pillai『アバス－リックマン－ピレ 分子細胞免疫学　原著第 9 版』中尾篤人・監訳，エルゼビア・ジャパン，2018

14 環境による表現型の変化

二河　成男

《目標＆ポイント》 生物の環境への応答には，筋肉や生理的な応答だけでなく，体の形や色，あるいは性質を変えたり，生物の発生や成長の道筋を変えたりするような応答もある。さらには，受けたストレスなどに対して，自ら応答するだけでなく，その情報を次世代に継承できる場合がある。本章では，これら表現型可塑性やエピジェネティクスについて，どのような現象なのか，生物の生存における役割は何かについて学ぶ。
《キーワード》 形質，表現型可塑性，表現型多型，エピジェネティクス，クロマチン，メチル化

14.1 生物の形や性質

生物個体の表現型，つまりはその個体の**形質**（形態的・生理的な性質）は，これまでその個体がもつ遺伝情報（**遺伝要因**）と**環境要因**によって決まると説明されてきた。例えば，ヒトという生物であれば，個々の個体の形質は，他の種と比較すればよく似ており，ヒトの中でも遺伝的に類似している，つまりは血縁関係にある者同士はより似ている。これは遺伝情報が類似しているためである。一方で，日々運動を行う生活をしている個体と，そうでない個体を比較すれば，たとえ兄弟姉妹であったとしても，体型や運動能力を比較すれば違いが見られるであろう。

より極端な例では，ミツバチは食餌によって将来が決まる。生まれたときから成虫になるまで，ロイヤルゼリーという働きバチが作る食餌が

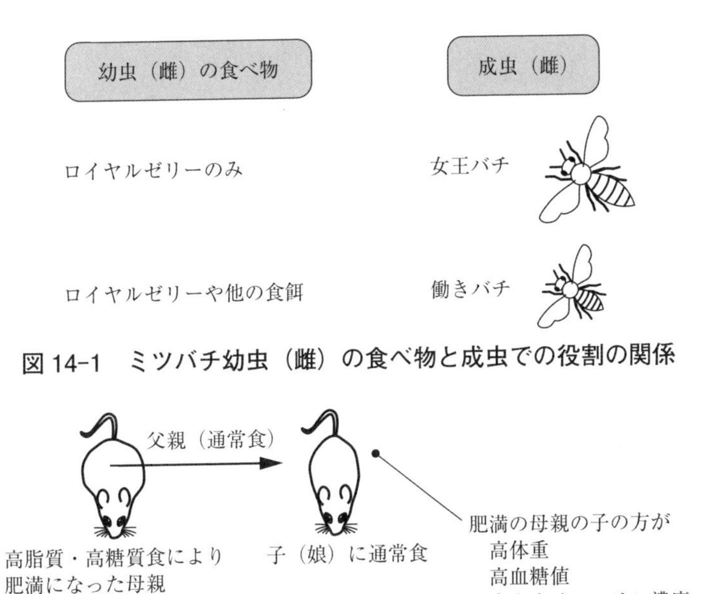

図 14-1　ミツバチ幼虫（雌）の食べ物と成虫での役割の関係

図 14-2　ハツカネズミでは母親の食が子の形質に影響を与える

与えられると女王バチとなり，別の食餌が与えられると働きバチになる（**図 14-1**）。このようにその個体が暮らす環境の違いもまた，表現型に影響を与える。

また，ハツカネズミでは，親が脂質の多い食事が与えられて肥満であった場合，その子は健康な代理母を用いた場合でも，通常の健康な親の子より肥満や糖尿病になりやすい傾向にある（**図 14-2**）。つまり，親の栄養環境が子に影響を与えている可能性があると考えられている。

このように自然な環境であったり，親の影響であったり，様々なことが形質に影響を与えている。まずは，遺伝要因と環境要因の関係について見てみよう。

14.2　遺伝か環境か

特定の形質が，**遺伝**の要因で決まるのか，**環境**の要因で決まるのかは，以前から注目されてきた。例えば，ある病気になるかどうかに関して，遺伝の影響と環境の影響のどちらが大きいか，といった問題の解明はその対策を立てる上で必要である。病気に限らず様々な形質で，このような研究や調査がなされてきた。ヒトの身長と肥満度もその一つである。食事の量はヒトに限らず成長速度や体の大きさに関係しそうなので，ヒトの身長と肥満度は環境の要因が大きいと考えやすい。しかし，実際の結果は少し異なっている。

身長の遺伝率，すなわち身長の個人差を決める要因のうち，遺伝要因の違いが占める割合は，0.7〜0.8 と高い。つまり，個人によって背の高さが異なる理由の 7〜8 割は遺伝的な違いに依存しているということになる。一方，肥満度の遺伝率は 0.4〜0.6 と身長と比べると低い。肥満度の方が環境あるいは生活習慣といった，遺伝の要因以外の要素が影響する割合が大きいことを示している。

このように，ある形質の個体差に遺伝要因がどれだけ影響を与えているかを評価でき，なおかつ遺伝情報を調べることができれば，どのような遺伝子がこのような個体差に影響するのかや，特定の病気になりやすいかといったことも評価できる。よって，遺伝要因と環境要因の関係を予測する研究は比較的進めやすい。一方，どのような環境要因が形質に影響を与えるのかを調べるのは難しい。様々な環境要因が表現型の変化を引き起こしており，それらを評価したり，制御したりする必要がある。

実験動物であればそのようなことも可能であるが，野生の動物やヒトなどではそのようなことは難しい。運動，喫煙，飲酒の習慣など，調査できることは問題ないが，あとでも出てくるように，特定の発生時期の温度など，実験生物でなければ調べることも難しいものもある。

14.3　環境要因による表現型の変化

ここでは様々な動物を例に，環境と形質について説明する。また，遺伝要因を考慮する必要がある現象を考えると上記のように問題が複雑になるので，遺伝要因の影響を受けない表現型の変化を考える。

14.3.1　可塑性と多型

いずれの生物も，同じ遺伝情報をもっていたとしても，環境に応答して異なる表現型をとる能力を備えている。これを**表現型可塑性**という。13 章の適応免疫などはおそらく表現型可塑性の最たるもので，これまでに感染したウイルスや細菌，受けた予防接種などの違いで，一卵性双生児であっても，抗原によっては異なる表現型を示す。例えば，未知のウイルスなどに対して，予防接種を受けたあとに感染した場合と受ける前に感染した場合とを比較すると，効果的な抗体が十分産生されるまでの期間は，遺伝的に同じであっても，予防接種を受けていた方が圧倒的に早い。

ただし，環境条件が違っても，目に見えてわかるほど表現型が異なることはそれほど多くない。一方で，環境条件によって明確に異なる形質を示す例が複数知られている。そのような表現型の可塑性を示すものを，**表現型多型**あるいは**多相現象**という。

14.3.2 温度による表現型多型

ヒトの各個体の性別は，遺伝情報によって決まっている。したがって，環境要因の影響は小さいと考えられる。一方で，環境要因のみで性別が決まる動物もいる。例えば，ワニ，カメなどの爬虫類の一部は，卵の中で胚発生が起こるが，そのときの温度によって性別が決まる。

アカミミガメ（*Trachemys scripta*）では，胚発生において未熟な生殖器官が雌雄どちらかの生殖器に分化するときに卵の温度が摂氏 31 ℃であれば雌に，摂氏 26 ℃であれば雄になる（**図 14-3**）。この間の温度ではどちらかになり，温度が高ければ雌になりやすく，低ければ雄になりやすい。これがどのように制御されているかは，ある程度わかってきている。温度によって応答が変化する部分はまだ明確ではないが，その後の遺伝子発現の制御はわかっており，摂氏 31 ℃では STAT3 というタンパク質がリン酸化され，KDM6B というタンパク質の発現を抑制することによって，雄性決定遺伝子と言われる *Dmrt1* などが発現できず，雌になる。摂氏 26 ℃では STAT3 のリン酸化が阻害されるため，KDM6B の発現が抑制されない。よって，KDM6B が合成され，そのはたらきにより *Dmrt1* などが発現し，雄になる。おそらく温度を感知するタンパク質が存在し，それが何らかの方法で STAT3 や KDM6B といったタンパク質を制御することによって雌雄が決まっていく。

14.3.3 捕食者による表現型多型

捕食者によって表現型多型が誘導される例もよく知られている。ミジンコを用いた研究では，フサカ（幼虫）という捕食者の有無によって表現型が変化することが知られている。この捕食者がいない環境で育ったミジンコは，頭部が丸い形質を示す。一方，フサカがいる環境で育ったミジンコは，頭部に突起状の構造が生じる（**図 14-4**）。このような変化

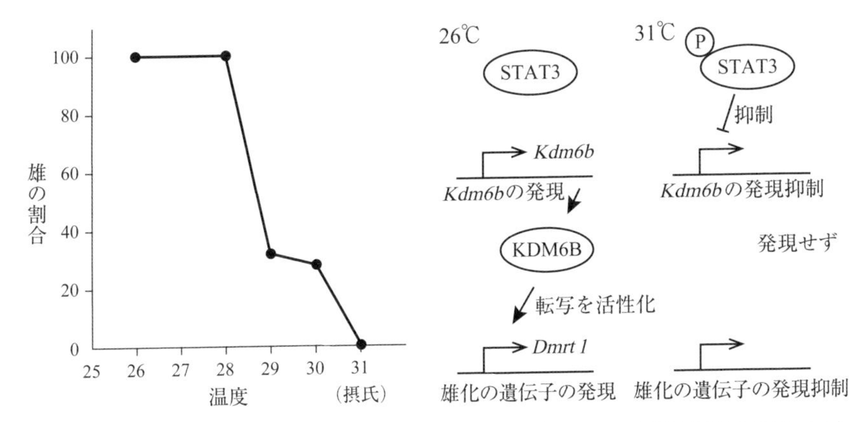

図 14-3　アカミミガメでの温度と性比の関係（左）とその制御機構モデル（右）

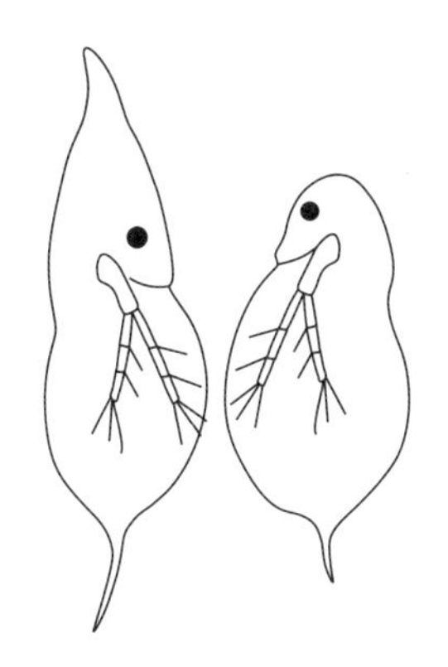

図 14-4　カムリハリナガミジンコの捕食者誘導型（左）と通常型（右）
遺伝的には同じでも環境によって形態が変化する。
文献［3］Figure 1 をもとに作成。

は複数の種類のミジンコで観察されている。そして，フサカがいる環境では突起が生じた個体は，突起がない個体よりも生存確率が高いという結果も得られている。問題はミジンコがどのようにしてフサカの存在を感知し，突起を形成するのかである。仮説としては，カイロモンという何らかのフサカ特有の物質をミジンコが感覚器で受容して，その応答として突起状の構造が生じると考えられている。

14.3.4　栄養による表現型可塑性

表現型多型とは異なるが，栄養による表現型可塑性の例を紹介する。近年，線虫（*Caenorhabditis elegans*）を用いて，寿命や老化の研究が行われている。これは寿命が長くなる突然変異体の発見などにより線虫を用いたこの分野の研究が発展しているためである。ここでは摂取する栄養により寿命が長くなる例について紹介する。

線虫は大腸菌をエサとしている。そこに脂質を加えると寿命が延びることがわかった。その脂質は，α-リノレン酸，ジホモ-γ-リノレン酸，アラキドン酸，オレイン酸，オレイルエタノールアミドである。それぞれ，1 種類で効果があることが示されている。これらの分子は，線虫体内のオートファジーや脂質代謝に関わるタンパク質の活性などを高めることがわかっている。栄養によって寿命が変化すること，その変化が体内の代謝と結びついている点は興味深い。一方で，これは線虫の特定の系統で得られた結果であり，他の動物で同じ効果があるかはわからない。

14.3.5　群れによる表現型多型

サバクトビバッタでは，群れの混雑具合によってその体色や行動が変化する。このような群れの密度によって表現型の多型が生じる現象を多相現象ともいう。サバクトビバッタの場合，低密度の状態では緑色の体色をしている。そのような環境で育った個体は，成虫になっても短めの翅をもち，単独で生活する。このような低密度の表現型を孤独相という。一方，密度が高いほど，体色の黒化が進む。そのような個体は，成虫になると孤独相より長い翅をもち，群生する（**図 14-5**）。こちらの表現型は群生相という。

幼虫は高密度の環境を経験すると，もともと緑色であった個体も脱皮を介して体色が黒くなる。この高密度の環境において黒化する環境要因

図 14-5　サバクトビバッタの幼虫：孤独相（低密度，左）と群生相（高密度，右）
左：© ChriKo（CC BY-SA 4.0）／右：© Micha L. Rieser

は，物理的接触と視覚的刺激が重要であることが示されている。この黒化を誘導する因子として，コラゾニンという神経ペプチドが明らかになっている。

14.4　細胞レベルの表現型可塑性

表現型可塑性は，遺伝的に同一の個体であっても，特定の環境の違いが表現型の違いを引き起こすことを示している。このようなことは個体の中の細胞レベルでも起こっている。各個体の細胞はいずれも同じ遺伝情報をもっているが，それにもかかわらず，細胞分化によって異なる性質をもつ細胞となる。これもまた，表現型可塑性，あるいは表現型多型の一つと見ることもできるであろう。このような細胞の分化では，発現する遺伝子が変化していることがわかっている。その変化は，遺伝子の転写の開始を制御する転写因子の有無だけでなく，DNA のクロマチンの状態や（凝集しているか，緩んでいるか），ヒストンや DNA の修飾の状態といった**クロマチン**構造に関わる変化も生じている（**図 14-6**）。

個体間の表現型可塑性においても，類似の遺伝子制御が使われている。

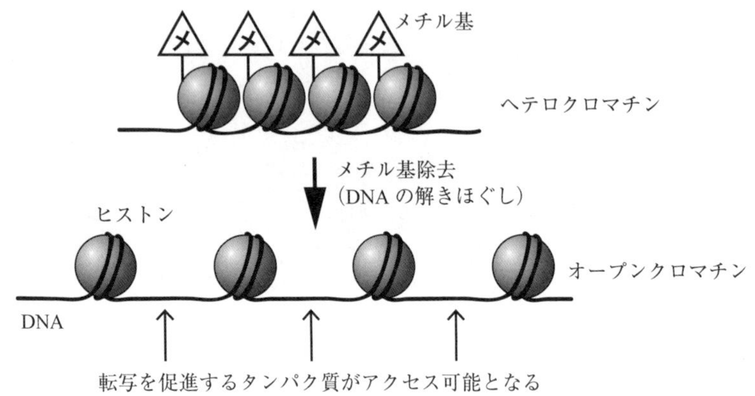

図 14-6　オープンクロマチンによる転写の活性化

例えば，アカミミガメの温度による性決定の制御において，KDM6B というタンパク質が出てきた。これはヒストン脱メチル化酵素といい，ヒストンのメチル化を解除して，特定の領域の**ヘテロクロマチン**をオープンクロマチンに変える。その結果，雄化に関わる遺伝子が発現できるようになる。このようにして，アカミミガメではある時期の特定の細胞で KDM6B が活性化すれば雄になる。

ヒトのように遺伝的に雌雄が決まっていれば，それをもとに雌雄に関わる遺伝子発現を制御できる。一方，ある発生時期の温度によって性が決まるような場合，雌雄どちらかのスイッチを入れるだけでなく，そのことを何らかの形で記録し，新たに分裂で生じる細胞にも伝える必要がある。アカミミガメの場合も，先に示したタンパク質だけでその記録を維持することは困難なので，何らかのクロマチンの変化や，DNA やヒストンの修飾として変化を記録しておく必要がある。これは細胞レベルでの分化においても同様であると考えられている。

14.5 エピジェネティクス

エピジェネティクスとは，いろいろな定義があるが，ここでは，「DNAの塩基配列の変化を伴わないが，細胞分裂を伴っても伝達される遺伝子機能の変化」とする。特に，世代を超えてこのようなことが起こるのか，起こるならどのような影響を次世代以降に与えるのかが注目されている。世代を超えるなら，親やさらに祖先の経験から影響を受けることになる。現時点で，哺乳類に関しては，次の世代に影響を及ぼす例はあるが，さらにその次の世代に影響を及ぼす明確な例は少ない。一方で，植物や線虫ではそのような例も知られている。まずは，体細胞で遺伝子発現の変化の記録がどのように細胞分裂を経ても伝達されるのかを紹介する。

哺乳類の X 染色体は体細胞あたり，雌では 2 本，雄では 1 本である。この違いは大きな問題で，雌雄で遺伝子発現量を揃えるために遺伝子が発現可能な X 染色体の数を揃える必要がある。哺乳類では，雌の X 染色体のどちらか一方を不活性化している。ハツカネズミでは発生の初期に，2 本の X 染色体のいずれかがランダムに不活性化される。その仕組みを見てみると，Xist RNA という X 染色体の不活性化の役割をもつ RNA がまず合成され，それが X 染色体を覆う。それと並行して，遺伝子発現の活性型のヒストン修飾が減少し，抑制型のヒストン修飾が増加する。最後に DNA **メチル化**が起こり，X 染色体がヘテロクロマチンになる（**図 14-7**）。

このようなエピジェネティクスの仕組みが形質に影響を及ぼすこともある。例えば，三毛猫（主に雌）は，2 本の X 染色体の一方に毛を黒にする遺伝子が，他方に茶にする遺伝子がある。黒毛の部位では，茶の遺伝子をもつ X 染色体が不活性化されて黒毛に，逆に茶毛の部分では，

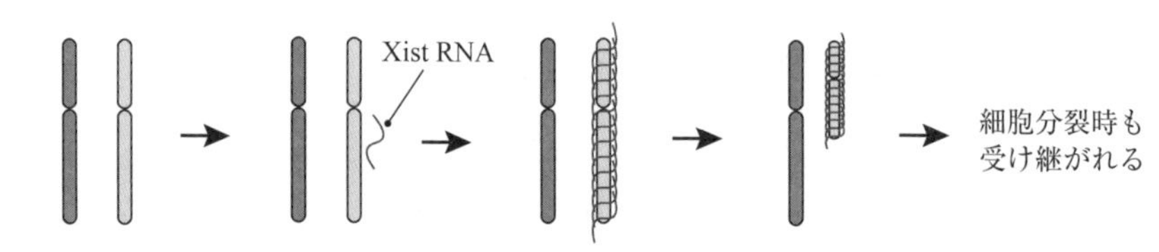

図 14-7　哺乳類の雌に見られる X 染色体の不活性化
雌では X 染色体の一方からの転写が抑制される。

図 14-8　三毛猫の体色と X 染色体の不活性化の関係
(白い部分は別の常染色体の遺伝子が関わっている。)

黒毛の遺伝子をもつ X 染色体が不活性化されて茶毛になる（**図 14-8**）。この X 染色体の不活性化は発生初期に，細胞ごとにランダムに生じ，その後細胞分裂を繰り返しても，不活性化が維持される。これもエピジェネティクスの一例である。

三毛猫の黒や茶の部分を見てわかるように，色がパッチ状に分かれている。これは，X 染色体が一度不活性化されるとそのまま維持されていること，そして不活性化の情報は娘細胞にも伝達され，細胞分裂を繰り返しても同じ X 染色体が不活性化されていることを示している。

このような RNA による制御以外にも，エピジェネティクスで利用さ

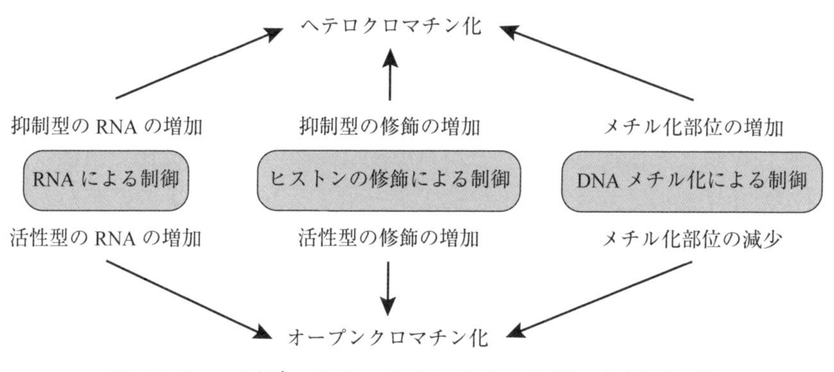

図 14-9　エピジェネティクスに見られる様々な転写制御

れる，特定の遺伝子の発現を抑制する仕組みがある。それは，ヒストンのメチル化や脱アセチル化，そのヘテロクロマチン化，プロモーター領域の DNA メチル化であり，逆のことを行えば，遺伝子の発現が促進される（図 14-9）。

14.6　世代を超えるエピジェネティクス

エピジェネティクスの研究が進んだ結果，細胞分裂を経ても伝達される遺伝子発現制御の例は様々な形で知られるようになった。ただし，世代を超えて伝達する明確な例は，哺乳類ではあまりない。先に示した親ハツカネズミの肥満を子が受け継ぐ例は，親の体の中ですでに細胞（配偶子やその母細胞）の状態になっているので，そこで影響を受けたためであり，肥満になる遺伝子発現などが伝達されたものではない可能性がある。

一方，植物や線虫では，複数の例が知られている。トマトにおいてメチル化の状態が伝達する例があるので紹介する。果実が赤くならないトマトがあり，その原因を調べていたら，果実が熟すことに関わる遺伝子の一部の領域（300 塩基対）に 20 箇所ほど特異的なメチル化が生じており，それが赤くならない原因であった。このような DNA のメチル化が世代を超えて維持され，DNA の塩基配列の変化なしに表現型の変化が世代を超えて伝達されたことがわかった。このような変化で個体の性質が変化するのであれば，エピジェネティックな変化による影響がかなり多くあるのではないかと考えられている。

線虫では RNA による例が知られている。これは siRNA という短い RNA（20 塩基程度）による遺伝子発現の抑制を利用したもので，siRNA が次世代に伝達することで，特定の遺伝子の発現抑制が世代を超えて続くというものである。その抑制を妨げる遺伝子の遺伝子破壊株では，何世代も抑制の続く例が知られている。線虫もまた環境要因にも影響を受ける生物である。環境に適応的な遺伝子発現パターンがエピジェネティクスによって次世代に伝達され，このような変化が積み重なるのであれば，進化の視点でも注目に値する。

14.7　まとめ

生物の形質は，遺伝要因と環境要因で決まる。遺伝要因が同じでも環境要因が違えば，形質も異なる。表現型多型では，爬虫類のように雌雄も環境要因で決まるものがある。そのような周りの環境で道筋が決まったとしても，それが維持されなければ生物として機能しない。細胞の分化のように，一度決まったことがその後，維持される仕組みが必要である。それには，エピジェネティクスに見られるように，DNA の変化を伴わず，細胞分裂を経ても伝達される仕組みも利用できる。また，植物や線虫では，世代を超えて伝達されるエピジェネティクスの例があることも明らかになってきた。

参考文献

［1］スコット・F. ギルバート，デイビッド・イーペル『生態進化発生学』正木進三，竹田真木生，田中誠二・訳，東海大学出版会，2012
［2］鵜木元香，佐々木裕之『もっとよくわかる！エピジェネティクス』羊土社，2020
［3］Diel, Patricial, et al., “Knowing the Enemy: Inducible Defences in Freshwater Zooplankton”, *Diversity*, 12:147, 2020. DOI: 10.3390/d12040147
［4］管原亮平，田中誠二，塩月孝博「混み合うと黒くなるトビバッタ」『化学と生物』54：681-686，2016
［5］Weber, C., Zhou, Y., Lee, J. G., Looger, L. L., Qian, G., Ge, C., Capel, B., “Temperature-dependent sex determination is mediated by pSTAT3 repression of *Kdm6b*”, *Science*, 368: 303-306, 2020

15 ヒトの感覚と脳

二河　成男

《目標＆ポイント》 これまでこの講義で学んだことのまとめとして，本章ではヒトの感覚と脳について考える。ヒトはどのような刺激を受容して，どのようなことを知覚しているのか。ヒトに見られる脳のはたらきや作用について食欲や渇水を例に紹介する。
《キーワード》 恒常性，渇き，飲水，アンジオテンシンII，レプチン，インスリン

15.1 はじめに

これまでの学習のまとめとして，ここでは脳についてヒトやハツカネズミの例をもとに考えてみる。1 章では，脳は神経を介して感覚器からの信号を受け取り，それらを処理して応答する器官とした。また，感覚器，末梢神経，中枢神経系，効果器は，それぞれ異なる役割をもつと説明した。この見方は感覚から応答に至る生命現象を理解する上ではわかりやすいモデルであり，現実の生物に起こっていることを十分説明できる。

一方，これだけですべての事象を説明できるわけではない。記憶，学習，慣れといった現象は，脳あるいは中枢神経系に入ってきた強い信号や同じ信号の反復により，中枢神経系に変化をもたらす，つまり中枢神経系自身が応答しているとも言えるであろう。あるいは，私たちが外部から取り入れる化学物質の多くは，味覚や嗅覚で刺激として捉えられるが，

表 15-1　恒常性を保つための動機づけはどう制御されるのか

行動の種類	役割	例
無意識的な反射	体を保護するため	膝蓋腱反射（しつがいけん） 侵害的刺激の回避
意図的な動作	欲求を満たすため 動機づけ	摂食 飲水

それらを介することなく，神経や細胞に直接作用するものも私たちの周りにはたくさん存在する。神経に作用する薬剤などはその一つである。

15.2　恒常性

生物は体内の環境を一定に保つ必要がある。これを**恒常性**という。ヒトであれば，体温，血圧，血糖値，心拍，血中酸素濃度など，ここに示さなかったものも含めて多岐にわたる。内分泌系や免疫系は恒常性を維持する重要な要素である。このような恒常性は，脳からの信号で制御されており，その信号は自律神経系という末梢神経系を通して，あらゆる臓器の調節を行っている。他方，体の運動などに関係する骨格筋は，体性神経系という末梢神経系を介して調節される。

恒常性の制御を行う神経系を自律神経系ということから類推できるように，恒常性はその個体の意思とは無関係に生じる。例えば，心身に危険を感じるなど，何らかの環境からの刺激に脳が応答して，自律神経系からの信号によって，心拍や血圧の上昇などの変化が生じる。その危険が去れば，そのことに脳が応答し，自律神経系を介して心拍や血圧は元の状態に戻っていく。心拍や血圧の変化は体内の調整だけで済む。一方で，それだけでは済まないものもある。例えば，体内の水分や血中のグルコース濃度の調節などである。これらの調節には，それぞれ飲水する，飲食するという行動が必要になる（**表 15-1**）。ヒトや動物はこのような

容量性渇水

血液量の減少や血圧の低下から
血管内液の減少を検出

浸透圧性渇水

血液の濃度が濃いことから
細胞内液の減少を予測し，検出

図 15-1　ヒトに見られる 2 種類の渇き

内的な感覚をどう感じて，どう応答するのであろうか。

15.3　喉の渇きと飲水

15.3.1　生体内の水分

ヒトの成人では，体重の 60％を水が占めているとされている。どうしてこれほどの水が必要なのだろうか。動物の体内の水分を体液という。体液は大きく分けると，細胞内部にあるものとそれ以外に分けることができる。前者は細胞内液といい，後者を細胞外液という。細胞外液には，血管の内部にある血管内液と，血管外にあり細胞と細胞の間を満たす間質液がある。

これら体液からの**水分**の喪失を，ヒトは喉が渇いたと感じている。その感覚の仕組みを調べてみると，**渇き**の感覚には 2 種類あることが明らかになった。血管内液からの水の喪失を感知するものと，血管内液の塩分など水以外の物質濃度の増大を感知するものである（**図 15-1**）。前者の渇きはわかりやすい。血管内液，つまりは血液の量が減ると，心臓による血液の運搬量が低下する。したがって，脳やその他の臓器への栄養や酸素の運搬が滞り，身体に悪影響を及ぼす。これを防ぐためにこの喪失を渇きとして感知し，飲水を促す。後者の渇き，つまり血液での水以外の物質濃度の増大はどのような問題を体に引き起こすのであろうか。

血液中の物質濃度が上昇すると，血管内液がそのまま滲み出して生じている間質液でも物質濃度が上昇する。そうすると，細胞の周囲の物質濃度が高くなる。細胞膜は半透膜なので，水以外の多くの物質は自由に膜の内外を移動できない。そのため，細胞内外で物質の濃度が異なることによって浸透圧が生じる。後者の渇きの場合，細胞外の物質濃度が高いので細胞内部から外部に水が流れ出す。そのため細胞内液が減少し，細胞内部の活動が滞る。したがって，後者の渇きを感知して水分を補給することも恒常性の維持には欠かせない。

このような水分の喪失が生じる理由の一つは，体の表面から水分が蒸発することにある。表面の水分を失うと，次に皮膚表面の間質液や細胞から水分が奪われ，その結果，血管内液からも水分が奪われる。このようにして体全体から徐々に水分が失われる。もう一つの理由は，血液自体の喪失，嘔吐，下痢であり，これらも水分が失われる大きな要因になる。

15.3.2　容量性渇水とその感知

血管内液が減少することによって生じる渇きを**容量性渇水**という。これは，腎臓の細胞（傍糸球体細胞）が腎臓への血流の減少を検出することをきっかけに，最終的には脳に渇きが意識される。血管内液が減少すると，体内の血流の量が低下する。腎臓の細胞がその変化を感知すると，**レニン**という酵素を血液中に分泌する（**図 15-2**）。レニンはその酵素活性により，血液中のアンジオテンシノーゲンをアンジオテンシンⅠに変換する。さらに別の酵素によってアンジオテンシンⅠは**アンジオテンシンⅡ**に変換される。アンジオテンシンⅡは血管収縮作用など，水分の減少に対する対処的な応答を促し，さらには血流によって脳に運ばれ，脳弓下器官のニューロンに感知される。そこからさらに視床下部にその信号が伝えられ，最終的に渇きの感覚が生じる（**図 15-3**）。

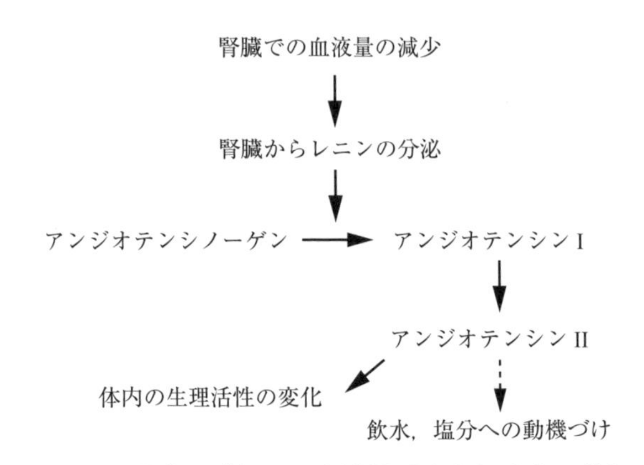

図 15-2　腎臓で感知した血液量減少を伝達する仕組み

また，心臓付近の血管でも血圧の低下を利用して血管内液の減少を感知している。こちらは主に血圧の制御に関わっているが，飲水行動とも関わりがある。具体的には，心臓やその付近の大きな血管にある圧受容器で血圧の低下を感知すると，その信号は延髄の狐束核に伝達される。そこから血管内液の減少に関する情報をまとめている視床下部に伝達される（**図 15-3**）。

15.3.3　浸透圧性渇水

間質液中の水以外の物質濃度が高くなったときに生じる渇きを**浸透圧性渇水**という。間質液の浸透圧が高まると，細胞から水が流れ出す。この細胞の変化を感知する浸透圧受容器は主に大脳終板の終板脈管器官にある。この変化を受容した終板脈管器官のニューロンによって，視床下部にありその軸索を脳下垂体に伸ばす大細胞性神経分泌細胞が活性化される。この分泌細胞は腎臓での尿の生産を抑えるホルモンであるバソプレッシンを産生し，下垂体から血中に分泌する（**図 15-3**）。また，

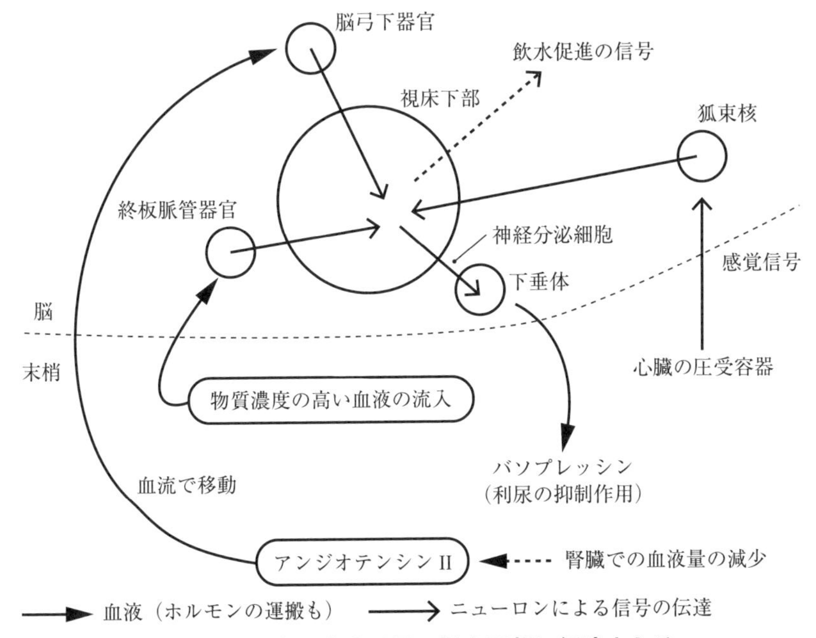

図 15-3　体内の水分不足は視床下部に伝達される
視床下部から下垂体を経て利尿を抑制するホルモン（バソプレッシン）の分泌が生じる。また，喉の渇きも視床下部かその周囲からの信号による。

視床下部外側野（がいそくや）にも信号を伝達し，最終的に渇きが引き起こされる。

15.3.4　飲水

　このようにして渇きが生じ，飲水への動機づけが行われる。緩やかな動機づけの間は機会があれば飲水する程度だが，強くなれば他の行動を中止してでも飲水するようになる。また，飲水したあとは，水分が実際に体全体に行き渡る以前であっても，十分な水分を消化器官に取り込めた段階で渇きは解消される。これは過剰な摂取を防ぐ仕組みと考えられている。

15.4　空腹と摂食

15.4.1　レプチン

摂食を制御するホルモンの一つに**レプチン**がある。レプチンの遺伝子をもたない実験用のネズミは肥満になり，正常のネズミは同じ条件では肥満にならない。レプチン遺伝子をもたないネズミでも，小さいときからレプチンを毎日補充すれば，肥満にはならず正常なネズミと同じ体型を維持した。

健康な個体では，レプチンは脂肪細胞から貯蔵する脂肪量に応じて血中に分泌される。レプチンはその分泌量が増えると，レプチンの受容体をもつ視床下部のニューロンに作用し，これを活性化する。そして，このニューロンからの信号によって，摂食行動の抑制，自律神経系を介したエネルギー消費，ホルモンを介した代謝の活性化が起こると考えられている（図 15-4）。逆にレプチンの分泌が減ると，摂食行動が誘発され，エネルギー消費やその他の行動が抑制される。よって，レプチン遺伝子をもたないネズミは摂食行動の抑制が機能せず，肥満になる。逆に健康な状態で貯蔵する脂肪の量に応じたレプチンが分泌されるなら，体脂肪の量は一定のところに落ち着くように摂食行動が制御される。

15.4.2　インスリン

ヒトやハツカネズミは，口から栄養を摂取すると，腸においてその栄養は吸収される。栄養の一つはグルコースであり，そのグルコースからこれらの生物の細胞はエネルギーを得ている。細胞は血液からグルコースを取り込む。その一方で，高濃度のグルコースは血管を損傷するため，血液中のグルコース濃度を一定以下に抑える必要がある。そのため，血液中のグルコース濃度が高い，あるいは高くなると予想される状況にな

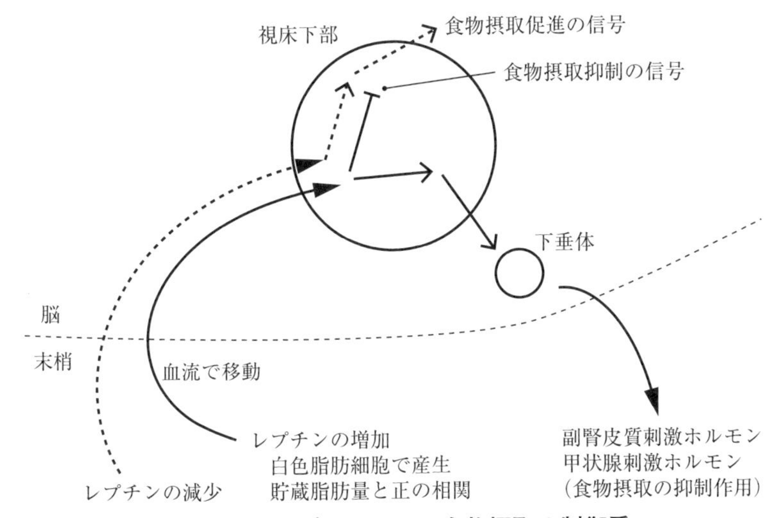

図 15-4　レプチンによる食物摂取の制御系

ると，肝臓や骨格筋はこれらのグルコースを細胞内に必要以上に取り込み，保存しておくことによってグルコースの濃度を抑えている。そして，グルコースが不足するとそれらの一部を血液に放出し，体内のグルコース不足を防ぐ。これらの制御は**インスリン**というホルモンによって調節されている。食後，血液中のグルコース量が上昇すると，膵β細胞から血中にインスリンが分泌される（**図 15-5**）。そうすると，インスリン受容体をもつ肝臓，骨格筋細胞，脂肪細胞は，その信号を受け取って速やかに血中からグルコースを回収する。

血液中のグルコースに対する真のセンサーは，膵臓内にある膵β細胞にあるとされている。膵β細胞が血中のグルコースを細胞内に輸送し，このグルコースを消費して ATP という物質を合成する。膵β細胞にはこの ATP の細胞内濃度の高まりに応じて，あらかじめ準備していたインスリンを血液中に放出する仕組みを備えている。つまり，膵β細胞は

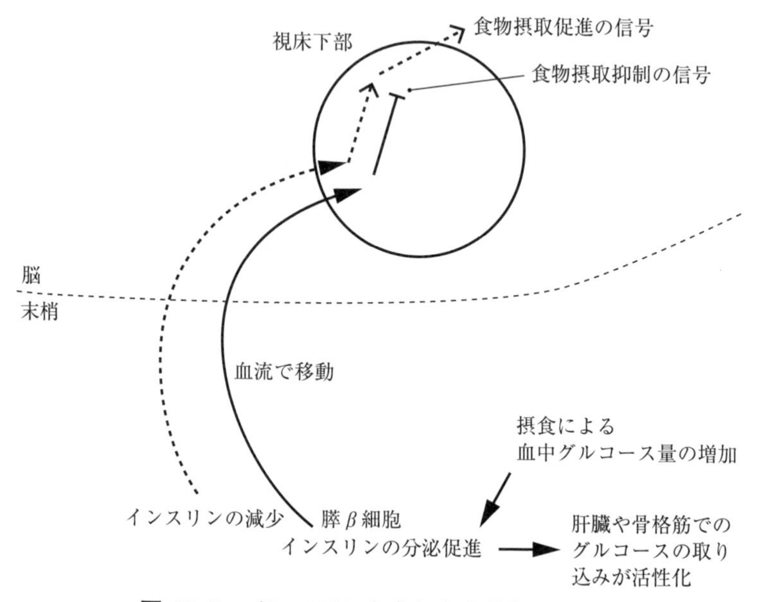

図 15-5　インスリンを介した食物摂取の制御

血中のグルコース濃度が高まるとインスリンを分泌する。そして，肝臓や骨格筋にあるインスリンを受容できる細胞が，グルコースの濃度上昇に対する応答を開始する（**図 15-5**）。こういう仕組みを見ると，膵臓にも受容器としての役割があると言える。

一方，実際のハツカネズミでは，摂食によりグルコースを摂取した場合と，注射や点滴により血液に直接グルコースを投与した場合を比較すると，結果的に血液中のグルコース濃度が同じになったとしても，前者の方がより多くのインスリンを分泌することが知られている。これは，食べること自体が膵β細胞からのインスリンの分泌を高めているためと考えられる。近年，インクレチンという，摂食すると消化管の上皮にある腸管分泌細胞から分泌されるホルモンも，膵β細胞からのインスリンの分泌を促すことが明らかになっている。そして，このホルモンを受容してその信号を脳に伝える神経も明らかになっている。この神経は，腸管の伸縮も感知できるので，腸も神経で脳とつながっている受容器とみなすこともできる。

また，インスリンは，レプチンと同じ種類の神経回路を使って，視床下部に食物摂取の促進や抑制を促す（**図 15-5**）。違いは，インスリンはグルコース，つまりは糖分の摂取に関わっているのに対して，レプチンは脂質の摂取に関わっている点である。

15.4.3　短期的調節

レプチンやインスリンによる制御とは異なり，毎回の食事の調節に関わる制御を短期的調節という。**グレリン**はこのような調節に関わるホルモンである。胃の細胞で作られ，胃が空のときに血中に分泌され，食欲と摂食を促す空腹シグナルとしてはたらく（**図 15-6**）。満腹シグナルとしては，胃の膨張がある。胃壁の伸展の情報は，迷走神経を介して延髄に伝達され，最終的に摂食行動の抑制に寄与する。**コレシストキニン**は食事中に腸から分泌されるホルモンである。迷走神経を介して摂食行動を抑制するとされており，胃の膨張と相乗効果がある。

15.5　動機づけ

水分や食料を得るには，動物であれば，何らかの行動を必要とする。この動機づけは，水分や栄養がなくなれば自動的に生じるものではなく，すでに見てきたような複数の仕組みが，飲水や摂食を促す刺激を脳に送っている。このような動機づけを内的刺激という。実際に水分や栄養を得るには，内的刺激に加えて外的刺激が必要だと考えられている。渇きを感じていても，眼の前に飲み物がなければ飲まずにいることも可能

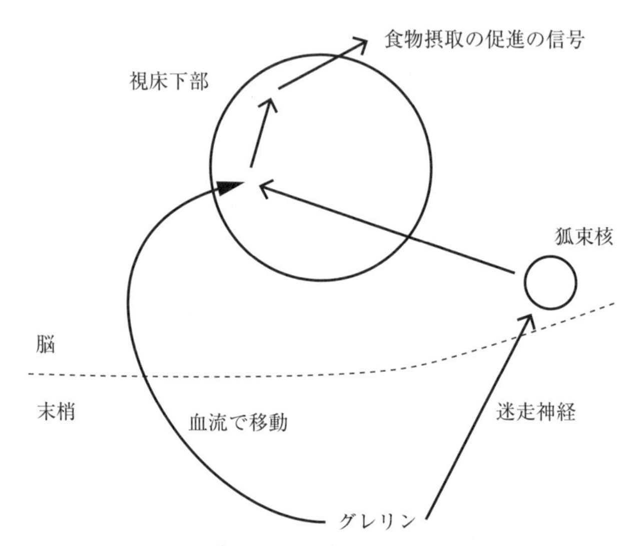

図 15-6　グレリンは食物摂取を促進する

だが，眼の前にあれば飲みたくなる。空腹のときに，食べ物のにおいを感じるほど，食べたいという動機づけは高まる。このように様々な刺激によって動機づけが形成され，実際の行動が生じる。

また，水分を探しているときに食料が見つかったとすると，その2つのどちらかを選ぶ状況が生じることがある。このような競合状態では，どのような利益が得られるかを推測する必要がある。これは脳の報酬回路が担っている。

15.6　報酬回路

水分や食料も報酬の一つである。この報酬を得るために，生物は様々な反応や行動をとる。例えば，パブロフ型条件付けでは，ベルの音と食料が関連づけられ，ベルの音が鳴ったあとに食料が得られることを学習すると，ベルが鳴るだけで唾液を分泌するようになる。

このように動機づけられたサルに対して，その報酬予測の神経活動を記録すると，学習前，つまり条件付け以前の予期しない報酬であれば，報酬が得られたあとにドーパミン作動性ニューロン（軸索末端でドーパミンを放出するニューロン）の強い応答が観察される。一方，学習し終わったあとは，ベルが鳴るとドーパミン作動性ニューロンの強い応答が観察されるが，報酬が得られたときにはニューロンの強い応答は見られない。さらに，ベルが鳴っても期待した報酬が得られないと，その報酬が得られると期待されたタイミングでドーパミン作動性ニューロンはほとんど応答せず，気落ちしたようなニューロンの応答のパターンが観察された。このような現象は，サルだけでなく，ヒトやネズミでも観察されており，報酬予測誤差という。期待以上のものが得られたとき，あるいは期待以上のものが得られる可能性があると考えるときにニューロンの強い応答が観察される。その一方で，期待どおりのものが得られてもそれほど強い応答を示さず，期待以下のものしか得られない場合は気落ちした状態になる。

この仕組みは，常に期待以上の報酬を得たいという欲求をうまく説明できる。つまり，自身がどう考えているかとは別に，ドーパミン作動性ニューロンは，これまで以上の報酬を期待し，実際に得られたものがそのような期待以上のものでなければ，達成感や満足感に相当するドーパミン作動性ニューロンの強い応答が得られなくなってしまう。そのため，過去に得られた報酬以上のものを常に求めることになる。これは，よい方向に向かえば，飽くなき探究心につながるのかもしれない。事実，コンピューターに学習させる機械学習のアルゴリズムの一つとこの仕組みは類似しており，学習を行う上ではよい仕組みの一つであろう。一方で，気づかないうちに報酬のハードルが上がり，常に新しい自動車がほしいとか，他人の持ち物よりよいものがほしいといった，終わりのない報酬を求めることになることも説明できる。

15.7 まとめ

この科目では，受容と応答について，分子，細胞，個体のレベルで紹介してきた。いろいろな例が示されてきたが，いずれも細胞内や細胞間の物質や電気的信号のはたらき，あるいはニューロンのネットワークとしてその機能や役割を説明してきた。現時点でまだ説明できない生命現象も数多く残っている。その一方でわかってきたこともたくさんある。受容体タンパク質や細胞内のシグナル伝達に関わるタンパク質については様々なことが明らかになってきた。また，異なる種類の動物で見られる別の現象が分子や細胞のレベルでは共通性が見られることもわかり，理解が一段と深まってきた。

個体レベルの問題はまだまだ断片的な理解にとどまるものが多い。記憶や感情，行動などは，説明できているとは言い難い。それでもそこではたらく分子はかなり明らかになってきている。例えば，摂食一つとってみても，その抑制や亢進に寄与する制御に関わる物質は中枢神経系で20を超え，それに加えて本章で示したホルモン様物質などがあることが明らかになってきた。食欲や胃が空になると摂食したくなることも，科学の言葉で説明できるようになってきている。ただし，さらなる疑問も湧いてくる。摂食の行動を制御しているのは，脳よりも胃腸，膵臓，脂肪組織のようにも見える。

参考文献

［1］マーク・F. ベアー，バリー・W. コノーズ，マイケル・A. パラディーソ『神経

科学：脳の探求 改訂版』藤井聡・監訳，西村書店，2021
［2］Eric R. Kandel，James H. Schwartz，Thomas M. Jessell，Steven A. Siegelbaum，A. J. Hudspeth『カンデル神経科学』金澤一郎，宮下保司・監修，メディカル・サイエンス・インターナショナル，2014
［3］Schultz, Wolfram, "Dopamine reward prediction error coding", *Dialogues in Clinical Neuroscience*, 18: 23-32, 2016
［4］理化学研究所 脳科学総合研究センター・編『つながる脳科学：「心のしくみ」に迫る脳研究の最前線』講談社，2016

索引

●配列は，欧文はアルファベット順，和文は五十音順。

●英　字

●ギリシャ文字

●あ　行

●か　行

●さ　行

●た 行

●な 行

●は 行

●ま　行

分担執筆者紹介

（執筆の章順）

小柳　光正（こやなぎ・みつまさ）

・執筆章→第３・４章

1973年　福岡県に生まれる
1995年　京都大学理学部卒業
2001年　京都大学大学院理学研究科博士課程修了
現在　大阪公立大学大学院理学研究科教授，博士（理学）
専攻　光生物学・分子進化学・生化学
主な著書　『動物の多様な生き方１　見える光，見えない光』（共著，共立出版，2009）
『進化：分子・個体・生態系』（共訳，メディカル・サイエンス・インターナショナル，2009）
『研究者が教える動物飼育（全３巻）』（共編著，共立出版，2012）
『光と生命の事典』（共著，朝倉書店，2016）

岡　良隆（おか・よしたか）

・執筆章→第5・6章

1955年　徳島県に生まれる
1981年　東京大学理学系大学院博士課程中退，東京大学理学部助手
2021年　東京大学定年退職
現在　東京大学名誉教授，東京大学大学院理学系研究科客員共同研究員，東京女子大学非常勤講師，国際基督教大学非常勤講師，博士（理学）
専攻　神経生物学・神経内分泌学・生体情報学
主な著書　『GnRH Neurons: Gene to Behavior』（共編著，ブレイン出版，1997）
『脳と生殖』（共編著，学会出版センター，1998）
『魚類のニューロサイエンス』（共編著，恒星社厚生閣，2002）
『Fish Physiology: Sensory Systems Neuroscience』（共著，Elsevier，2006）
『行動とコミュニケーション（シリーズ 21世紀の動物科学）』（共編著，培風館，2007）
『基礎から学ぶ　神経生物学』（単著，オーム社，2012）
『Kisspeptin Signaling in Reproductive Biology』（共著，Springer，2013）
『Masterclass in Neuroendocrinology Series: The GnRH Neuron and its Control』（共著，Wiley-Blackwell，2018）

松尾　亮太（まつお・りょうた）

・執筆章→第7・8章

1971年　兵庫県に生まれる
1995年　京都大学理学部卒業
2000年　東京大学大学院理学系研究科（生物化学専攻）修了，博士（理学）
2019年　福岡女子大学国際文理学部教授
専攻　分子神経生物学
主な著書　『研究者が教える動物飼育　第1巻』（共著，共立出版，2012）
『Brain Evolution by Design』（共著，Springer，2017）
『考えるナメクジ』（単著，さくら舎，2020）

平田　普三（ひらた・ひろみ）

・執筆章→第9・10章

1973年　広島県に生まれる
1995年　京都大学理学部卒業
2000年　京都大学大学院理学研究科博士課程修了，博士（理学）
2000年　京都大学ウイルス研究所博士研究員
2003年　ミシガン大学分子細胞発生生物学科博士研究員
2005年　名古屋大学大学院理学研究科助手
2007年　同助教
2010年　国立遺伝学研究所准教授
2015年　青山学院大学教授
現在　青山学院大学脳科学研究所所長，青山学院大学ジェロントロジー研究所所長，文部科学省ナショナルバイオリソースプロジェクト「ゼブラフィッシュ」運営委員長，Journal of Biological Chemistry Editorial Board
専攻　脳科学
主な著書　『Zebrafish, Medaka, and Other Small Fishes: New Model Animals in Biology, Medicine, and Beyond』（編著，Springer，2018）
『ゼブラフィッシュ実験ガイド』（編著，朝倉書店，2020）

編著者紹介

二河　成男（にこう・なるお）

・執筆章→第1・2・11～15章

1969年　奈良県に生まれる
1997年　京都大学大学院理学研究科博士課程修了
現在　放送大学教授，博士（理学）
専攻　生命情報科学・分子進化
主な著書　『進化：分子・個体・生態系』（共訳，メディカル・サイエンス・インターナショナル，2009）
『現代生物科学』（共編著，放送大学教育振興会，2014）
『生物の進化と多様化の科学』（編著，放送大学教育振興会，2017）
『初歩からの生物学』（共編著，放送大学教育振興会，2018）
『改訂版　生命分子と細胞の科学』（編著，放送大学教育振興会，2019）
『情報技術が拓く人間理解』（分担，放送大学教育振興会，2020）
『マーダー生物学』（共訳，東京化学同人，2021）

放送大学教材　1569392-1-2311（テレビ）

感覚と応答の生物学

発　行　　2023年３月20日　第１刷
編著者　　二河成男
発行所　　一般財団法人　放送大学教育振興会
　　　　　〒105-0001　東京都港区虎ノ門1-14-1　郵政福祉琴平ビル
　　　　　電話　03（3502）2750

市販用は放送大学教材と同じ内容です。定価はカバーに表示してあります。
落丁本・乱丁本はお取り替えいたします。

Printed in Japan　ISBN978-4-595-32422-2　C1345